トラ技Jr.教科書

絵解き
マイコンC
プログラミング教科書

CPU, I/Oからセンサ, LEDまで確実にハードウェアを動かす

鹿取 祐二, 白阪 一郎, 永原 柊, 藤澤 幸穂, 宮崎 仁 著

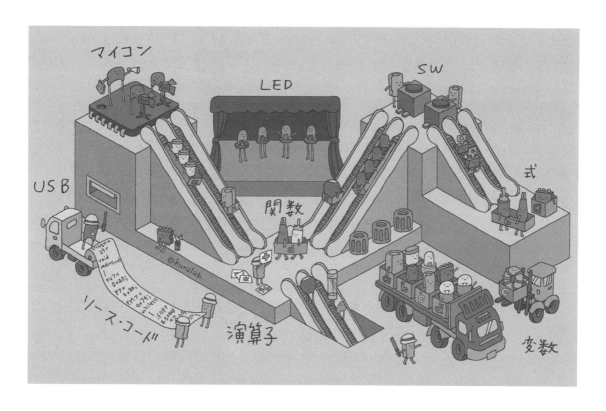

CQ出版社

はじめに

■ プログラムの中身と書き方，ハードウェアの仕組みがわかる本

　この本は，初めてプログラミング言語を学びたい方から，C言語を勉強していて途中でつまずいてしまった方，C言語でプログラムを書いていても理解できないことがあると感じている方，コンピュータの中の仕組みをよくわからずにプログラムを作っている方，そしてマイコンのプログラミングをしっかり勉強したい方にぜひお勧めしたい1冊です．

　C言語は歴史の古いプログラミング言語ですが，今でもバリバリの現役言語です．言語仕様はとてもシンプルで見通しがよく，覚えなければならないことも多くありません．何より，ベテランの技術者から初心者まで，プロ中のプロからアマチュアまで，ソフトウェア技術者からハードウェア技術者まで，数多くの人が知っている共通言語です．

■ C言語はハードウェアを直接制御するプログラムを書ける

　プログラミング言語の世界にも流行の波はいろいろあります．C言語は，最新流行の人気言語というわけではありません．特に，パソコン上やスマートフォン上ですぐに動くアプリケーション・プログラムを書きたいという方にはお勧めできません．高機能なWebページを作りたいような場合も，C言語を使う人はまずいないでしょう．動画や音楽を扱うプログラムを作りたい，インタラクティブなユーザ・インターフェースを作りたい，Wi-FiやBluetoothで接続したい，というような仕事はC言語でもできますが，もっと新しくて簡単にできる言語がいろいろ作られています．

　そのような仕事を実行するには，本当はとても複雑で大変なプログラムが必要なのですが，特定の用途にフォーカスした言語ではその部分をブラックボックス化して自動的に処理してくれるので，見掛け上は簡単に実現できます．C言語でもいろいろなライブラリを利用してブラックボックスのように開発できますが，自動的にやってくれるわけではありません．

　C言語が今でもプロのための言語として現役でいられるのは，OSやコンパイラのようにシステム自体に深く関わるプログラムを書けるから，さらにマイコンのようにコンピュータ内部のハードウェアを直接制御するプログラムを書けるからです．それは流行の人気言語にはないC言語だけの大きな特徴と言ってよいでしょう．

　OSの元祖の1つと言えるUNIXは，1969年に最初はアセンブリ言語で開発され，ほかのコンピュータへの移植を楽にするために1973年にC言語で書き直されました．C言語はもと

もとOSを書くために作られた言語なので，高級言語でありながらコンピュータのハードウェアを自由に扱えるアセンブリ言語の特徴も取り入れられていました．その後に作られたさまざまなOS，たとえばWindowsやLinuxなどでも，C言語で書かれたものが多いと言われています．

　C言語はミニ・コンピュータやワークステーションなどの高性能のコンピュータから普及し，その後パソコンやマイコンでも使用されるようになりました．パソコンでは，1980年代末頃から低価格のCコンパイラが登場してC言語が普及していきます．マイコン開発にC言語が普及するのはそれよりさらに遅く，1990年代以降のことです．しかし，現在では8ビット，16ビット，32ビットなどほとんどのマイコンでC言語が使われています．

■ 20年以上世界中で使われているシンプル・マイコンで基本を学べる
　読者の方が，本書に掲載しているプログラムを実行して結果を確認したり，自分でプログラムを書いてみたりできるように，ルネサス エレクトロニクスの16ビット・マイコンRL78ファミリを前提として解説しています．
　C言語自体はコンピュータを選ばない汎用言語ですが，ハードウェアに近い部分を制御するためには，ハードウェアの知識は不可欠です．最近流行しているARMアーキテクチャの高性能32ビット・マイコンは，ハードウェアの部分が大規模，高機能になっている分，複雑で理解が難しくなっています．本書ではシンプルな構成でわかりやすいRL78ファミリを採用することにしました．シンプルなマイコンで基本を身に付けておけば，今後ARMなどの大規模，高機能なマイコンを勉強するときにも役立つと思います．

　それでは，どうぞC言語の世界をお楽しみください．

宮崎　仁

目　次

はじめに ……………………………………………………………………………………… 2

> パソコン，マイコン…どんなコンピュータも思いのままに動かせる
> ## 第1章　プログラマの世界共通語「C」　　10

機械制御にも向いている ……………………………………………………………………… 11
オブジェクト指向 ……………………………………………………………………………… 13
コラム　小さなマイコンの能力を100％引き出せる言語「アセンブリ」 …… 15

> 16ビット・マイコン＆センサ＆デバッガ搭載！他には何も要らない
> ## 第2章　Cプログラミング学習ボード「C-First」　　16

[1] Cプログラミング学習に最適化されている ……………………………………… 16
[2] ハードウェア ……………………………………………………………………………… 19
[3] プログラム開発環境の装備 …………………………………………………………… 25
[4] 動作確認済みのサンプル・プログラムを動かしてみる ……………………… 26
[5] 遊べる！C-Firstボード電子工作 …………………………………………………… 29

> Appendix 1　RL78/G14マイコンの機能
> 　　　　　　Cプログラミング学習ボード「C-First」のキー・パーツ　　31

> Appendix 2　C-FirstのI²Cは2系統（5V系と3.3V系）
> 　　　　　　Cプログラミング学習ボード「C-First」の最重要インターフェース　　36

> コンピュータ・ワールドへようこそ！
> ## 第3章　マイコン探検隊　　38

1時間目　マイコンの働き方は自分で決める ……………………………………… 40
2時間目　Lチカをやってみよう …………………………………………………… 42

3時間目	マイコンの3要素	44
4時間目	読み出し専用のメモリROM	46
5時間目	記憶，カウント，演算，命令…働くCPU	48
6時間目	書き換えできるメモリRAMと入れたり出したりするI/O	55

第4章 マイコンが動く仕組み

コンピュータの5大装置「演算装置」「入力装置」「出力装置」「記憶装置」「制御装置」

58

[1]	小さなコンピュータ「マイコン」の歴史	58
[2]	コンピュータを構成しているもの	60
[3]	メモリの働き	63
[4]	メモリに書かれたプログラムの実体	66
[5]	プログラムの実行が大得意！ CPUのメカニズム	71
[6]	CPUはI/Oを通じてセンサやモータを動かす	76

第5章 Cプログラミング始めの一歩「Lチカ」

Are you ready ?

84

1時間目	プログラムを書き込む	86
2時間目	プログラムは関数の集まり	87
3時間目	作法① 変数を宣言して処理を書く	88
4時間目	作法② if文，for文，while文	89
5時間目	特定のビットを操作する	90
6時間目	16進数とビットごとの論理演算子	92
7時間目	電圧を引っ張り上げるプルアップ抵抗	94
8時間目	3種類のレジスタを操る	94
9時間目	if文でスイッチのON/OFFを判断してLEDの点灯/消灯をする	96

マイコン界のコモンセンスを伝授！
第6章 正統派！Cプログラミングの作法　…98

- [1] やってほしいことを書く前に…準備プログラミング … 98
- [2] 条件判断 if 文と繰り返し for 文，While 文 … 106
- [3] 数値の表現方法とビットごとの論理演算 … 113
- [4] 内蔵されている周辺機能の操作 … 116
- コラム1　整数型は int 以外にもいろいろある … 102

A-D コンバータや UART 通信の操作を伝授！
第7章 周辺機能操作の書き方　…121

- [1] プリプロセッサ命令とヘッダ・ファイル … 121
- [2] 絶対番地操作 … 133
- [3] ビットフィールド … 143
- コラム1　演算子の優先順位 … 128
- コラム2　プリプロセス実施後のリスト … 131
- コラム3　二項演算子と単項演算子 … 139
- 演習問題 A　周辺機能操作の書き方の確認 … 151

処理を一時中断！違う処理を行う！元の処理に戻る！
第8章 割り込み処理の書き方　…152

- [1] インターバル・タイマ … 152
- [2] 割り込み要求が受け付けられるまでの流れ … 160
- [3] 割り込み要求が受け付けられた後の流れ … 163
- [4] 割り込み要求と割り込み関数の関係 … 171
- コラム1　レジスタ名やビット名は元の単語を意識して覚える … 156
- コラム2　RL78 マイコンの CPU 内部レジスタには番地が存在する … 165
- コラム3　汎用レジスタの退避／復帰を省略するレジスタ・バンク … 178
- 演習問題 B　タイマや割り込みの書き方の確認 … 177

動かない原因を高速究明！
第9章 プログラムを修正する技「デバッグ」 180

[1] エミュレータのデバッグ機能 …………………………………………………… 180
[2] デバッグの手順 ………………………………………………………………… 192

メーカお膳立てのスタートアップ・ルーチンの初期値処理に解決の糸口あり
第10章 限りあるメモリを無駄なく！変数宣言 196

[1] 変数の初期値 …………………………………………………………………… 196
コラム1 変数の初期設定 ………………………………………………………… 198
コラム2 まず局所変数，次に大域変数 ………………………………………… 204

Appendix 3 チームで開発！「引数」と「返却値」の正しい使い方
関数群を呼び出しながら構造化プログラミング 206

Appendix 4 大量のデータを効率よく扱う配列の使い方
画像用や通信用のディジタル・データを上手に格納する 210

インストールからトラブルシュートまで
第11章 プログラミング開発ツール CS+ の使い方 212

[1] RL78マイコンのプログラミングの開発ツール ……………………………… 212
[2] プログラミング開発ツール CS+ のインストールと使い方 ………………… 215
コラム1 サンプル・プログラムの容量とMCUの型番変更 …………………… 228
コラム2 プログラミング開発ツール CS+ を
　　　　　筆者がオススメする3つの理由 ……………………………………… 235

LEDチカチカから加速度センサの読み取りまで
第12章 いざ！はじめてのCプログラミング 236

[1] 開発環境のセットアップ ……………………………………………………… 236

[2] 出力機能のプログラム
　　LEDを点灯/消灯する……………………………………………………………… 241
[3] 入力機能のプログラム
　　スイッチを読み取る……………………………………………………………… 248
[4] 入力機能と出力機能の連携プログラム
　　スイッチが押されたらLEDを点灯/消灯する………………………………… 253
[5] タイマ・プログラム
　　時間を測る機能…………………………………………………………………… 256
[6] 外部イベントを計測するプログラム
　　タイマ機能を使って回数を数える……………………………………………… 262
[7] PWM出力プログラム
　　ディジタル値で超高速なON/OFFでアナログ値を作る……………………… 268
[8] A-D変換プログラム
　　アナログ値を取り込む…………………………………………………………… 273
[9] I^2C プログラム
　　シリアル通信 I^2C を使う……………………………………………………… 283

コラム1　LEDの向きが反対の場合……………………………………………… 246
コラム2　static記憶クラスの役割………………………………………………… 260
コラム3　照度センサ以外をA-D変換するには………………………………… 275
コラム4　温度センサ BD1020HFV……………………………………………… 276
コラム5　接尾子（接尾語）…定数値の型を変えて桁あふれを防ぐ………… 280
コラム6　照度センサ BH1620FVC……………………………………………… 282
コラム7　条件式… if文と似たような制御ができる演算子…………………… 288
コラム8　3軸加速度センサ KXTJ3-1057………………………………………… 292

演習問題C　LEDプログラムの書き方…………………………………………… 248
演習問題D　スイッチを使ったプログラムの書き方…………………………… 253
演習問題E　入力機能と出力機能のプログラムの書き方……………………… 256
演習問題F　タイマを使ったプログラムの書き方……………………………… 262
演習問題G　カウンタを使ったプログラムの書き方…………………………… 267
演習問題H　PWMを使ったプログラムの書き方……………………………… 273
演習問題I　A-D変換プログラムの書き方……………………………………… 282

LEDと温度計から心拍計，ロボット…卒研 / 夏休み / 宿題のテーマ探し
第13章 C言語で動かすマイコン活用製作　294

- [1] 準備　機能を呼び出す I/O ライブラリ ……………………………………… 294
- [2] 製作① 7セグメント LED 温度計 ………………………………………………… 300
- [3] 製作② 気温データ・ロガーの製作 ……………………………………………… 303
- [4] 製作③ 反射型フォト・リフレクタを使った心拍計の製作 ………………… 312
- [5] 製作④ ライン・トレース・ロボットで PID 制御入門 …………………… 317

Appendix 5　演習問題の解答　335

学習教材とセミナのご案内 …………………………………………………………… 345
CQ出版ウェブ・サイトにて C-First 関連データ無料公開中 ……………………… 350
筆者紹介 ………………………………………………………………………………… 351

■ 本書サポート・サイトのご案内

　本書には特別ウェブ・サイトがあります．改版の際の内容の変更や正誤情報，ダウンロード情報，補足情報などを記していきます．
https://toragi.cqpub.co.jp/tabid/864/Default.aspx

第1章

パソコン，マイコン…
どんなコンピュータも思いのままに動かせる
プログラマの世界共通語「C」

機械制御にも向いている

君は他の誰かが作ったLチカのライブラリを使っているだけだ．レンジでチンするだけの普通の料理人と同じだね

新しいセンサとかモータが出てきても，誰かがライブラリを作ってくれないと，手も足も出ないはずだ

マイコンを深くいじりたい人やギリギリの機能/性能を引き出したい人はみんなCを使っている！
皆もやってみる？
やりたい！やりたい！

オブジェクト指向

Cの人気の秘密ってなんですか？

Cは構造化プログラミングの手法を最初にはやらせた言語なんだよ
構造化
構造化！？

コンピュータが進化して，CPUの性能が上がり，メモリ容量が大きくなると何が起きるかというと…

その分長くて複雑なプログラムを書きたくなるんだ

それで，長くて複雑なプログラムをわかりやすく作る手法が構造化だ

簡単に言うと，プログラムをブロックに小分けする．このブロックを組み立てて全体を作り上げるという手法さ

構造化は作成済みのブロックを再利用して効率を上げたり，大勢で手分けしてプログラムを作るときに向いている．いまでは当たり前の手法だけど，普及させたのはCの功績だね

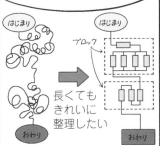

CよりもC++やJavaのほうが人気が出たのはなぜですか？

長くて複雑なプログラムを書くのではなく「オブジェクト指向」プログラミングという考え方を導入したからだよ．あとで説明するね

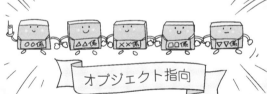

コラム　小さなマイコンの能力を100%引き出せる言語「アセンブリ」

1970～1990年には「マイコン制御」と呼ばれることが多かったけど，2000年代からは「組み込み制御」とか「組み込み機器」とか呼ばれることが多くなったんだ

昔は4ビット・マイコンや8ビット・マイコン，最近は16ビット・マイコンや32ビット・マイコンが主に使われている

パソコンやスマートフォンに入っているマイコンを比べると，処理速度もずっと遅いし，メモリの容量もとても小さい

4ビット・マイコンって何ですか？

データを4ビット単位で処理するのが得意なマイコンだよ．
昔は電卓や家電用マイコンとして使われていたんだ

その後，8ビット単位の処理が得意な8ビット・マイコン，16ビット単位の処理が得意な16ビット・マイコン，32ビット単位の処理が得意な32ビット・マイコンというように進化してきたんだ

昔，マイコンのプログラムはアセンブリ言語（アセンブラ）で書くのが主流だった

もっともっと昔は1と0の2進数でプログラムを書いていたんだ．アセンブラはこの機械語を人間語に近づけたものだ．今どきのCやJavaなどの高級言語は人間にわかる表現で読んだり書いたりできる．

アセンブラと機械語は1対1対応しているから，マイコンの回路に機械語で直接命令しているのと同じだ．だからアセンブラを使えば人間が理解できる言語でマイコンが持つ能力を100%引き出せるんだ

<宮崎 仁>

第2章

16ビット・マイコン&センサ&デバッガ搭載！他には何も要らない

Cプログラミング学習ボード「C-First」

[1] Cプログラミング学習に最適化されている

　Cプログラミング学習キットC-Firstボード（**写真1**）に使用されているマイコンは16ビットのRL78/G14（ルネサス エレクトロニクス製）です．国産マイコンとして有名な78KマイコンのCPUコアと，R8Cマイコンの周辺機能を合体させた16ビットCISC（複雑命令セット・コンピュータ）です．RL78/G14は，高速処理（RL78シリーズの中では最高速）と低消費電力（66μA/MHz）を両立しています．

　写真1に示すように，本ボードはプログラムの検証や修正に必要なデバッガ（EZエミュレータ）

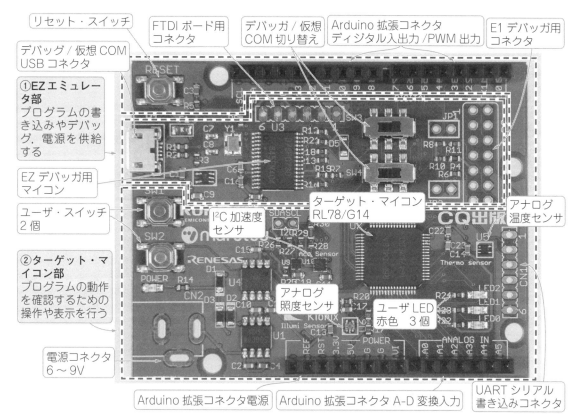

写真1　Cプログラミング学習キット「C-Firstボード」
①プログラムの書き込みとデバッグを行う「EZエミュレータ部分」と②プログラムの動作を確認する操作や表示を行う「ターゲット・マイコン部分」で構成される．ターゲット・マイコン部分にはRL78/G14マイコンや3種類のセンサ，スイッチ，LED，さらにArduinoシールド用拡張コネクタとしてピン・ソケットを搭載している．EZエミュレータ部分にはマイクロUSBコネクタ，デバッガ/仮想COM切り替え用のスライド・スイッチ，EZデバッガ用の78K0マイコンを搭載している

を搭載しています．タクト・スイッチやLEDに加え，センサ（温度，照度，加速度）も搭載しています．また，Arduino互換のピン・ソケットを搭載しているので，Arduino用の各種シールド（I/O拡張ボード）を活用できます．

C-Firstボードは，次のような特徴を持っています．

① **国産16ビット・マイコンRL78/G14を搭載**

国産なのでRL78/G14に関連するすべての技術資料を日本語で読める．

② **純正デバッガ（EZエミュレータ）をオンボードで搭載**

USBケーブルをつなげばすぐにプログラムの書き込みから，ソース・コードによるデバッグが行える．

③ **デバッグ/仮想COM用USBコネクタを搭載**

デバッガ用のUSBインターフェースは，ボード上のスイッチを切り替えることで，UARTシリアル・インターフェース（仮想COM）としても利用できる．パソコンとのデータ通信も可能で，モニタにデータを表示したり，キーボードからC-Firstボードを制御したりできる．

④ **タクト・スイッチやLED，温度センサ，照度センサ，加速度センサを搭載**

外付け部品なしでGPIOやA-D変換，PWM，センサの利用など，IoT開発のためのマイコン・プログラムの学習や電子デバイスの実験ができる．USBケーブルでC-Firstボードをパソコンの USB端子に接続するだけで動かせる（図1）．

図1
初めてマイコンに触れる人でもパソコンと本とC-Firstだけでマイコン・プログラミングが始められる

⑤ **Arduino拡張コネクタを搭載**

Arduino互換のピン・ソケットを搭載しているので，Arduino用の拡張シールドを使用した実験や電子機器の製作ができる．

⑥ マイコンの開発ツールとサンプル・プログラムを配布

　CQ出版社のWebサイトまたは付属DVD-ROM（DVD-ROMはキット商品のみ付属．本書とC-Firstボード，USBケーブル，DVD-ROMがセットになったキット商品は，CQ出版社の直販サイトまたは全国の取り扱い書店にて販売中）から純正統合開発環境（CS＋）をダウンロードまたはインストールできるので，本書とパソコン（Windows 8またはWindows 10）があればマイコンを動かすCプログラミングをすぐに始められる．さらに本書で紹介したサンプル・プログラム，ボードのテスト・プログラムなどがダウンロードできる．

　CS+は，オンボードのEZエミュレータのサポート機能を標準搭載しており，C言語のソース・プログラムをデバッグできる（図2）．

図2
メーカ純正の統合開発環境を使って本格的なプログラミングとデバッグができる

　最新のCS+はルネサス エレクトロニクスのWebサイトから無料でダウンロードできる．関連データ情報のページを参照のこと．

▶トラ技ジュニア教科書
  http://toragi.cqpub.co.jp/Portals/0/support/junior/books/books.html
▶CQ出版社
  http://shop.cqpub.co.jp/hanbai/books/45/45271.html
▶トラ技記事サポート
  http://toragi.cqpub.co.jp/tabid/864/Default.aspx
▶ルネサス エレクトロニクス（CS+の最新版ダウンロード先）

CQ出版WebShop

https://www.renesas.com/jp/ja/software-tools/cs#downloads

[2] ハードウェア

　C-FirstボードはAVR搭載マイコン・ボードArduino Unoと同じ約5cm×7cmのサイズです．表1にC-Firstボードの仕様を示します．下記の①と②で構成されています．

① RL78/G14のターゲット・マイコン部

② 78K0のEZエミュレータ部

図3にC-Firstボードの回路図を示します．

表1　C-Firstボードの仕様

項　目	機　能		仕　様
ターゲット・マイコン部	マイコン	型名	R5F104LEAFB
		クロック	最高32MHz
		コード・フラッシュ	64Kバイト
		データ・フラッシュ	4Kバイト
		RAM	5.5Kバイト
		パッケージ	64ピン　LQFP
		主な周辺機能	A-D, D-A, GPIO, タイマ, ウォッチドッグ・タイマ, UART, I^2C, SPI, データ・トランスファ・コントローラ, イベント・リンク・コントローラ
	タクト・スイッチ		リセット1個，ユーザ2個
	LED		電源 黄色1個，ユーザ 赤色3個
	温度センサ		アナログ・インターフェース
	照度センサ		アナログ・インターフェース
	加速度センサ		I^2Cインターフェース
	ピン・ソケット		Arduino互換
	電源コネクタ		6～9V 入力
EZエミュレータ部	USB		Micro-B USB
	スライド・スイッチ		仮想COM切り替え
	E1エミュレータ・コネクタ		―
	FTDIボード（UARTシリアル変換）用コネクタ		―
全体	基板サイズ		約53×69mm

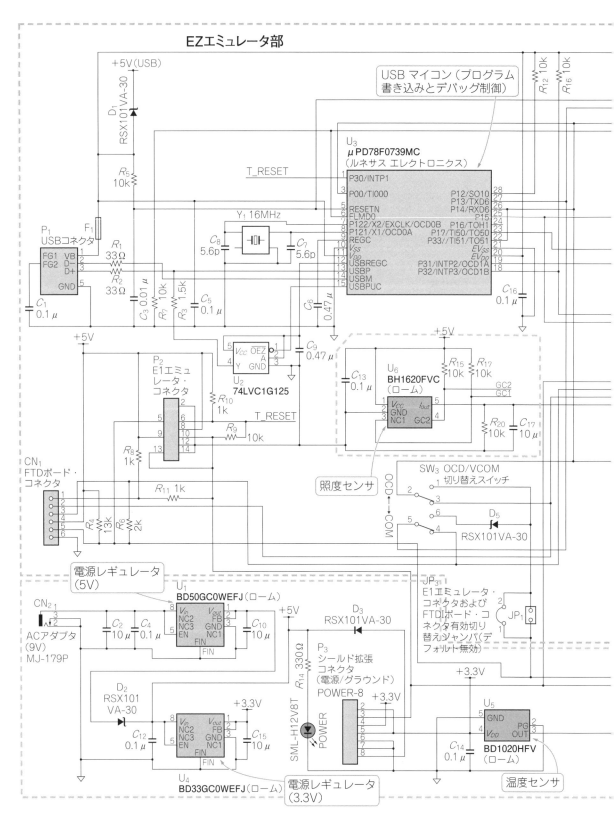

図3 C-Firstボードの回路図

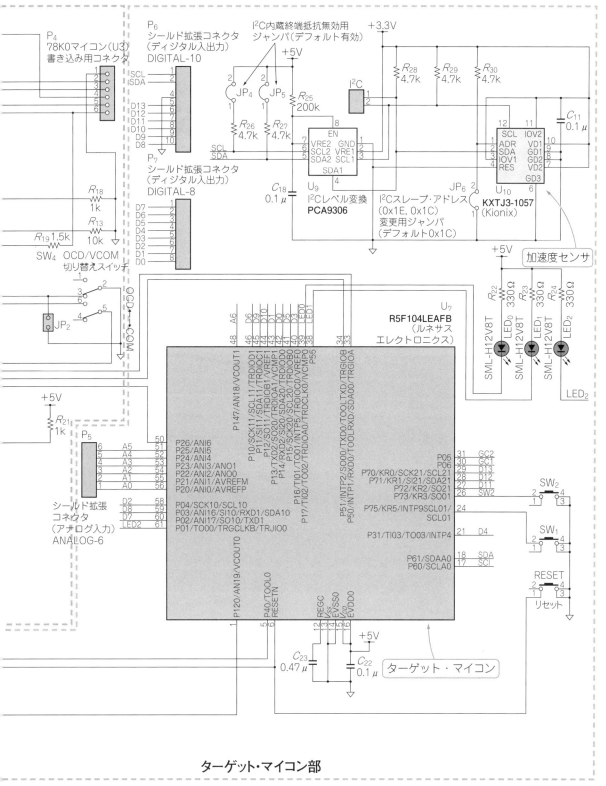

図4
オンボードの周辺機器とArduino互換拡張コネクタを使ってさまざまな周辺機能の電子工作に挑戦できる

1 ターゲット・マイコン部

　ターゲット・マイコン部は，ターゲット・マイコン，5Vと3.3Vのレギュレータ，タクト・スイッチ，LED，3種類のセンサ，Arduino互換の拡張コネクタを搭載しています（図4）．

● ターゲット・マイコン（RL78/G14）

　ルネサス エレクトロニクスのマイコンには，4種類のシリーズがあります．RL78/G14はもっとも手軽なシリーズで，Cプログラミングの初学者に適しています．R5F104LEAFBは，64Kバイトのフラッシュ・メモリと5.5KバイトのRAMを内蔵しています．

● タクト・スイッチとLED

　3個のタクト・スイッチ（押しボタン・スイッチ）と3個のLEDを搭載しています．タクト・スイッチのRESETはマイコンのリセット入力端子に，SW1，SW2は入出力ポート（GPIO）に接続されています．3個のLED（LED0〜LED2）はGPIOに接続されています．LED0が接続されているポートはPWM出力もできます．

　温度センサと照度センサはアナログ出力のデバイスで，マイコンのA-D変換回路に接続されています．加速度センサは，I^2Cインターフェースに接続されています．　　　　＜白阪 一郎＞

● 温度センサ

　温度センサには，ロームのBD1020HFVを使用しています．この温度センサは，30℃のとき出力が1.3Vtypで，温度特性は-8.2mV/℃です．-30～+100℃まで使えるので，生活環境のモニタリングなどに使えます．

　温度センサの出力電圧 V_{temp} [V]は，次式で求まります．

$$V_{temp} = (T_{meas} - 30℃) \times (-8.2 \text{ mV}/℃) + 1.3\text{V} \quad \cdots (1)$$

　　ただし，V_{temp}：温度センサ出力電圧[V]，T_{meas}：測定温度[℃]

● 照度センサ

　照度センサには，ロームのBH1620FVCを使用しています．センサには，3種類（H，M，L）のGainモードがあり，計測できる明るさの範囲を設定します．

　H-Gainモード時の出力（I_{out}端子）の電圧，

$$V_{Iout} = 0.57 \times 10^{-6} \times B_S \times R_1 \quad \cdots (2)$$

　　ただし，V_{Iout}：出力電圧[V]，B_S：照度センサIC表面の照度[lx]，
　　　　　R_1：I_{out}端子に接続した出力抵抗[Ω]，R_1：C-Firstボードは10[kΩ]

計測できる照度は次の式で求めます．

$$B_S = 5\text{V}/0.57 \times 10^{-6} \times 10\text{k}\Omega = 877.2 \text{ lx} \quad \cdots (3)$$

　V_{Iout}の出力はM-Gainモード時にはH-Gainモード時の1/10，L-Gainモード時には1/100となるため，計測可能な照度はそれぞれ10倍，100倍になります．

　太陽光の日平均は32000～100000lx，労働基準法で定められたオフィスの照度は750～1500lx．また学校のコンピュータ教室などは500～1000lxと，文部科学省のガイドラインで決められています．H-Gainモード時には月明かりから部屋の照度程度が，M-Gainモード時は曇天程度の照度まで，L-Gainモード時は晴天（90℃近い太陽直下は厳しいですが）の照度まで計測できます．

● 加速度センサ

　加速度センサには，Kionix社のKXTJ3-1057を使用しています．3軸（x, y, z）の加速度をI^2Cインターフェースで計測できます．計測は各軸とも±2/4/8/16Gの4種類のレンジがあります．2Gレンジでは地球の重力加速度である1Gを計測できるので，C-Firstボードの向きがわかります．また，歩いたり走ったりすることで発生する振動を計測すると歩数計が作れます．

　さらに，加速度は速度の時間の変化量なので，時間で積分すると速度になります．そして，質量と速度がわかればエネルギー（活動量）がわかります．

　もう少し高い8Gレンジでは，ジェットコースターの最大加速度（ヴィーナスGPは5.26G，カワセミは5Gなど）が計測できます．16Gあれば普通の運動の加速度はすべて計測できます．

<藤澤 幸穂>

● Arduino 互換の拡張コネクタ

Arduino 互換の拡張コネクタが搭載されているので，Arduino 用に市販されているさまざまなシールド（拡張ボード）を搭載できます．

● 電源は USB 端子または外部から供給可能

電源（5V）は，USB 端子から供給されます．加速度センサや Arduino 拡張コネクタには 5V → 3.3V のレギュレータから 3.3V が供給されます．

DC プラグ用のコネクタを別途実装すれば，6V ～ 9V の安定化されていない外部電源も利用できます．

② EZ エミュレータ部

EZ エミュレータ部は，プログラムの書き込みとデバッグを可能にするハードウェアです．

書き込みやデバッガ機能を持つ 78K0 マイコンとモードを切り替えるスライド・スイッチ，E1 デバッガ用コネクタ端子，FTDI ボード用コネクタ端子，デバッグ / 仮想 COM USB コネクタで構成されています．スライド・スイッチでモードを切り替えることにより USB − シリアル変換器となり，仮装 COM USB コネクタを介してパソコンと UART シリアル通信できます．

● メーカ純正のデバッガを搭載

C 言語のソース・コード上でのブレーク・ポイントの設定や，変数の表示，メモリやマイコン内のレジスタ内容の表示などができる本格的なデバッガを搭載しています（図5）．

(a) デバッガなしの開発　　　　　　　　　(b) デバッガでバグもあっという間に発見

図5　マイコンの動作を確認しながら製作を進められる本格的なデバッガの便利さを体験できる

● E1 デバッガ用コネクタ端子

E1 エミュレータは，ルネサス エレクトロニクスの主要マイコンに対応しているデバッガです．

E1 エミュレータをすでにお持ちの方は，使い慣れたデバッガを使用できます．

● USB－シリアル変換アダプタ FTDI ボード用コネクタ端子

　FTDI ボードは USB－シリアル変換ボードです．ルネサス エレクトロニクスの GR-KURUMI ボードの書き込みツールと同じインターフェースであり，将来は Arduino IDE と同じ操作性の「IDE for GR」を使った開発ができるようになります．

　FTDI ボード用コネクタ端子に，FTDI ボードを接続することで，仮想 COM と同じ UART シリアル通信ができます．EZ エミュレータと UART シリアル通信の両方を使いたいときに便利です．

● パソコンとは USB で接続

　パソコンとは USB（マイクロ USB）で接続します．EZ エミュレータの USB 端子からプログラムが書き込めます．

[3] プログラム開発環境の準備

　C-First ボードは，オンボードで入出力の実験ができるようにタクト・スイッチや LED，身近な測定ができるように 3 種類のセンサなども搭載しています．A-D 変換や PWM，割り込みといった，より複雑なマイコンの機能を簡単に学習できます．

■ ステップ 1 …ボードをパソコンと接続する

　C-First ボードを動かすと，次のようなことができます．

① パソコンと C-First ボードを USB ケーブルでつなぐだけで，書き込み済みサンプル・プログラムが動かせる．
② CS+ でプログラムをマイコンに書き込み，プログラムを動かしてマイコンの動作を観察できる．
③ オンボードの LED，スイッチ，センサを使ってマイコンから周辺機器を動かすプログラムが作れる．
④ Arduino 拡張コネクタに部品を外付けして，さらに実用的な応用製作ができる．

　マイコンが初めての初学者でも，パソコンと USB ケーブルで C-First ボードをつなぐだけで，書き込み済みのサンプル・プログラムを動かすことができます．C-First に内蔵されている周辺機器を動かして，どんなことができるか体験してください．

　プログラミングの第一歩は，プログラムを読むところから始まります．実際のハードウェアの

動きとリンクさせて C 言語のプログラムがどのように書かれているかを追ってみてください．

■ ステップ２…マイコンの開発ツールをインストール

マイコンの開発ツールである統合開発環境（CS+）をインストールすると，プログラムの作成や書き込み，実行，デバッグまで，RL78 マイコン・プログラミングに必要なすべての機能が実現できます．

■ ステップ３…デバッガ機能で見直し

デバッガを使用すると，通常は一瞬で動いてしまうマイコンの動きを指定した場所で止めたり，そのときのマイコン内部のレジスタやメモリの状態を読み出せたり，マイコンの働きが目に見えるようになります．

①ブレーク・ポイントを設定して任意の場所でプログラムを停止させ，変数の値やマイコンのレジスタ，メモリの値が読める．
②プログラムを１行ずつ実行しながら変数や制御用レジスタの値が確認できる．
③プログラムの実行時間が測定できる．
④割り込み中のプログラムの動作も追いかけられる．

C-First ボードには，ルネサス エレクトロニクスのマイコンで共通して使用できる E1 デバッガの接続端子も搭載しています．

割り込みを使ったプログラムは，複数の割り込みが複雑な動きをする場合もあり，よほど簡単なプログラムでない限りソース・コードだけでデバッグするのは難しくデバッガは必須です．

■ ステップ４… Arduino 互換端子に拡張ボードを接続

C-First ボードだけで，C プログラミングを学習できますが，実用的な応用電子工作に発展させるために C-First ボードには Arduino 互換の拡張コネクタも用意されています．Arduino 用の拡張 I/O ボード（シールド）を載せたり，ブレッド・ボードをつないだり，さらにオリジナルの拡張ボードを自作して載せることができます．

[4] 動作確認済みのサンプル・プログラムを動かしてみる

■ サンプル・プログラムの概要

サンプル・プログラムは，C-First ボードの動作確認用に使用します．パソコン上で Tera Term などのターミナル・プログラムを起動し，パソコンと C-First ボードを USB ケーブルでつ

なぐことで，動作確認ができます．センサの出力値は typ 値を用いてプログラムを作成しているため，実際の値とは誤差があります．

マイコンの開発ツール（CS+）を使えばプログラムの動作をデバッガで追いかけられます．

● サンプル・プログラムの仕様

① BD1020…温度センサによる温度表示（単位℃）

② BH1620…照度センサによる照度表示（単位 lx）

　1：高感度　　　2：中感度　　　3：低感度

　論理的には 1～3 のどの感度でも同じ値を表示しますが，センサ入力の飽和などで異なる値を表示する場合があります．

③ KXTJ3-1057…加速度センサによる加速度表示（単位 G）

　x, y, z 軸ごとに表示します．

④ スイッチ…LED テスト

　LED0，LED1，LED2 を順次点滅させます．SW1，SW2 を押すことで，LED の点滅を下記のように変更します．また，シリアル・インターフェースを通じて SW1，SW2 の押下ごとに表示します．

　SW1：点滅方向の変更

　SW2：点滅速度の変更

⑤ マイコン内の基準電圧を表示（1.45V）

　RL78/G14 内の基準電圧（1.45V）を A-D 変換して表示します．A-D 変換プログラムは，この電圧を基準にアナログ・センサの出力を測定しているので，常に 1.45V の値を表示します．

⑥ マイコン内の温度センサを表示（単位℃）

　RL78/G14 内の温度センサの値を表示します．

■ サンプル・プログラムの実行

サンプル・プログラムの実行には仮想 COM（VCOM）接続が必要です．スイッチ（SW3，SW4）を VCOM 側に設定して，C-First 関連ダウンロード・データまたは付属 DVD-ROM に収録されている EZ エミュレータ用ドライバをインストールしてください．以下の設定で Tera Term を立ち上げます．ポートは，VCOM が接続されている COM ポートを Windows のデバイス・マネージャで調べて設定します．

● Tera Term の設定

シリアル・コンソールは，115.2kbps，8 ビット，パリティなし，ストップ・ビット 1 でつなぎます．ほかの設定は，**図 6** を参照してください．

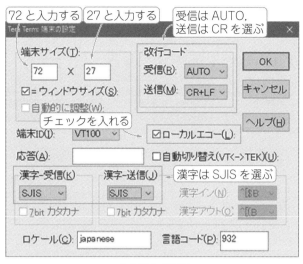

(a) 端末の設定

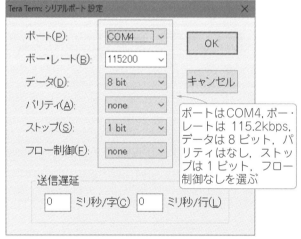

(b) シリアル・ポートの設定

図7 シリアル・コンソールに表示されるテスト・メニューとサンプルの実行結果

◀図6
C-Firstボードの動作確認用にサンプル・プログラムを動かしてテストするためにTera Termなどのターミナル・プログラムを設定する
接続されているCOMポートは，Windowsのデバイス・マネージャで調べて設定してください

● テスト・プログラムの実行

　C-Firstボードのリセット・ボタンを押して，サンプル・プログラムを実行するとシリアル・コンソールに図7のメニューを表示します．テスト番号をコンソールから入力してテスト実行します．

　センサの値はシリアル・コンソールに連続的に表示されます．スペース・キーを押すことで，センサの値の表示を停止してメニュー表示を行えます．

写真2　C-Firstを使った例 ①
温度を表示する7セグメントLED温度計

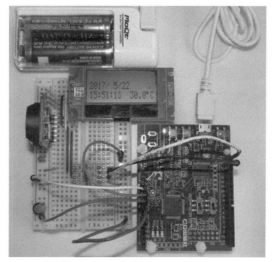
写真3　C-Firstを使った例 ②
気温や時刻をリアルタイムに表示できる気温データ・ロガー

[5] 遊べる! C-First ボード電子工作

● マルチファンクション・シールドの7セグメントLEDに温度を表示する

　Arduino のマルチファンクション・シールド(HiLetgo 製)は，4桁の7セグメントLED，タクト・スイッチ，ブザー，ポテンショメータなどを搭載した入出力の実験用の拡張ボードです．C-First ボード内蔵の温度センサの値を7セグメントLEDに表示します(**写真2**)．

● I^2C リアルタイム・クロック＋EEPROMモジュールで気温データ・ロガーの製作

　I^2C インターフェースのリアルタイム・クロック DS3231 と 4K バイト EEPROM が載ったモジュール(Easy Word Mall 製)を使って，指定時間間隔で周囲の気温を時刻付きでログする気温ロガーです(**写真3**)．現在の時刻と気温は I^2C インターフェースのLCDモジュールで表示します．ログ間隔の設定やログの読み出しは，C-First の仮想 COM ポートでパソコンをつないで行います．

● 反射型フォト・リフレクタと OP アンプで心拍計の製作

　反射型フォト・リフレクタ RPR-220(ローム製)を使って指先の心拍による血流量の変化をとらえ，1分間の脈拍を測定する心拍計です(**写真4**)．

　反射型フォト・リフレクタから得られる微小な電圧変化を OP アンプで増幅し，C-First で A-D 変換します．A-D 変換した信号から心拍波形の同じ位置間の時間を測定し，1分間の脈拍に換算して I^2C で LCD に表示します．

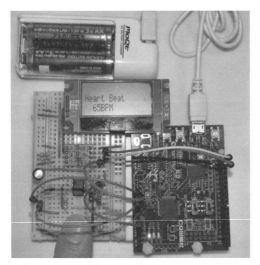

写真4　C-Firstを使った例 ③
血液の拍動を赤外LEDの反射光でとらえて心拍を検出する心拍計

写真5　C-Firstを使った例 ④
光センサで床のラインを読み取り，ラインに沿って自動的に走るライン・トレース・ロボット

● オリジナル・ライン・トレーサ・キットで，PID制御ライン・トレース・ロボットの製作

　床のラインに沿って走行するライン・トレース・ロボットです（**写真5**）．

　拡張ボードには3個の反射型フォト・リフレクタとC-FirstのPWM信号で駆動するモータ・ドライバを搭載しています．ライン・トレース制御は，PID制御を行い，緩いカーブも急峻なカーブも滑らかに曲がれるようにしました．

　PIDパラメータの設定やセンサ情報は，仮想COMポートにUSBケーブルでパソコンにつなぐことで採取できます．また，拡張ボード上にBluetoothモジュールを載せると，パソコンから無線でPIDパラメータの設定や走行時のセンサ情報などのデータ採取ができます．＜白阪 一郎＞

■ サポート・サイト開設

　本書には特別ウェブ・サイトがあります．
https://toragi.cqpub.co.jp/tabid/864/Default.aspx
　本書で掲載できなかった「Tera Termとデバイス・ドライバの設定方法」や「EZエミュレータの操作方法」などを掲載しておりますので，ぜひチェックしてください．

Appendix 1

Cプログラミング学習ボード「C-First」のキー・パーツ

RL78/G14 マイコンの機能

　図 A に RL78/G14 マイコンの内部ブロック図を示します．非常に多くの周辺機能が内蔵されています．RL78/G14 マイコンの機能を目的別に紹介します．

図A
RL78/G14マイコンは多くの周辺機能を内蔵している

1 充実のタイマ機能

● タイマ

　時間を管理して利用する機能です．RL78/G14 マイコンは，**表 A** に示すタイマを内蔵していま

表A　RL78/G14マイコンのタイマ機能

16ビット・タイマ	TAU	4チャネル（方形波出力，外部イベント・カウンタ，パルス間隔／幅測定，ディレイ・カウンタなど），PWM出力×3
	タイマRJ	1チャネル（パルス出力，パルス幅／周期測定，外部イベント・カウント）
	タイマRD	2チャネル（インプット・キャプチャ，アウトプット・コンペア），PWM出力×6（リセット同期，相補PWM）
	タイマRG	1チャネル（位相計数，インプット・キャプチャ，アウトプット・コンペア），PWM出力×1
リアルタイム・クロック（RTC）		1チャネル（1Hz）
12ビット・インターバル・タイマ		1チャネル
ウォッチドッグ・タイマ		1チャネル

す．16ビット・タイマとしてTAU（4チャネル），RJ（1チャネル），RD（2チャネル），RG（1チャネル）がありますが，どれを使っても時間を管理できます．

使い方は設定したい時間をクロックのカウント数で設定します．カウントはダウンとアップが可能ですが，それぞれ設定レジスタが異なります．

それ以外にリアルタイム・クロック，12ビット・インターバル・タイマ，ウォッチドッグ・タイマがそれぞれ1チャネル用意されています．

● PWM出力

LEDの調光やモータの速度制御などの用途に，PWM出力が使用できます．PWM出力は16ビット・タイマを使います．3相ブラシレス・モータを制御する場合は，タイマRDのリセット同期または相補PWMを使います．

C-Firstボードは，LED0に接続された端子がPWM信号を出力できます．

● インプット・キャプチャ

外部から入力するパルスの周波数や周期，パルス幅などを計測する機能です．どのタイマを使っても計測可能です．

● 位相計数

モータのロータの位置や速度を計測できます．「ロータリ・エンコーダ」の出力信号を計測できます．タイマRGには，2相エンコーダ（A，B相）の信号で相対位置を検出できる機能が備わっています．

● ウォッチドッグ・タイマ

システムの暴走を検出して，RL78/G14にリセットをかける機能です．重大な事故を防ぐために使用します．

2 シリアル通信機能完備

RL78/G14 マイコンは，表 B に示す通信機能を内蔵しています．

表 B　RL78/G14 マイコンの通信機能

通信機能	シリアル・アレイ・ユニット	CSI (SPI)	UART (LIN)	簡易 I^2C	I^2C
	ユニット 0	4 チャネル	2 チャネル	4 チャネル	1 チャネル
	ユニット 1	2 チャネル	1 チャネル	2 チャネル	

● UART

パソコンの COM ポートとシリアル通信する機能です．C-First ボードでは SW3 と SW4 を VCOM 側に切り替えることで，UART シリアル・インターフェース（仮想 COM）として利用できます．

● I^2C

シリアル・アレイ・ユニットによる，簡易 I^2C と I^2C 専用の機能があります．簡易 I^2C はマスタ機能のみです．

● SPI

RL78/G14 のマニュアルでは CSI と呼ばれていますが，3 線式シリアル I/O の SPI 機能です．

3 アナログ入出力関連

RL78/G14 マイコンは，表 C に示すアナログ入出力の機能を内蔵しています．

表 C　RL78/G14 マイコンのアナログ入出力機能

A-D コンバータ	8/10 ビット分解能 12 チャネル
D-A コンバータ	内蔵されていない[注1]

（注1）ROM：96 K バイト以上を搭載したマイコンのみ．8 ビット分解能 2 チャネル

● アナログ入力

分解能が 10 ビットの A-D コンバータを内蔵してあり，8 ビットに設定しても使えます．アナログ入力端子は 12 本ありますが，ディジタル変換回路は 1 つなので，プログラムにより変換する端子と順番を指定します．

● アナログ出力

　C-Firstボードに搭載されているROM容量が64KバイトのRL78/G14マイコンには，D-Aコンバータが内蔵されていません．D-Aコンバータの代わりにPWM出力を使います．

4 データ転送とイベント・リンク

　RL78/G14マイコンには，表Dに示すデータ転送機能を内蔵しています．A-D変換の結果や受信したデータをレジスタからRAMに転送したり，RAMに準備したデータを送信レジスタに書き込んだりできます．割り込み要求で行います．CPUのプログラムでデータ転送をするよりも効率良く転送できます．

　イベント・リンク機能は，CPUから割り込み処理を起動しなくてもほかの機能の起動に使えるため，効率を上げられます．

表D　RL78/G14マイコンのデータ転送とイベント・リンク機能[注2]

データ・トランスファ・コントロール (DTC)		30 要因
イベント・リンク・コントローラ(ELC)	イベント入力	20
	イベント・トリガ出力	7

（注2）ROM：64Kバイト以下を搭載したマイコンに限る

● データ転送

　割り込みによって，データ・トランスファ・コントロール（DTC）が起動し，データを転送します．

　ノーマルとリピートの2つの動作モードがあり，ノーマルは1個の割り込み要求で1回のデータ転送をして，指定の数だけ転送したら終了します．

　リピートはノーマルと同じ転送をしますが，指定した転送数を終了したら，元に戻って繰り返し転送します．パルス・モータへのパルス出力やPWMによる正弦波の生成などの繰り返しに利用できます．

　また，チェイン機能があり，1個の割り込み要求で複数の転送ができます．

● イベント・リンク機能

　周辺機能を起動する信号として，割り込み要求を直接利用できる機能です．割り込み要求とリンク先の機能の動作を表Eに示します．

＜藤澤　幸穂＞

表E　イベント・リンク機能

イベント発生元（イベント入力 n の出力元）	イベント・リンク先の機能
外部割り込みエッジ検出 0	A-D コンバータのトリガ
外部割り込みエッジ検出 1	タイマ・アレイ・ユニット
外部割り込みエッジ検出 2	チャネル 0 のタイマ入力
外部割り込みエッジ検出 3	ディレイ・カウンタ
外部割り込みエッジ検出 4	入力パルス幅測定
外部割り込みエッジ検出 5	外部イベント・カウンタ
キー・リターン信号検出	タイマ・アレイ・ユニット 0
	チャネル 1 のタイマ入力
RTC 定周期信号 / アラーム一致検出	ディレイ・カウンタ
タイマ RD0 インプット・キャプチャ A/ コンペア一致 A	入力パルス幅測定
タイマ RD0 インプット・キャプチャ B/ コンペア一致 B	外部イベント・カウンタ
タイマ RD1 インプット・キャプチャ A/ コンペア一致 A	タイマ RJ
	イベントがカウント・ソース
タイマ RD1 インプット・キャプチャ B/ コンペア一致 B	タイマ RG
	TRGIOB のインプット・キャプチャ
タイマ RD1 アンダフロー	タイマ RD0
タイマ RJ0 アンダフロー / パルス幅測定期間終了 / パルス周期測定期間終了	TRDIOD0 のインプット・キャプチャ
タイマ RG インプット・キャプチャ A/ コンペア一致 A	パルス出力強制遮断
タイマ RG インプット・キャプチャ B/ コンペア一致 B	タイマ RD1
	TRDIOD1 のインプット・キャプチャ
TAU チャネル 00 カウント完了 / キャプチャ完了	パルス出力強制遮断
TAU チャネル 01 カウント完了 / キャプチャ完了	D-A コンバータのチャネル 0
	リアルタイム出力（変換開始）
TAU チャネル 02 カウント完了 / キャプチャ完了	D-A コンバータのチャネル 1
TAU チャネル 03 カウント完了 / キャプチャ完了	リアルタイム出力（変換開始）
TAU チャネル 10 カウント完了 / キャプチャ完了	－
TAU チャネル 11 カウント完了 / キャプチャ完了	－
TAU チャネル 12 カウント完了 / キャプチャ完了	－
TAU チャネル 13 カウント完了 / キャプチャ完了	－
コンパレータ検出 0	－
コンパレータ検出 1	－

Appendix 2

Cプログラミング学習ボード「C-First」の最重要インターフェース

C-FirstのI²Cは 2系統（5V系と3.3V系）

● 3.3V系と5V系の使い分け

　1980年代初期のマイコンは，電源電圧が5Vでした．その後，小型化や低消費電力化などのために，電源電圧が3.3Vで動作するマイコンが出てきました．

　現在では3.3V動作するマイコンが主流ですが，電源電圧が高いほうがノイズへの耐性が高いので，5V動作するマイコンも残っています．さらに小型化，低消費電力化のために電源電圧が3.3Vよりもっと低いマイコンもあります．

　I²Cデバイスの電源電圧はマイコンの電源電圧に合わせる必要があります．

　マイコンもI²Cデバイスも今は電源電圧が3.3Vで動作するものが主流です．

● 接続するには電圧を変換する必要がある

　C-FirstのマイコンRL78/G14は電源電圧が5Vで，I²Cの電圧も5Vです．それに対して，3軸加速度センサKXTJ3-1057は電源電圧もI²Cの電圧も3.3Vです．

　C-Firstボードの拡張端子には，**写真A**に示すように2種類のI²Cが用意されています．この2つのI²Cはマイコンの同じI²C端子に接続されているのですが，電気的には直結されていません．

　拡張端子は5V系I²C，基板上に設けられたスルーホールは3.3V系I²Cとつながっています［図A(a)］．この2つは電気的には直接つながっていませんが，論理的には1つのI²Cバスになっ

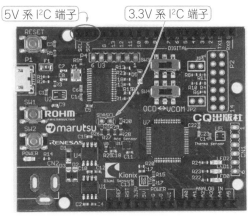

写真A　2種類のI²C端子

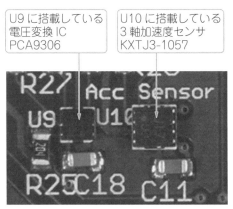

写真B　電圧変換IC PCA9306

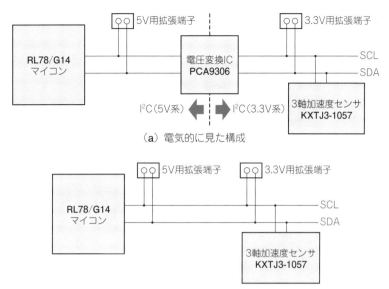

図A C-FirstのI²Cバスの構成
（a）電気的に見た構成
（b）論理的に見た構成
※PCA9306は電圧を変換するだけなので省略している

ています［**図A（b）**］．

　C-Firstボードでは，RL78/G14マイコンの電源電圧が5Vであるのに対して，3軸加速度センサKXTJ3-1057の電源電圧は3.3Vです．電圧が異なるので，この2つは直結できません．そこでC-Firstでは，**写真B**に示す電圧変換ICであるPCA9306が用いられています．

　このICは，電圧が5V系側と3.3V系側を電気的に切り離しながら5V系側からの信号を3.3V系側に伝え，また3.3V系側からの信号も5V系側に伝えます．

● 1.8V対応のI²Cデバイスも誕生

　最近では，さまざまな電源電圧が使われるようになり，I²Cデバイスも5Vや3.3Vだけというわけにいかなくなっています．そこで1.8V～5Vのような，電圧の広い範囲に対応できるI²Cデバイスが用意されています．C-Firstボードに搭載されている3軸加速度センサKXTJ3-1057も，許容電源電圧は1.8V～3.3Vです．

＜永原 柊＞

第3章

コンピュータ・ワールドへようこそ！
マイコン探求隊

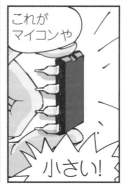

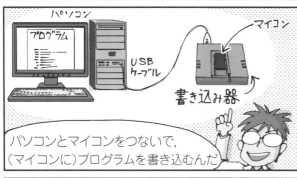

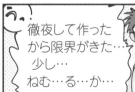

1時間目 マイコンの働き方は自分で決める

単機能ICとマイコンを比べてみると…

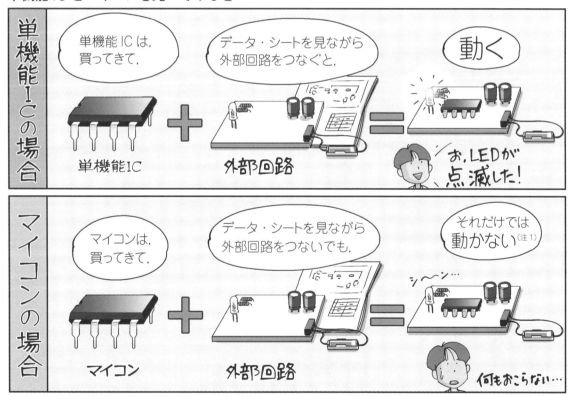

(注1)製造出荷時にプログラムがあらかじめ書き込まれたマイコン(書き込み済みマイコン)もあります．その場合には外部回路を組むだけで動かすことができます．

2時間目 Lチカをやってみよう

Lチカをマイコンあり/なしで比べてみると…

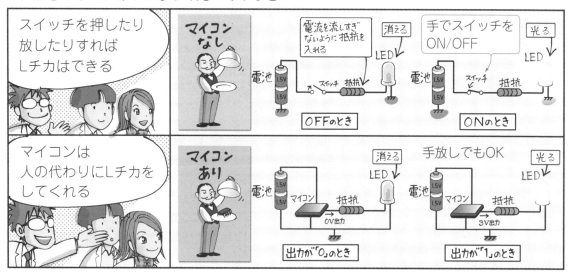

注：この図では，電池の片側をグランド（地面）に接続しているけれど，実際の実験では1本の導線でつないでください．

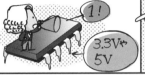

3時間目 マイコンの要素

マイコンの3要素を見てみよう

注：CPUを演算と制御，周辺機能を入力と出力に分け，メモリと合わせてマイコンの5要素とする場合もある

<編集部>

4時間目 読み出し専用のメモリROM

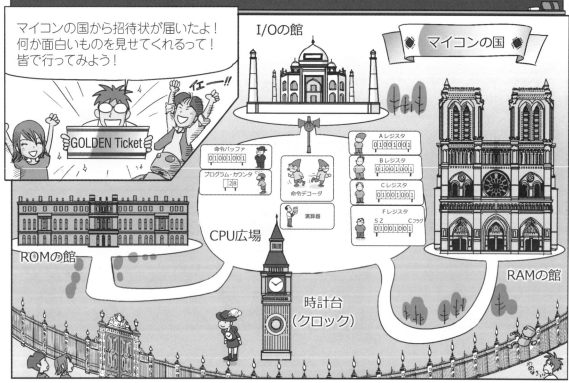

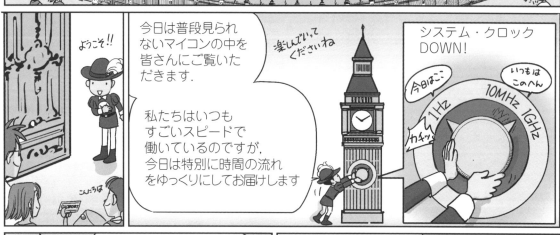

5時間目 記憶, カウント, 演算, 命令…働くCPU

● プログラム・カウンタくん登場！

● 命令バッファくん登場！

（注2）デコーダとは符号化されたデータを解読すること

● 命令デコーダくん登場！

● レジスタくん登場！

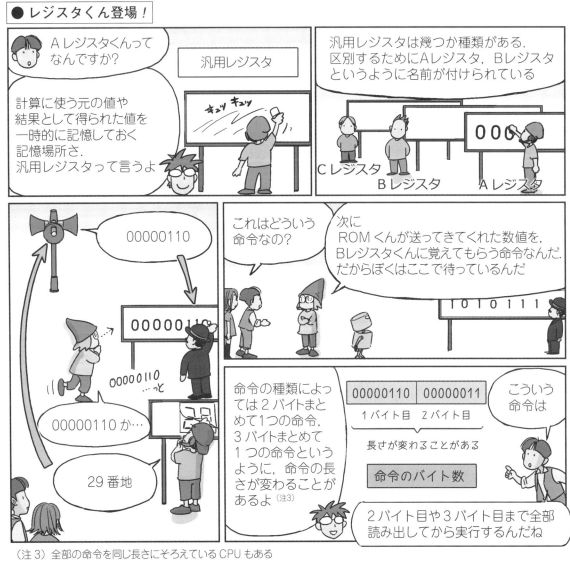

（注3）全部の命令を同じ長さにそろえているCPUもある

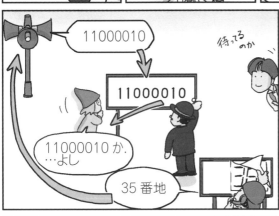
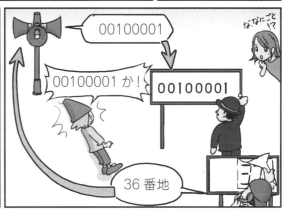

まとめ

CPUの中ではいろいろな回路が単純な処理を繰り返している

プログラム・カウンタ

命令を取ってくる番地を管理する

命令バッファ

取ってきた命令を一時的に記憶する

命令デコーダ

記憶した命令を解読して実行の指示を出す

汎用レジスタ

データを一時的に記憶する

Fレジスタ

演算結果のさまざまなフラグを記憶する

演算器

演算を実行して結果をだす

6時間目 書き換えできるメモリRAMと入れたり出したりするI/O

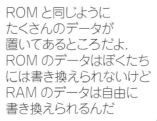

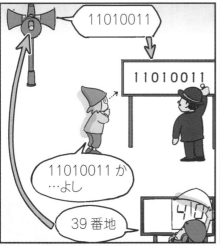

マイコン・ボードをC言語で動かしてみよう！

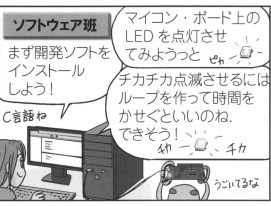

<宮崎 仁>

第4章

コンピュータの5大装置「演算装置」「入力装置」「出力装置」「記憶装置」「制御装置」

マイコンが動く仕組み

[1] 小さなコンピュータ「マイコン」の歴史

● 人間は膨大な計算をしたい生き物

なぜ人類が急に自動計算機を作りたくなったかというと，自然科学の急速な発展があったからです．17～18世紀に数学や物理学が大きく発展して，物の運動やエネルギを理論的に説明できるようになりました．18～19世紀には蒸気機関をはじめ，さまざまな機械が作られて，人間の生活も大きく進歩しました．ただ理論式（微分方程式）は比較的単純でも，それを解いて数値解を求めようとすると計算量は膨大になり，何人もの人が何日もかかって計算しなければなりませんでした．それを自動化したいというのが科学者や技術者の夢となったのです．

● 人サイズから米粒サイズに小型化

マイコンはマイクロコンピュータの略称で，マイクロは「すごく小さい」ことを意味します．初めてマイコンが登場した1971年ごろ，世間で使われているコンピュータといえば，メインフレーム（図1）と呼ばれる部屋を埋め尽くすほどかさばるものや，ミニコン（図2）と呼ばれる冷蔵庫ぐらいのものでした．ところが，1971年にインテル社が16ピンDIP型の小さなIC（電子部品）「4004」を発表しました（図3）．実際には，1個のICで大型のコンピュータと同じことができるわけではなくて，何個ものICや部品を組み合わせて基板を作り，さらに箱に入れて初めてコンピュータになります．そうやって作ったコンピュータも，メインフレームやミニコンに比べれば性能ははるかに低いものでした．でも，それまで巨大な「装置」だったコンピュータを，指でつ

図1
企業の業務などに使われていた
コンピュータのメインフレーム
IBM System/360（1964年）が有名

まめるほどの小さい「部品」にしたことは，あまりにも画期的でした．

画期的だったのはもう1つ，価格です．当時メインフレームは10〜100万ドルぐらいで，大学や企業がやっと1台買えるというもの．ミニコンは1〜10万ドルぐらいで，研究室や部署でも買えるかもしれないというものでした．

それに対してインテル社の4004はサンプル価格が100ドルで，価格の点からも「装置」中に部品として組み込むことができました．

● 世界初のマイコンは4ビット！電卓用だった

世界初のマイコン「4004」は，4ビット単位でデータを処理する，4ビット・マイコンでした．4ビットの2進数で1個の10進数を表せるので，電卓のような10進数の計算に適しています．実際に4004は，日本の電卓メーカ（ビジコン社）からの注文によってインテル社が設計したものです（ビジコン社の日本人技術者，嶋正利氏が設計に加わっていたことは有名）．

● 8ビット・マイコンに進化して文字データを扱えるように

英語のアルファベットは，当時ASCII（アスキー）と呼ばれる7ビットの文字符号で表されていました．文字データを扱うには4ビット・マイコンでは不足だったので，すぐに8ビット・マイコンが登場しました．

最初の代表的な品種はインテル社8080（1974年）で，次いでその改良版に当たるZilog Z80（1976年）がベストセラー商品になりました．現在も広く使われているマイクロチップ・テクノロジー社の「PIC」（ピック）が登場したのもこのころです．

マイコンの性能が上がるにつれて，より高速の数値計算を行いたいという要望が出てきました．4ビット・マイコンでは10進数を1桁ずつ計算するので，大きな数を計算すると時間がかかります．8ビット・マイコンで，8ビットを10進数2桁に分けずに，00000000〜11111111の2進整数（10進数で言えば0〜255）として処理するほうが効率的です．

さらに16ビット・データにすれば10進数の0〜65535，32ビット・データにすれば10進数

図2　研究室などで使われていた小型の
コンピュータ「ミニコン」
DECのPDP-8（1965年）が有名

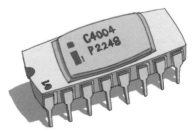

図3　世界初のワンチップ・マイコン
インテル「4004」（1971年）

の 0 〜 4294967295 をまとめて扱うことができます．

このようにして高性能を指向するマイコンは，4 ビット ⇒ 8 ビット ⇒ 16 ビット ⇒ 32 ビットと進化していきました（**図 4**）．ビット数が多いほど大きな数を扱えるので，計算が速くなります．一方で低価格が要求される用途では，4 ビット，8 ビット，16 ビットなどのマイコンもそのまま使い続けられています．

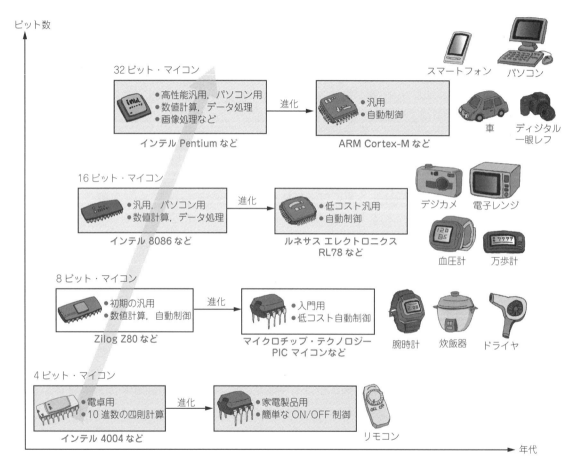

図 4 4 ビット→8 ビット→16 ビット→32 ビットと時代とともにビット数が上がっていったマイコン
当初の用途と現在の用途は多少異なるものもあるが，どのビット数も使われている．最近の高性能パソコン用 CPU は，64 ビット・マイコンと呼べるものになっている

[2] コンピュータを構成しているもの

● コンピュータの 5 大装置と 3 要素

コンピュータは自動計算のためのマシンですが，計算の機能だけをもっているわけではありません．実際のコンピュータは，計算以外の機能が大部分を占めています．

「コンピュータとは何か」を一言で答えると「任意のプログラムを自動的に実行する装置」です．

計算するプログラムを作って実行すると，コンピュータは忠実に処理します．

　コンピュータは「演算装置」以外に，計算に必要なデータを入力する「入力装置」や，計算した結果を表示するための「出力装置」も備えています．

　計算以外の能力も，プログラムに従って自動的に実行されます．そのための最も重要な機能が，プログラムを自動的に実行する「制御装置」です．

　以上の演算装置，入力装置，出力装置，記憶装置，制御装置の5つは，どんなコンピュータにも必要な基本の装置で，5大装置と呼びます（図5）．制御装置と演算装置のひとまとまりをCPU（中央処理装置）と呼び，入力装置と出力装置を総称してI/O（入出力）と呼びます．メモリ（記憶装置）と合わせて，コンピュータの3要素と呼ぶこともあります．

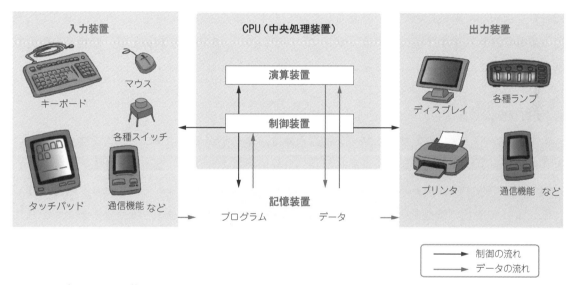

図5　コンピュータは5大装置
演算装置，入力装置，出力装置，記憶装置，制御装置の5つの装置を備えている．制御装置と演算装置をひとまとめにCPU（中央処理装置）と呼び，入力装置と出力装置を総称してI/O（入出力）と呼ぶ

● プログラミングできなければコンピュータとは言わない

　パソコンやスマートフォンでは，プログラムが動いていることをあまり意識することはありません．しかし，プログラムがなければパソコンやスマートフォンは何の仕事もできません．今あるプログラムではできない仕事をやらせたいときには，新しいアプリケーションをインストールしたり，場合によっては自分で作ったりするわけです．

　現在では，身の回りにある大部分の機器が何らかのマイコンを内蔵していて，マイコンのプログラムによって動作を行っています．たとえば，エアコンのリモコンにも室内機にも室外機にもそれぞれマイコンが内蔵されています（図6）．リモコンのボタンを押せば，どのボタンが押されたか判別され，それに応じたコマンドが室内機に送信されます．室内機はコマンドを受信し，室外機に対して冷暖房の能力を上げたり下げたりするコマンドを送ったり，送風ファンのモータ

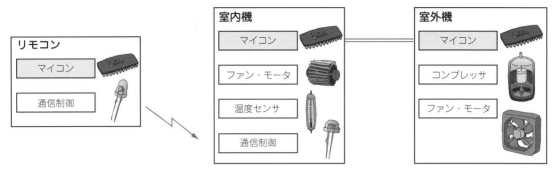

図6 エアコンはプログラムを書き込むことができない
エアコンのような組み込み機器は初めからプログラムが内蔵されている．リモコン，室内機，室外機にそれぞれマイコンが内蔵されており，おのおのがコマンドを送受信して動いている

回転数を制御して風量を増やしたり減らしたりします．また室内の温度をセンサで測定して，温度や風量を調節します．室外機では，コンプレッサのモータ回転数を制御して，冷暖房の能力を制御します．これらも，すべてマイコンのプログラムで行われています．

● プログラムできるもの＝コンピュータ

エアコンがパソコンやスマートフォンと違うのは，ユーザが勝手にプログラムを変更できないところです．アプリケーションを追加したり，自分で作るようなことはできません．

パソコンやスマートフォンのように，ユーザがプログラムをインストールしたり，自分で作ることによって任意の機能を実現できるものを，一般に「コンピュータ」と呼んでいます．それに対して，エアコンのようにマイコンとあらかじめ決められたプログラムが内蔵されていて決まった機能だけを行うものを，組み込み機器と呼んでいます（図7）．

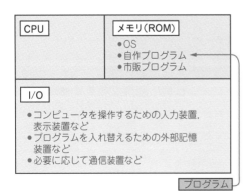

キーボードから自分でプログラムを書き込んだり，DVD-ROMやネットワークから必要なプログラムを取り込んで使うことができる

（a）コンピュータ

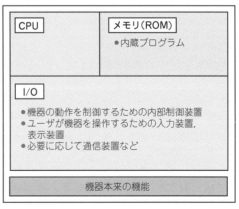

機器に最初から内蔵されたプログラムを実行し，機器の動作を制御する．機器メーカによるアップデートを除いて，プログラムは基本的に入れ替えられない．日本語では「組み込み」機器と呼ぶが，より正確にはマイコンが「組み込まれた」機器だと言える

（b）組み込み機器

図7 コンピュータはプログラミングできる

[3] メモリの働き

● プログラムの保管場所「メモリ」

　メモリは，8ビット（1バイト）単位で2進数データを記憶する小部屋がたくさん並んでいて，各部屋には順番にアドレス（番地）が付いています（**図8**）．

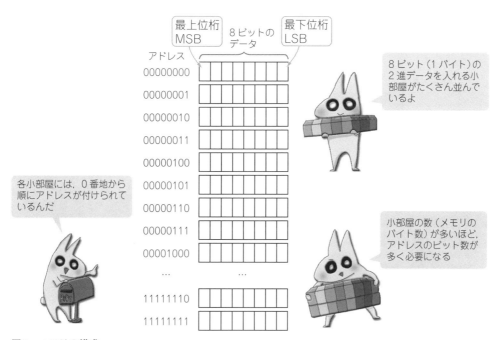

図8　メモリの構成
8ビット（1バイト）の2進データを入れる小部屋がたくさん並んでいる．各小部屋には0番地から順番にアドレスが付けられている．小部屋の数（メモリのバイト数）が多いほど，アドレスのビット数が多く必要になる

　CPUは，メモリにデータを記憶させたり（書き込みやライトと呼ぶ），メモリが記憶しているデータを取り出したり（読み出しやリードと呼ぶ）します．このときCPUは必ずアドレスを指定します．「どこでもいいからしまって」とか「どれでもいいから出して」ということはしません．几帳面なCPUはきちんとアドレスを指定してデータの書き込み，読み出しをします．

　第3章のまんがでは，メモリのアドレスを10進数で書いていますが，実際にはアドレスは2進数データで表されます．

　アドレスは基本的に0番地から順番に付けていきます．アドレスのビット数で扱えるメモリ容量が決まります．アドレスが8ビットのときは，00000000番地から11111111番地までの256バイト分の小部屋しか指定できません．1Kバイト（2^{10}バイト）を扱うためには10ビット（＝2^{10}個）のアドレスを指定できなければなりません．1Mバイト（2^{20}バイト）を扱うには20ビット（＝2^{20}個）のアドレス，1Gバイト（2^{30}バイト）を扱うには30ビット（＝2^{30}個）のアドレスが必要

です．このように長いアドレスを2進数で書くと読みにくいので，たいていは16進数で表します．

このアドレス指定ができる範囲全体をメモリ空間（アドレス空間）と呼びます．メモリ空間の中に，実際にどのようなメモリがあるかはメモリ・マップ（アドレス・マップ，図9）を見ればわかります．

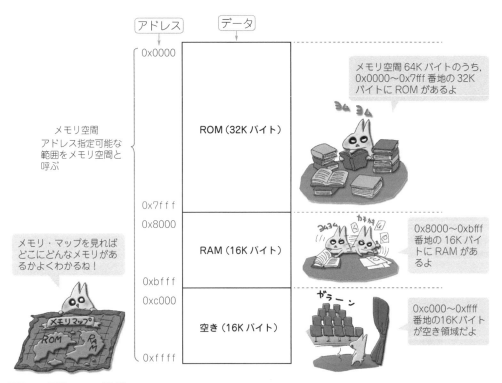

図9 メモリ・マップの例
メモリ空間64Kバイトのうち，0x0000〜0x7fff番地の32KバイトにROM，0x8000〜0xbfff番地の16KバイトにRAM，0xc000〜0xffff番地の16Kバイトが空き領域になっている

CPUはメモリに置いてあるプログラムを自動的に取り出して実行するように作られています．メモリ以外の場所にあるプログラムは実行できません．このように重要な働きをするメモリなので，特に「主記憶：メイン・メモリ」と呼びます．

● メモリ空間とメモリ・マップ

アドレス指定が可能な範囲をメモリ空間と呼びます．たとえば16ビット・アドレス（16進4桁）であれば，メモリ空間は 2^{16} = 65536バイトの範囲になります．通常は1024バイトを1Kバイトと書き，65536バイト = 64×1024バイト = 64Kバイトと書きます．このメモリ空間全体に同じようにメモリが存在するとは限りません．ROMとRAMの両方を使うマイコンはメモリ空間の一部にROMを，別の一部にRAMを実装します．何も実装されていない空き領域をもつマイコンもあります．

● プログラムの実行に必要なデータ置き場「ワーク・エリア」

　コンピュータには主記憶のほかにもいろいろな種類の記憶場所があります．主記憶以外の記憶場所にはレジスタ，キャッシュや外部記憶などがありますが，これらはコンピュータの5大装置の1つである「記憶装置」とは違うものです．

　主記憶にはプログラムだけでなく，さまざまなデータを記憶させることができます．特にプログラムを実行するときに必要なデータを一時的に置いておく場所は，ワーク・メモリやワーク・エリアと呼ばれます．

　コンピュータには，プログラム用のメモリとデータやワーク用のメモリ空間を別々にもつタイプ，1つのメモリ空間をプログラムやデータ，ワークなどに分けて使うタイプがあります．

● 2種類のメモリ

▶読み出しも書き込みもできるRAM

　主記憶として使われるメモリは，1バイトの小部屋ごとにアドレスを指定して，直接データを書き込んだり，読み出したりできることが必要です．これをランダム・アクセスと言います．ランダム・アクセスができて，読み出しも書き込みもできるメモリを，一般にRAM（ランダム・アクセス・メモリ）と呼びます（**図10**）．

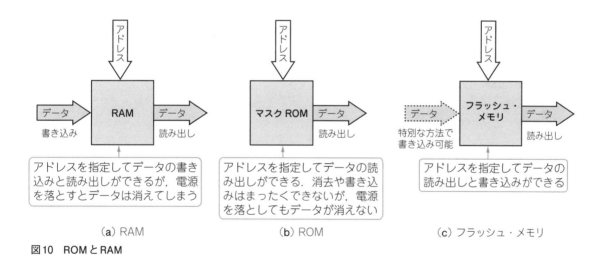

図10　ROMとRAM

▶読み出し専用のROM

　一方，読み出しは絶対に必要ですが，書き込みは必要ない場合もあります．プログラムを変更する必要がない機器では，書き込みできるメモリにプログラムを置くと，誤って変なデータを書き込んでしまってプログラムが書き換えられてしまうこともあり得ます．そんなときに使われるのが読み出し専用（リード・オンリ）メモリ，略してROMです．

　昔のROMは半導体メーカがICチップを製造するときに必要なデータを書き込めるだけで，

あとからは絶対に消去したり書き込んだりできないものでした．これはマスクROMと呼ばれます．しかし，ROMといっても絶対に書き込めないわけではなく，所定の方法で消去して書き換えられるROMが一般的です．その中でもフラッシュ・メモリは最も広く使われています．最近のマイコンでは，プログラム用のメモリとして主にフラッシュ・メモリが使われています．フラッシュ・メモリなら，動作中に誤ってプログラムを書き換えてしまう危険が少なく，さらに必要があればプログラムを書き換えることが可能です．プログラムの開発段階では，プログラムを書き込んでテスト実行しながらプログラムを修正していくデバッグの作業が不可欠なので，フラッシュ・メモリはとても便利です．

▶プログラムを取っ換え引っ換えするコンピュータにはRAMが最適

一方，パソコンのようにプログラムを取り換えて実行させたいコンピュータでは，主記憶にはRAMを使います．RAMの中でも，1ビットの情報をとても小さいコンデンサに記憶させるDRAM（ダイナミックRAM）は，1個のICチップで大容量のメモリが作れるので，パソコンなどの主記憶に最も多く使われています．

[4] メモリに書かれたプログラムの実体

■ プログラムは機械語で書かれている

● 人の言葉はコンピュータに通じない

マイコンは，メモリ（主記憶）に置いてあるプログラムを自動的に取り出して実行する，と説明しました．このプログラムとはどんなものでしょうか．

一般にプログラムというと，CやJavaなどの言語で書かれた単語や記号の羅列のようなもの（図11）を思い浮かべるかもしれませんが，これは人間用であって，マイコンには理解できません．

```
void main ( void )
{
        int number = 0;
        while ( 1 ) {
                if ( number == 0 )
                        number = 3;
                number = number - 1;
        }
}
```

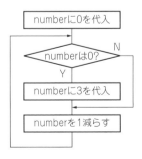

図11 C言語のプログラムの例
名前（関数名や変数名）を自分で定義できること，数式や論理式を使えること，少数の特定の構文を組み合わせて記述できることなどから読みやすい（はず）

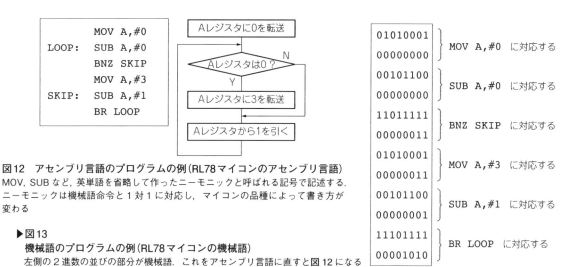

図12 アセンブリ言語のプログラムの例(RL78マイコンのアセンブリ言語)
MOV, SUB など，英単語を省略して作ったニーモニックと呼ばれる記号で記述する．ニーモニックは機械語命令と1対1に対応し，マイコンの品種によって書き方が変わる

▶**図13**
機械語のプログラムの例(RL78マイコンの機械語)
左側の2進数の並びの部分が機械語．これをアセンブリ言語に直すと図12になる

マイコンに詳しいベテランは，アセンブリ言語を使って書いた単語や記号の羅列をイメージするかもしれません(**図12**)．しかし，これも人間用です．

● **マイコンの中の回路がわかるのは1と0でできた「機械語」**

マイコンが理解できるプログラムは，機械語で書かれたプログラムだけです(**図13**)．

機械語のプログラムはたくさんの2進数が並んだもので，その状態でメモリの中に記憶されています．ただしこの2進数(1と0の組み合わせ)で表すというのも，人間が読んだり書いたりするための工夫です．実際のメモリの中では，電圧が高いか(Hレベル)低いか(Lレベル)を1と0に対応付けてデータを記憶しています．

■ 命令にはCPUへの作業指示が書かれている

RL78マイコン・シリーズの機械語を例にして説明します(注1)．

機械語というのはCPUの機種によって違っていて，たとえばマイクロチップ・テクノロジー社のPICマイコンとAVRマイコンでは機械語は異なります．PICマイコンやAVRマイコンも専用の機械語で語りかける必要があります．機械語が違っていても，マイコンの仕組みはとても似ています．ここではなるべく一般的なマイコンの仕組みで説明します(注2)．

● **命令は積み木のように重ねられている**

機械語のプログラムとは，1個1個が独立した積み木を組み合わせて作った塔のようなもので

(注1) RL78シリーズの仕組みを説明するわけではない．
(注2) RL78シリーズを細かく分けるとRL78-S1コア，RL78-S2コア，RL78-S3コアの3種類がある．最も簡単なRL78-S1コアを例にする．

す（図14）．1個1個の積み木を「命令」（インストラクション）と呼びます．命令には1バイトの命令，2バイトの命令，3バイトの命令…など，さまざまな長さのものがあります．

　CPUによっては，全命令の長さがそろっているもの，命令の長さがまちまちのものがあります．RL78マイコンの場合は，1バイトから5バイトまでの命令があります．CPUがもつ命令全体を指して，そのCPUの命令セットと呼びます．

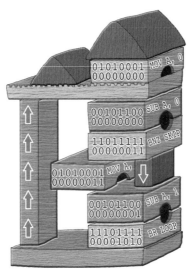

図14　機械語のプログラムは1個1個の命令が独立していて，それらがを積み重なっている

■3大メジャー命令「転送」「演算」「逐次実行」

❶ データを転送するMOV命令

　最も多いのは，汎用レジスタにデータを転送する命令です．RL78マイコンのニーモニック（注3）ではこれを「MOV」で表すので，MOV命令とも呼びます．データを転送したとき，元の場所のデータは原則としてそのまま残ります．

▶高速処理用の一時保管場所「汎用レジスタ」

　汎用レジスタとは，CPUの内部にある小さな一時保管場所です．演算などの高速処理用として，主記憶（CPUの5大装置の中の記憶装置）と別に用意されています．

　汎用レジスタには名前が付けられています．RL78マイコンには汎用レジスタとして8個の8ビット・レジスタがあり，Aレジスタ，Bレジスタ，Cレジスタ…などと名前が付いています（図15）．図15（b）に示すように2個の8ビット・レジスタを連結して，1個の16ビット・レジス

（注3）機械語命令と1対1にアルファベットの記号を対応させたものをニーモニックと呼ぶ．

タとして使うこともできます^(注4).

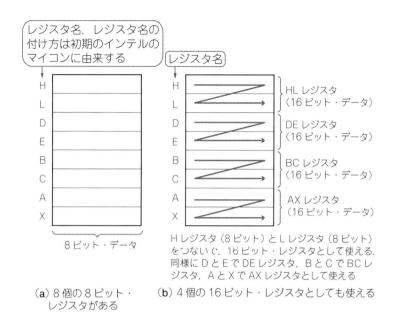

図15　RL78シリーズの汎用レジスタ

　RL78の機械語では「XレジスタにあるデータをAレジスタに転送せよ」という命令を，「01100000」という1バイトの2進数で表します．これを「01100010」に変えると「CレジスタにあるデータをAレジスタに転送せよ」という命令になります．さらに「01100011」に変えると，「BレジスタにあるデータをAレジスタに転送せよ」という命令になります（**図16**）．

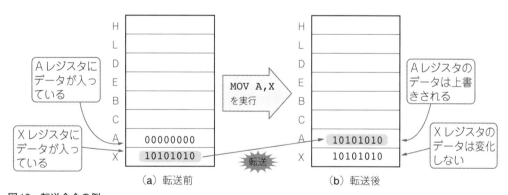

図16　転送命令の例
XレジスタにあるデータをAレジスタに転送する例を示す．Xレジスタを転送元（ソース），Aレジスタを転送先（デスティネーション）と呼ぶ．Xレジスタにあるデータ10101010がAレジスタに転送される．Xレジスタの内容は変化しない

　命令とは，1バイトもしくは複数バイトの2進数に，何か特定の意味をもたせたものです．図

（注4）主記憶はアドレスを指定して読み出し，書き込みを行うので手間がかかるし，通常はCPUから少し離れた場所に置かれているので応答速度も遅くなる．汎用レジスタはごく少数の小部屋しかないが，高速に読み出し，書き込みができる．

12の「MOV A, 0」は，「Aレジスタにデータ00000000を転送せよ」という命令です．RL78マイコンの機械語では，これを図13のように「01010001」「00000000」という2バイトの2進数で表します．この命令では，2バイト目には任意のデータを入れることができます．

❷ 演算のための命令

コンピュータの内部はAND，OR，NOTなどの論理回路で構成されており，論理演算を実行するための機械語命令が用意されています．また数値演算は論理演算を利用した2進数の数値演算回路を利用しており，加算（ADD）や減算（SUB）などの数値演算命令もあります．値を1ずつ増やすINC命令や1ずつ減らすDEC命令もよく使います．

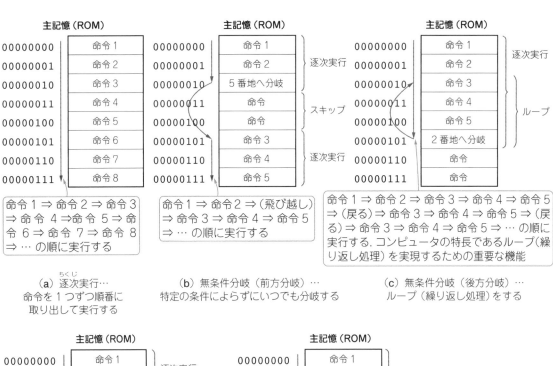

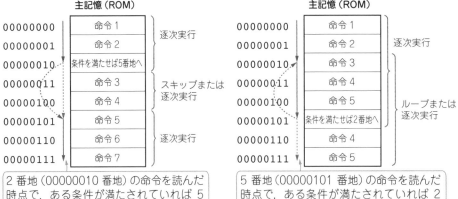

図17
逐次実行と分岐

命令の種類が多いほどマイコンほど高機能ですが，命令数が増えると内部回路が複雑になり，処理が遅くなります．

❸ 逐次実行と分岐命令
▶順番に実行する「逐次実行」
　コンピュータのプログラムは，その実行すべき順序に従って命令を並べたものです．プログラムは主記憶に置かれていて，CPUは命令を1つずつ順番に取り出しながら，実行していきます．
　CPUには，次に実行すべき命令のアドレスを常時記憶しているプログラム・カウンタ（PC）という特別なレジスタがあります[注5]．CPUは，プログラム・カウンタが指しているアドレスから命令を取り出すと，自動的にプログラム・カウンタの値を進めて，次の命令に進みます．
　この命令を1つずつ順番に取り出して実行することを「逐次実行」と呼び，コンピュータにとっては最も重要なルールです．

▶実行の順番を変える「分岐」
　逐次実行だけでは一直線のプログラムしか作ることができません．コンピュータを役に立つものにするためには，分岐の機能が必要です（図17）．コンピュータの分岐には，前方への分岐（スキップ）と後方への分岐（ループ）があります．特定の条件によらずにいつでも分岐する「無条件分岐」と，特定の条件のときだけ分岐する「条件分岐」もあります．
　分岐の機能は，分岐命令という特別な命令によって実現されます．分岐命令を実行すると，プログラム・カウンタの値を書き換えることによって，次に実行する命令のアドレスが変更されます．

[5] プログラムの実行が大得意！CPUのメカニズム

　CPUはメモリ（主記憶）に置かれた命令を順番に取り出して実行します．その動作は大きく分けて，下記の3ステップからなります（図18）．

　①命令の取り出し（フェッチ）
　②命令の解読（デコード）
　③命令の実行（エグゼクト）

❶ 命令フェッチ
　CPUがメモリから命令を取り出す処理です（図19）．
　メモリに記憶した内容を読み出す処理を表す言葉は一般に「リード（Read）」ですが，命令の取

[注5] CPUの品種によっては，命令ポインタ，命令アドレス・レジスタなどと名称が変わる．

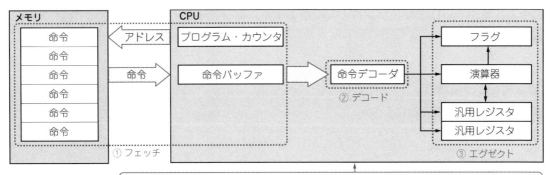

図18 命令実行の3ステップ
マイコンが動作している間，① CPUはメモリから命令を取り出し，② 解読し，③ 実行する

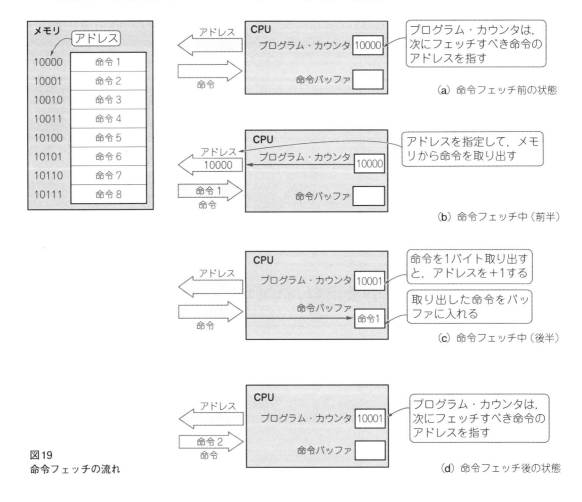

図19
命令フェッチの流れ

り出しは特別な処理なので，区別するためにわざわざ違う名前を付けています．

　命令フェッチを行うために，CPUはプログラム・カウンタと命令バッファを備えています．

▶プログラム・カウンタ

　次の3つの働きがあるカウンタです．

①フェッチすべき命令のアドレスを記憶する
②命令をフェッチしたら自動的に値を加算して次のアドレスに進める
③分岐命令の実行によって値を書き換える

▶命令バッファ

メモリから取り出した命令を一時的に記憶しておくための小さな記憶装置です．

CPUは，プログラム・カウンタが指すアドレスのメモリから命令を取り出して命令バッファに入れます．同時にプログラム・カウンタが自動的に加算されます．ここまでが命令フェッチです．

❷ 命令の解読「デコード」

CPUは，フェッチした命令を解読（デコード）して，その解読結果に従って命令を実行します．CPUは命令の解読器（デコーダ）を備えています（**図20**，**表1**）．

図20　命令デコード
8ビットの2進数（00000000～11111111）のほとんどに何らかの命令が対応している．CPUはメモリから取り出した命令（2進数）をデコーダ（解読器）に送って，その意味を解読する

表1　RL78マイコンの命令一覧表（抜粋）

2進数	ニーモニック	バイト数	説明
00000000	NOP	1	「何もしない」という命令
00000001	ADDW AX, AX	1	AXレジスタの値をAXに加算する
00000010	ADDW AX, アドレス	3	命令の2～3バイト目が指すメモリの値をAXに加算する
00000011	ADDW AX, BC	1	BCレジスタの値をAXに加算する
00000100	ADDW AX, 数値	3	命令の2～3バイト目の値をAXに加算する
00000101	ADDW AX, DE	1	DEレジスタの値をAXに加算する
00000110	ADDW AX, アドレス	2	命令の2バイト目が指す特定のメモリの値をAXに加算する
00000111	ADDW AX, HL	1	HLレジスタの値をAXに加算する
00001000	XCH A, X	1	Aレジスタの値とXレジスタの値を入れ替える

CPUは，フェッチした命令を命令バッファから命令デコーダに転送します．命令デコーダは，それがどんな命令で何をすべきなのかを解読します．

RL78マイコンの場合，命令が「01100000」という2進数であれば，命令デコーダはそれが「XレジスタにあるデータをAレジスタに転送せよ」という命令だと判断し，すぐに実行します．命令が「01010001」という2進数であれば，命令デコーダはそれが「命令の2バイト目の値をAレジスタに転送せよ」という命令だと判断します．この場合は，命令の2バイト目を取り出してからそれを実行します．

❸ 命令実行

命令デコーダが命令を解読し終えたら，CPUはさっそく実行します．

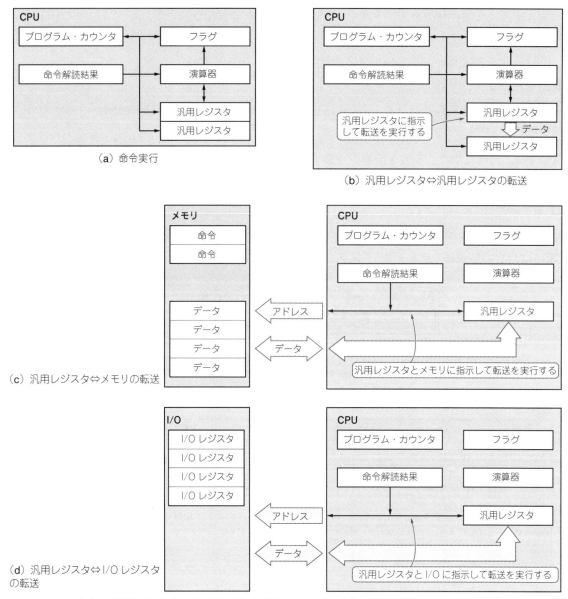

図21 CPUは命令の解読結果に基づいて，あちこちの回路に指示して命令を実行する

表2 命令の種類と実行内容の例

命令解読結果	実行場所	説　　明
複数バイト命令の途中	−	何もせず次のフェッチへ
NOP命令	−	何もせず次のフェッチへ
汎用レジスタ⇔汎用レジスタの転送	汎用レジスタ	データを転送する
汎用レジスタ⇔メモリの転送	汎用レジスタ，メモリ	データを転送する
汎用レジスタ⇔I/Oレジスタの転送	汎用レジスタ，I/Oレジスタ	データを転送する
演算命令	汎用レジスタ，演算器	演算を行う
無条件分岐命令	PC	PCを書き換える
条件分岐命令	PC，フラグ	フラグを見てPCを書き換える

※このほかにもいろいろな種類の命令がある．CPU内部で実行される命令のほかに，メモリやI/Oとデータをやりとりする命令もある

論理演算命令や数値演算命令を実行するために，CPU は演算器「ALU（Arithmetic and Logic Unit：数値論理ユニット）」を備えています．演算の結果が 0 かどうか，桁上がりしたかどうかなどを表示する特別なレジスタ「PSW（Program Status Word）」を備えています[注6]．

　汎用レジスタは，演算に必要なデータや演算結果を一時的に記憶します．

　演算器は指定された汎用レジスタからデータをもらい，所定の計算を行って結果を指定された汎用レジスタに書き込みます．演算結果によっては，PSW の中の所定のフラグをセットまたはリセットします（図21）．

　ほかにもいろいろな種類の命令があります（表2）．CPU 内部で実行される命令のほかに，メモリや I/O とデータをやりとりする命令もあります．

● マイコンの仕事始め

　命令フェッチ⇒命令デコード⇒命令実行という流れをひととおり見てきました．マイコンが動作している間，CPU は常にこの動作を繰り返しています．残る問題は，マイコンはいつどのようにして動作を始めるのか，またいつどのようにして動作を終えるのかということです．

▶すべては初期化から始まる

　マイコンに電源を供給すると，動作を開始します．いきなりプログラムの途中から処理が始まることは想定していません．また，CPU の内部にはいくつものレジスタがあって，それぞれ値を記憶しています．それらの値がすべてつじつまの合った状態から処理を始めないと，CPU の動作はおかしくなってしまいます．

　マイコンに電源を投入したときは，必ずマイコンの内部回路を初期化します．これをパワー・オン・リセットと呼びます．リセット後にプログラム・カウンタの値がいくつになるかはマイコンの品種によりますが，その値がプログラムのスタート番地です（図22）．

● マイコンの仕事終わり

　マイコンのプログラムの終わり方はいくつかあります．仕事が終わったら，自動的に電源を OFF にして動作を終了するというプログラムもあります．この場合，I/O ポートの先に電源スイッチをつないでおき，マイコン自身が電源スイッチを OFF にしたところでプログラムは終了するというものです．

　最も一般的なプログラムの終わり方は分岐命令がなく，いつまでも CPU が逐次実行を続ける「無限ループ」です．

　プログラムがメモリの途中で終わっていても，CPU はまだ命令があると思って「命令フェッチ⇒命令デコード⇒命令実行」のステップを続けます．その結果，マイコンがとんでもない動きをしたり，まったく応答しなくなることがあります．これを「暴走」と呼んでいます．

[注6] PSW は CPU の品種によってフラグ・レジスタなどと名称が変わる．

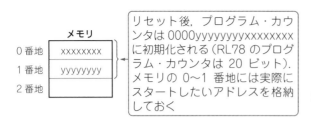

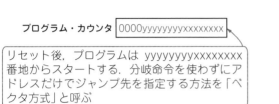
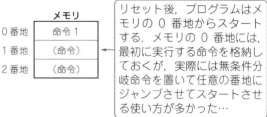

（a）RL78のスタート番地の例（ベクタ方式）　　　　（b）Z80のスタート番地の例

図22　PCの初期値の確定方法

　暴走を避けるには，プログラムの最後に無条件分岐命令を置いてループを作り，そこから先のメモリ領域に進まないようにします．必要に応じて無限ループから抜け出せるように，やるべき仕事がないときはユーザの操作待ちのループに入って，何か操作があるまで待ち続けるという方法も多いです（**図23**）．操作待ちループで待つ代わりに，動作を停止して待つことができる節電モードを備えたマイコンも多くなっています．

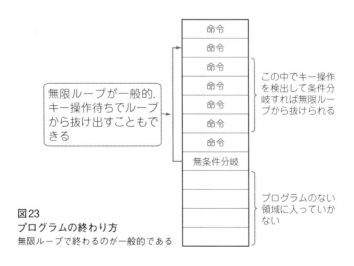

図23
プログラムの終わり方
無限ループで終わるのが一般的である

[6] CPUはI/Oを通じてセンサやモータを動かす

　マイコンが実行する命令の多くは内部回路向けですが，マイコンの外の信号を取り入れたり出したりする命令もあります．もちろん外部インターフェース回路が必要です．マイコン内の入出

力回路（I/O）を動かすと温度や音声を取り込んでモータやLEDを制御できます（**写真1**）．マイコンの頭脳（CPU）の部分，五感（入力回路），表現（出力回路）はすべてプログラムで動かせます．マイコンは主記憶に書き込まれた命令を順番に，そして忠実に実行するマシンです．外部とやりとりをしない命令が処理されても外見上は何の変化もありません．マイコンはLEDやセンサを外付けして動かしてこそ意味のある部品です．

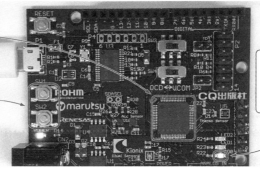

写真1　RL78マイコン・ボードに搭載されているLEDを光らせてマイコンで動かしているプログラム

■ CPUが入出力回路の動きを決めるときに使う「I/Oレジスタ」

　I/Oの仕組みの基本はレジスタです．

　レジスタとは，それぞれ決まった役割がある小規模な記憶装置のことです．CPUの中には，いくつかの汎用レジスタや命令バッファ，プログラム・カウンタ，PSW（フラグ・レジスタ）など，さまざまなレジスタが置かれていて，それぞれ決まった仕事をします．これと同じように，入出力装置の中にもさまざまなレジスタが置かれていて，それぞれ決まった仕事をしています．

　ここでは入出力装置の動き方を設定するさまざまなレジスタを総称してI/Oレジスタと呼びます．実際のマイコンでは，I/Oレジスタの役割に応じて，それぞれ違った名前が決められています．名前の付け方はマイコンのメーカによって違い，統一性がありません．

　マイコンのプログラムでは，CPUの中の汎用レジスタから別の汎用レジスタにデータを転送したり，汎用レジスタと主記憶の間でデータを転送したりする転送命令が多く見られます．I/Oを使用する場合も汎用レジスタとI/Oレジスタの間でデータを転送する転送命令を使用します．

　I/Oレジスタは，下記の3つに分けられます．特に入力I/Oレジスタと出力I/Oレジスタは，ほかのレジスタにはない特別な機能があります．

　①入力データ用のI/Oレジスタ（入力I/Oレジスタ）
　②出力データ用のI/Oレジスタ（出力I/Oレジスタ）
　③I/O機能を制御するための制御用I/Oレジスタ

● 入力I/Oレジスタ

マイコンの入力端子とつながっていて，入力端子の状態に応じた2進数を記憶します．

ビットI/Oと呼ばれる最も基本的なI/O機能の場合には入力I/Oレジスタの各ビットがそれぞれ1本の入力端子に対応しており，端子電圧が"H"（Hレベル）なら対応するビットの値は1，端子電圧が"L"（Lレベル）なら対応するビットの値は0になります．この入力I/Oレジスタの値を汎用レジスタに転送すれば，そのときの入力端子の状態をプログラムで利用できます（図24）．

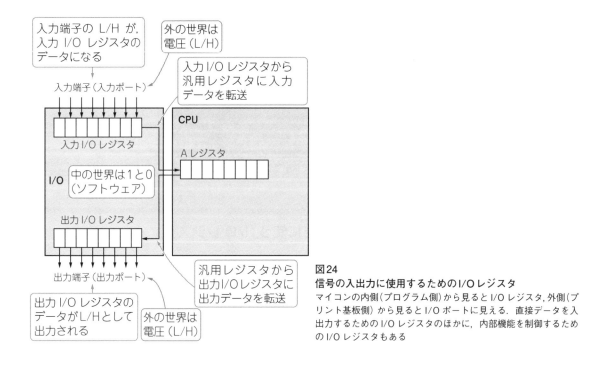

図24
信号の入出力に使用するためのI/Oレジスタ
マイコンの内側（プログラム側）から見るとI/Oレジスタ，外側（プリント基板側）から見るとI/Oポートに見える．直接データを入出力するためのI/Oレジスタのほかに，内部機能を制御するためのI/Oレジスタもある

❷ 出力I/Oレジスタ

マイコンの出力端子とつながっていて，レジスタに記憶した2進数で決まる電圧を出力端子に出力します．

ビットI/Oの場合には，出力I/Oレジスタの各ビットがそれぞれ1本の出力端子に対応しており，ビットの値が1なら対応する端子電圧は"H"（Hレベル），ビットの値が0なら対応する端子電圧が"L"（Lレベル）になります．プログラムで出力したい値を汎用レジスタから出力I/Oレジスタに転送すれば，そのときの出力端子の電圧をプログラムで制御できます．

入力I/Oレジスタの働きは，入力端子の電圧（L/H）をマイコン内部のデータ（0/1）に変換すること，出力I/Oレジスタの働きはマイコン内部のデータ（0/1）を出力端子の電圧（L/H）をに変換することです．

I/O機能をもつ入出力端子を特に「入出力ポート」と呼びます．ポートとは港のことで，入出力ポートを通ってデータが出入りしているようすを，船が出入りしている状態にたとえたものです．

■ 3大ディジタルI/O「ビットI/O」「シリアルI/O」「カウンタ/タイマ」

❶ L/Hのロジック電圧を操る「ビットI/O」

マイコンのI/O機能の中でも最も基本的なのは「ビットI/O」です.

入力端子には,L/Hのロジック電圧を出力できるものなら何でも接続できます.出力端子には,L/Hのロジック電圧で動作するものなら何でも出力できます.汎用的に使えるので,汎用I/OとかGPIO(General Purpose Input Output)とも呼びます(図25).

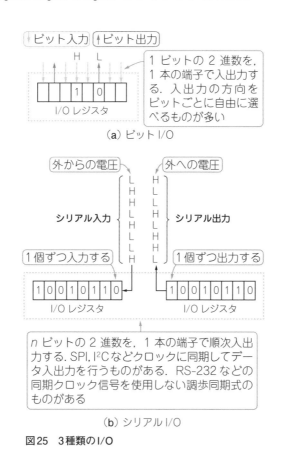

(a) ビットI/O

(b) シリアルI/O

図25 3種類のI/O

入力ポートに押しボタン・スイッチなどを接続すれば,スイッチが押されているかをプログラムで検出できます.出力ポートにLEDを接続すれば点灯/消灯をプログラムで制御できます.

ビットI/Oを利用すると,1個のスイッチを読み込んだり,1個のLEDを点灯したりというふうに,1本の端子ずつで個別に操作できます.ただし,I/Oレジスタは汎用レジスタなどと同じように,8ビット単位または16ビット単位で作られています.マイコンのあき端子数などの関係で,半端なビット数になっていることもあります.

マイコンのI/O機能は豊富ですが,端子数が増えないように,1本の端子を複数の機能に利用するケースが多いです.ビットI/Oは特に兼用されることが多いです.

❷ まとまったデータを操る「シリアルI/O」

　マイコンとほかの装置を接続して，まとまったデータをやりとりしたい場合もあります．

　8ビット・データをやりとりする場合，下記のI/Oが使われています．

・8本の端子を使って8ビットを一度にやりとりするパラレルI/O

・1本の端子を使って8ビット・データを1ビットずつ順次やりとりするシリアルI/O [図25(b)]

　パラレルI/Oはビット I/Oで簡単に実現できるので，専用機能を搭載したマイコンはあまりありません．

　ほとんどのマイコンは何らかのシリアルI/Oを搭載しています．シリアルI/Oは，マイコン内部ではビットI/Oと同様の転送命令でI/Oレジスタとデータ転送を行えばOKです．I/Oレジスタと入出力端子の間で，自動的にパラレル⇔シリアル変換処理をしてくれます．

　シリアルI/Oは，端子数や配線数を節約できる利点があります．データ高速伝送も可能です．

　代表的なシリアルI/Oといえば，I^2CやSPIです．UART[注7]やUSB，LAN（イーサネット）もメジャーです．

❸ 外界の時間に合わせるための「カウンタ/タイマ」

　カウンタは，入力信号のパルス数を数える働きをします．タイマはカウンタの応用機能の1つで，任意の時間幅を作り出したり，時間を測る機能です．ほとんどすべてのシングル・チップ・マイコンは，カウンタにもタイマにも使える機能を備えています．

● 1人通ったら1カウントアップ！「イベント・カウンタ」

　最も基本的なカウンタです．外界で起きた出来事（イベント）の回数を数えることができます [図26(a)]．多くの場合はイベントが起きるたびに1個のパルス信号を発生するような回路を外付けして用います．赤外線センサの前を人が横切ったら1個のパルス信号が1つ発生するようにプログラムすると，パルス信号の数をカウンタで数えれば，通った人の数がわかります．

　ビット数が多いほど，カウントできる最大値も大きくなります．8ビット・カウンタ（0～255），16ビット・カウンタ（0～65535），32ビット・カウンタ（0～約40億）などが用いられます．

　イベント・カウンタは，下記の2つで構成されます．

数を数えるためのカウンタ本体

数えた数を読み出すためのI/Oレジスタ

カウンタ本体はリセット機能があり，さらにI/Oレジスタ経由で任意の値をセットできます．アップ・カウントとダウン・カウントを選択可能で，0→1→2→…と数えたり，9→8→7→…と数えたりもできます．

　任意の値をセットできる比較一致（コンペア・マッチ）レジスタもよく用いられています．プ

（注7）伝送方式としてはRS-232と呼ばれるが，マイコンに搭載の通信機能ではUARTと呼ばれることが多い．UARTはUniversal Asynchronous Receiver Transmitterの略称．調歩同期シリアルあるいは非同期シリアルとも呼ばれる．

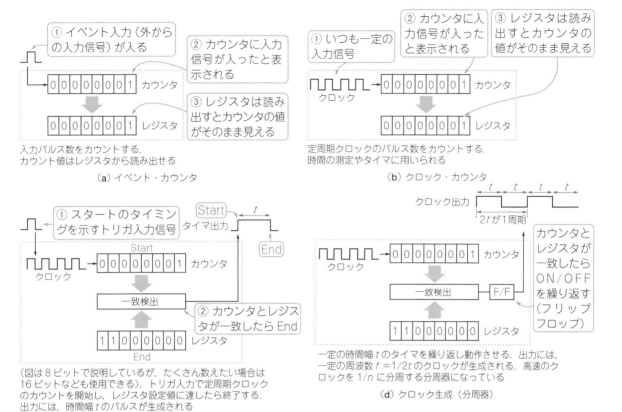

図26
カウンタ/タイマの種類

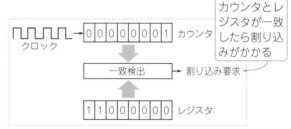

ログラムによっていちいちカウント値を確認しなくても，あらかじめセットした一定値に達したとき，割り込みによってCPUに通知できます．

● **発振器を入力とする周期信号生成に「クロック・カウンタ」**

イベント・カウンタの入力信号として一定周期 T のクロック信号を入力すれば，規則正しく値が変化するカウンタになります［図26(b)］．ある時点でカウント値をリセットして，そこから時間 t ごとにカウント値を加算していけば，カウント値 n と時間 T の積 $n \times T$ によってリセット後の経過時間がわかります．これが，タイマ機能の基本です．

マイコンの内部回路は，システム・クロックに従って一斉に動作し，命令を順番に実行します．このシステム・クロックはタイマ用として利用できます．また，タイマ用としてシステム・クロックとは別のクロックを用意しているマイコンもあります．

● ある時間だけ LED を点けたい「タイマ出力」

タイマ出力を利用すると，所定の時間だけ LED を点灯したり，ブザーを鳴らしたり，材料を加熱したり，機械を動作させたりできます．クロック・カウンタと比較一致（コンペア・マッチ）レジスタを組み合わせることによって，任意の時間幅のタイマ出力を生成できます［図 26（c）］．コンデンサ C と抵抗 R の充放電回路を利用したアナログ・タイマが用いられていました．

タイマ割り込みに単発と繰り返しがあるように，タイマ出力を同じ時間幅 t で繰り返して出力するとクロック出力になります．マイコンのシステム・クロックは数百 k ～数十 MHz と高速ですが分周機能を用いれば低速のクロックに変換できます［図 26（d）］．

● CPU の仕事 UP に「タイマ割り込み」

タイマの設定時間が経過したら，割り込みによって CPU に通知します．2 つの使い方があります．

❶ 単発で割り込みをかける

タイマ時間 t を設定して，1 回だけ割り込みをかける使い方です．所定の時間をセットしてスタートすれば，時計を見なくても所定時間の経過後にブザーなどで通知するキッチン・タイマと同じ使い方です．

❷ 繰り返し割り込みをかける

同じ時間間隔 t で繰り返し割り込みをかける使い方です．5 分ごとに温度を測定したいような場合に利用します．

10ms ごとに CPU に割り込みをかけてスイッチが押されたかどうかを調べさせる（CPU に）マイコンにとって 10ms はとても長い時間なので，割り込み処理がとても有効です．

この使い方を「インターバル・タイマ」と呼びます［図 26（e）］．

■センサや音声再生に！便利なアナログ I/O

● "H" と "L" しか出せないマイコンでアナログ信号を再生！「PWM 出力」

カウンタ／タイマの機能を利用すれば，PWM 方式でアナログ電圧を出力できます．PWM（パルス幅変調）とは，矩形波のパルス幅を狭くしたり広くしたりして，アナログ信号を再生する技術です．

PWM ではパルス周期 T に対するパルス幅 t_X の比をデューティと呼びます．t_X を 0 から T まで連続的に変化させたとき，デューティ t_X/T は 0% から 100% まで連続的に変化します．出

力信号を平均化して考えれば，平均電圧が0%から100%まで連続的に変化します．

PWMは，カウンタ/タイマを2個組み合わせて実現します（**図27**）．専用のPWM機能を内蔵するマイコンも多くなっています．

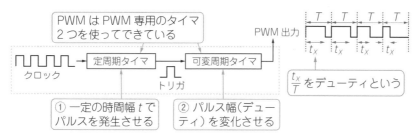

図27 PWMの仕組み
定周期タイマで一定の時間幅 T でパルスを発生させ，可変周期タイマでパルス幅（デューティ）を変化させてPWMを出力する

● A-D 変換回路

アナログ信号をマイコンで利用するためには，2進数に変換する必要があります．この変換処理をするのがA-Dコンバータです（**図28**）．温度，明るさ，力など，さまざまなセンサ信号をマイコンで扱うことができます．

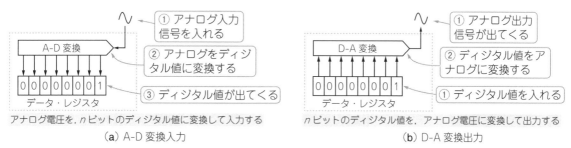

図28 マイコンのアナログI/Oといえば「A-D変換入力」と「D-A変換出力」

● D-A 変換回路

2進数のデータをアナログ電圧に変換する回路です．アナログ出力としてPWMを利用することも多いのです．

＜宮崎 仁＞

第5章

Are you ready?
Cプログラミング始めの一歩「Lチカ」

2時間目 プログラムは関数の集まり

書く前に覚えてほしいのは，C言語プログラムは「関数」の集まりだってことだ

数学の関数と同じですか？

数学の関数とは少し違うんだよ

C言語の関数はこんな感じ

関数の「名前」を書いて，「小かっこ」と「中かっこ」と「中かっこの中に実行したい処理」を書くんだ

ヴォイド（void）って何ですか？

1つのプログラムは複数の関数の集まりでできているんだ

複雑な処理は分割して，1つ1つの機能を関数で記述するのさ．
そして複数の関数が相互に連携して動くんだよ

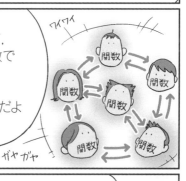

関数aから関数bを呼び出して，演算などの処理を依頼することもできる．
これを「関数呼び出し」と言って，呼ばれた関数は処理を行い，呼び出し元に返すんだ

大きな仕事を皆で分担するイメージですね

仕事を依頼するときに情報を受け渡しできる．
渡す情報を「引数」（ひきすう），返す情報を「戻り値」というよ

疑問だった「void」は，関数名のあとの小かっこの中が引数，関数名の前が戻り値の説明なんだ

マイコンのプログラムの始めは，引数も戻り値もvoidと記述することに決まってるんだ．
voidは「何もない」という意味だよ

C言語では小文字アルファベットのmainという関数から，まず実行する決まりになっているんだ

void main(void)
↑ この名が付いている関数から実行される

今回は関数1つで作るから，関数名はmainじゃないとダメですね

正解！今回はmain関数だけでプログラムを記述するよ

3時間目　作法① 変数を宣言して処理を書く

変数宣言と処理の書き方を説明しよう．たとえば，1234と111の加算と減算を行うと，こんなプログラムになるんだ

加算　1234＋111
減算　1234－111

```
void main(void)
{
int a, b, c, d;
a = 1234; b = 111;
c = a + b;
d = a - b;
}
```

数学の式に似ている部分が多いのでなんとなくわかりますが，細かい部分は…？

関数内の中かっこ（{）の先頭から説明しよう．

関数内では真っ先に変数宣言という処理を行うのがマナー．変数とは，計算結果を一時的に記憶する場所さ

処理の中で変数を使う場合は，あらかじめ宣言が必要なんだ．それが int a, b, c, d; の部分だよ

変数宣言は「型」を書いて，名前をカンマで区切って記述し，最後にセミコロンを付けるんだ

「型」とは変数に格納するデータの性質を表すものなんだ．型にはいろいろあるんだけど，今回は整数を示す「int」を使おう

なるほど．intはa, b, c, dという変数を宣言する型なんですね

そのあとのプログラムの，a=1234; はaに1234，b=111; はbに111を格納する命令だ．cとdには加算（a+b）と減算（a-b）の結果を格納する

「＝」は，等しいという意味ではなく，代入を意味するんですね．

実行したい処理は文を使って記述するんだ. 式にセミコロンを付けたものも文の一種で「式文」というよ

（例）c=a+b; の場合

文 → c=a+b;
式 → c=a+b

＋と－は加算と減算という意味だけど,乗算（×）と除算（÷）は違うんだ.

数学にはないような演算記号もあるんだ

整数の割り算の商と余りは同時に計算できない. 別々の記号を使って計算するよ. 「/」が割り算の商, 「%」が割り算の余り

かけ算の記号
＊

割り算の記号
/ または %

そう！
ほかにも＋1を行う「++」のインクリメントや, －1を行う「--」のデクリメントといった演算子もある

慣れた人ほどキーボードを打つ量が少ないのだ…

a++ は ⇒ a=a+1 と同じ結果
　　インクリメント

a-- は ⇒ a=a-1 と同じ結果
　　デクリメント

ということは，5/2 と書くと 2.5 ではなく，商が2，5%2 は余りの1ってことですね

5個のリンゴを2人で分ける　⇒　1人2個ずつ（/）余りが1個（%）

複合代入と呼ばれる「+=」なんて演算子もあるんだ. たとえば a+＝100 の意味は a = a+100 と同じ結果なんだ

「=」の右辺と左辺に同じ変数がある場合, ほとんどが複合代入で記述できるんだ. なので a = a*5 は a*＝5 と同じ結果だよ

a+=100 ⇒ a=a+100
複合代入　　と同じ結果

a=a*5 ⇒ a*=5
同じ変数　　と同じ結果

4時間目　作法② if文, for文, while文

今度は「制御文」を覚えてほしい. プログラミングするときは単純な計算式だけでなく,「条件判断」や「繰り返し」をよく使う

スイッチを押したかどうかを調べたり, LEDの点灯/消灯を繰り返すときに使うんですね

そのとおり！
条件判断を行う if 文はこういった書き方をするよ. 「もし, 何かだったら処理 A を, そうじゃなければ処理 B を実行する」って感じかな

イフ
if文

条件判断／繰り返し

もし何とかだったら
if(何とかが)
正しいときの文 ← 処理A
else ← そうじゃなければ
正しくないときの文 ← 処理B

if文の構造

aの絶対値をbに格納するif文はこうなる

もしaが0より小さければ
```
if (a < 0)
    b = -a;
else
    b = a;
```
aが0より小さければ-aを代入
aより0が小さくなければaを代入

条件判断「a<0」の部分が正しいときと正しくないときで処理を変えられるんですね.

条件判断の部分はどのように記述するんですか？

比較演算子を使う．
==が等しいか，
!=が等しくないか，
<は小さい，>は大きい，
<=は以下，>=は以上だよ

選びたまえ．．．

おお！いっぱいありますね

次は繰り返し文だ

繰り返し文には for 文 と while 文の 2つがあるよ

for文は繰り返す回数が決まっているときに使うことが多く，ループ・カウンタ用の変数を使うよ．「ループ・カウンタをAの値から始めて，Bの値になるまで，こうする」って感じかな

for文

for(初期化;比較;更新)
　繰り返す文

カウンタはAの値が／Bの値になるまで／こうする／ループ・カウンタ用変数

この値から（初期値）／あの値まで（比較）／繰り返す処理／こうする（更新）

たとえば単純に100回繰り返すとfor文はこうなる

```
int i;
for(i=0;i<100;i++)
　繰り返す文
```
カウンタは0から／100になるまで／インクリメント(+1)する

while文の「while」は，「〜の間」って意味なんだ．いつまで繰り返すかしか書かないんだよ．while文は繰り返す回数がわからないときに使うといい

while文

while(比較)
　繰り返す文

いつまで繰り返すのか

まだ続ける？（比較）／正しくない／正しい／繰り返す文

たとえばこのプログラム

while(スイッチが押されていない間)
→ インデント挿入
while(スイッチが押されている間)
→ インデント挿入

そっかぁ，スイッチは人間が押したり，離したりするからどれくらい繰り返すかわからないですものね

5時間目　特定のビットを操作する

LEDの操作について考えてみよう．
LEDの点灯や消灯はマイコンのGPIO（ディジタル汎用入出力）を操作して制御できるんだ

1→High
0→Low

OUTで使ったときにon/offできる

出力のLEDだけでなく，入力のスイッチもGPIOで動かすんだよ

High 5V
0V Low
H→1
L→0 スイッチ

INとして使うとHとLが読める

GPIOを使うときは特定の1ビットとか2ビットとか選んで操作できると便利．
だけど，マイコンは8ビットまとめて書いたり読んだりするのが普通

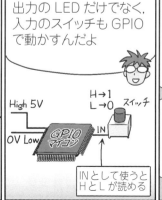

8ビットまとめて書いたり読んだりする

GPIO
10101010

GPIO は CPU から見るとメモリ（プログラムやデータを格納する場所）に見えるんだ

CPU が GPIO にアクセスする最小単位は 1 バイト（8 ビット）．7 番目の LED を点灯させたくても，8 ビットのデータ・セットを送るしかない

LED を ON/OFF したり，スイッチの H/L を読み出すときは特定のビットだけを比較したり，変更したりする処理を書くのがいい

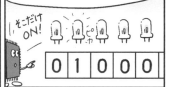

スイッチが押されている（'1'）か否か（'0'）を調べたいときは if(GPIO==01000000) って記述するのはあり？なし？

ダメなんだ．スイッチ以外に LED が接続されているビットは，'0' にも '1' にもなる

7 ビット目は点灯か消灯で，'1' か '0' のどちらかに変化するよね

LED が接続されていないビットは 0，LED は 0 で消灯，1 で点灯とした場合，

LED の消灯中は 01000000 なのでさっきのプログラムでいいけど，点灯中は 11000000 となる

消灯中 → 01000000
点灯中 → 11000000
2進数表記

最終的にスイッチが接続されているビット以外がどんな状態でもスイッチの状態が調べられる記述が必要なんだよ

ダメな理由がもう 1 つ．01000000 を 2 進数として書いてたけど，C 言語では数値の表現は 10 進，8 進，16 進の 3 種類．2 進数は使えないルールなんだよ

ビットの表現を行うときは，16 進数がよく使われるんだ．2 進数 4 桁で 16 進数の 1 桁となるからね．ビット操作を行うときは 2 進数と 16 進数の関係を覚えておく必要があるよ

10進数	2進数	8進数	16進数
0	0	0	0
1	1	1	1
2	10	2	2
3	11	3	3
4	100	4	4
5	101	5	5
6	110	6	6
7	111	7	7
8	1000	10	8
9	1001	11	9
10	1010	12	A
11	1011	13	B
12	1100	14	C
13	1101	15	D
14	1110	16	E
15	1111	17	F

6時間目　16進数とビットごとの論理演算子

10進数	16進数	2進数
0	0	0
1	1	1
2	2	10
3	3	11
4	4	100
5	5	101
6	6	110
7	7	111
8	8	1000
9	9	1001
10	A	1010
11	B	1011
12	C	1100
13	D	1101
14	E	1110
15	F	1111

C言語では，16進数は「16進数を書いているよ」とわかるように，先頭に0xを付けて，0から9，AからF（aからfでも同じ）を使って記述するよ

英文字は大文字・小文字ともOKだよ

0x○○
　↑
16進数を表すプリフィックス　16進数

AからF(aからfでも同じ), 0から9
記述してよい文字と数字

16進数と2進数との関係を表に示したよ．わかりやすいように10進数（普段使っている数の表現）との関係も記述しておくね

---

if (GPIO == 0x40)

0000 0000 → 00
0100 0000 → 40

16進数で書くってことは，if(GPIO == 0x40)って記述すればスイッチが押されている（'1'）か否か（'0'）を調べられるのですね

 LED消灯中

0 1or0 0 0 0 0 0 0

OFFが0

	消灯
	00
	40

LEDが消えているときは，LEDがつながっているビットは0なので，こうなる

LEDが消灯中ならば40か00になっているかでスイッチの状態が区別できる

でも点灯中はどうかな

点灯中はこうなる

1000 0000 → 80
1100 0000 → C0

LED点灯中

1 1or0 0 0 0 0 0 0

ONが1

	点灯
	80
	C0

LEDが光っているときは，LEDがつながっているビットは1なので，こうなる

スイッチが1でもGPIOの値は0x40にならない

LEDがONのときはif(GPIO == 0xC0)にしないとね

実際の回路ではほかにもいろいろつながっているかもしれない．モータやセンサやら

スイッチ以外のビットの扱いを考える必要があるんだよ

スイッチ以外のビットはどうするのか

ビットごとの論理演算子 &（AND），｜（OR） ^（XOR）を使うといい

論理演算は電子回路で学びました！

論理積（AND）の真理表はこの表のとおりだよ

元の値	AとANDする値	結果
A	B	AND
0	0	0
0	1	0
1	0	0
1	1	1

Aは「元の値」，Bは「AとのANDを取る値」と考えてごらん．元の値が0でも1でもBが0ならば結果は必ず0になるだろ！一方，Bが1ならば，元の値は変化しないよ

プログラムで利用する際の真理値表はこっち

A	B	AND
0	0	0
1	0	0
0	1	0
1	1	1

0とANDすれば，元の値に関係なく0となる

1とANDすれば，元の値はそのまま変化しない

調べたいビットは'1'と
ANDを取って元の値を残す
使い方ができる．
調べたくないビットは'0'と
ANDを取ると必ず0になる

調べたいビット　**1**と**AND** = 元の値
調べたくないビット　**0**と**AND** = 必ず0

GPIO ｜ ｜A｜ ｜ ｜ ｜ ｜ ｜ ｜
スイッチをAとした場合
　　　　　　　　　　A B
Aに1を入れたとき　1 1 = 1
Aに0を入れたとき　0 1 = 0
上記のようになる．Aは元の値な
のでそのままにしたい．
すると，こうなる

0x40 ｜0｜1｜0｜0｜0｜0｜0｜0｜
　　　　　← これに決まり！
結果 ｜0｜A｜0｜0｜0｜0｜0｜0｜

いらないビットを隠す（0にする）
ことを「マスクする」といって，
このことを「ビットマスク」という

っということで，スイッチが
1かどうか調べて，
スイッチ以外のビットを考える
と下記の記述になる

if ((GPIO & 0x40) == 0x40)

次は論理和（OR）．
真理表はこの表のとおり

元の値	AとORする値	結果
A	B	OR
0	0	0
0	1	1
1	0	1
1	1	1

論理和(OR)

Aが1でも0でも，1とORを取れば
結果は必ず1になるし，0とORを
取れば元の値は変化しないだろ．
だから特定のビットを1にするときに
利用するのさ

プログラムで利用する際の
真理値表はこっち

A	B	OR
0	1	1
1	1	1
0	0	0
1	0	1

1とORすれば
元の値に関係なく
1となる

0とORすれば
元の値はそのまま
変化しない

GPIO ｜ ｜A｜ ｜ ｜ ｜ ｜ ｜ ｜
スイッチをAとした場合
　　　　　　　　　　A B
Aに1を入れたとき　1 0 = 1
Aに0を入れたとき　0 0 = 0

結果 ｜1｜A｜1｜1｜1｜1｜1｜1｜
　↓0ならBF｜このどちらかに
　　1ならFF｜しかならない

いらないところを
全部1にする

調べたくないビット（スイッチ以外のビット）を
1とするために論理和を使うと，
下記のように記述できる

if ((GPIO | 0xBF) == 0xFF)

排他的論理和（XOR）の
真理表はこの表のとおり

元の値	AとXORする値	結果
A	B	XOR
0	0	0
0	1	1
1	0	1
1	1	0

排他的論理和(XOR)

Aが0でも1でも，1とXORを
取れば結果は元の値を反転した
値になるし，0とXORを取れば，
元の値は変化しないだろ．
だから特定のビットを反転する
ときに利用する

プログラムで利用する
真理値表

A	B	XOR
0	1	1
1	1	0
0	0	0
1	0	1

1とXORすれば
元の値は
反転する

0とXORすれば
元の値は
そのまま変化
しない

← 消したり点けたりしたい
GPIO ｜A｜B｜C｜D｜E｜F｜G｜ ｜
　　ビット7 ビット6 ビット5 ビット4 ビット3 ビット2 ビット1 ビット0

6～0ビットをA～Gとします
GPIO = GPIO ^ 0x80

現在，消えている
GPIO ｜0｜A｜B｜C｜D｜E｜F｜G｜
0x80 ｜1｜0｜0｜0｜0｜0｜0｜0｜
ピカッ
点灯 ｜1｜A｜B｜C｜D｜E｜F｜G｜
する　　元のA～Gのまま

現在，点いている
GPIO ｜1｜A｜B｜C｜D｜E｜F｜G｜
　　　｜1｜0｜0｜0｜0｜0｜0｜0｜
消灯 ｜0｜A｜B｜C｜D｜E｜F｜G｜
する　　元のA～Gのまま

ORで1にすると元の値から反転して，
元が点灯していたら消灯する，
消灯していたら点灯する，となる

ってことは，
下記のように
書ける

GPIO = GPIO ^ 0x80;
↓複合代入を使えば短く書ける
GPIO ^= 0x80;

7時間目　電圧を引っ張り上げるプルアップ抵抗

GPIOで
スイッチやLEDを
制御してみよう！

RL78/G14は
GPIOのことを
ポートとも呼びます

LEDを点灯するための回路は
GPIOのピンにLEDがつながって
いて，その反対側に電池と抵抗が
つながっている

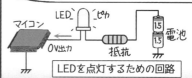

ポートを設定しよう

マイコンから1を
出力すれば
LEDは消灯する

0を出力すれば
LEDは点灯
する

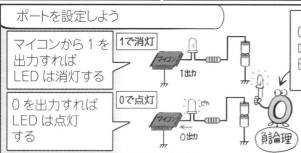

0で動作するものを
ロー・アクティブ，
日本語で「負論理」と呼ぶ．

1で動作するものは
ハイ・アクティブ，
「正理論」って呼ぶんだ

組み込み系は
「負論理」の
ものが意外に
多いんだ

スイッチの回路を見てみよう！
スイッチを押してないときは
電池に接続しているのと同じ
だからマイコンは'1'と読む．
スイッチを押すとポートはGNDに
接続されるから0と読む

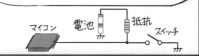

マイコンのポートには
抵抗が内蔵されている．
これを使えば外部に抵抗を
付けなくてもいい．
スイッチをつなぐだけでOK！

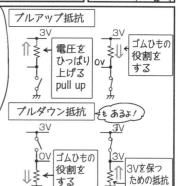

8時間目　3種類のレジスタを操る

ポートの制御方法を紹介する．
マイコン・ボード「C-First」の
SW1はポート7のビット5．
LED0はポート1のビット7に接続されている

マイコンのポートは，特定のアドレスに
制御レジスタが配置されている．
これをC言語で操作する．
①ポート・モード・レジスタ（PM7/PM1），
②ポート・レジスタ（P7/P1），
③プルアップ抵抗オプション・レジスタ（PU7）
の3種類を操作する

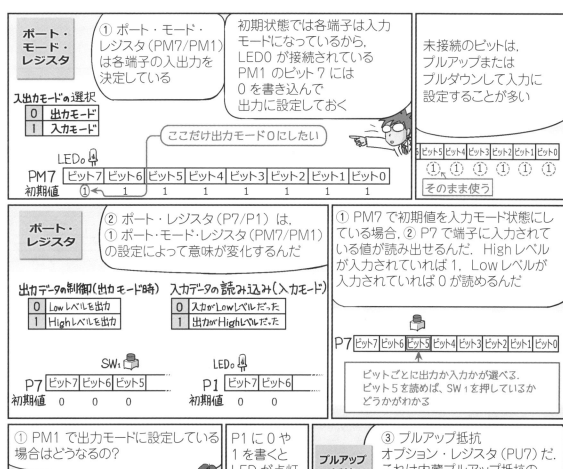

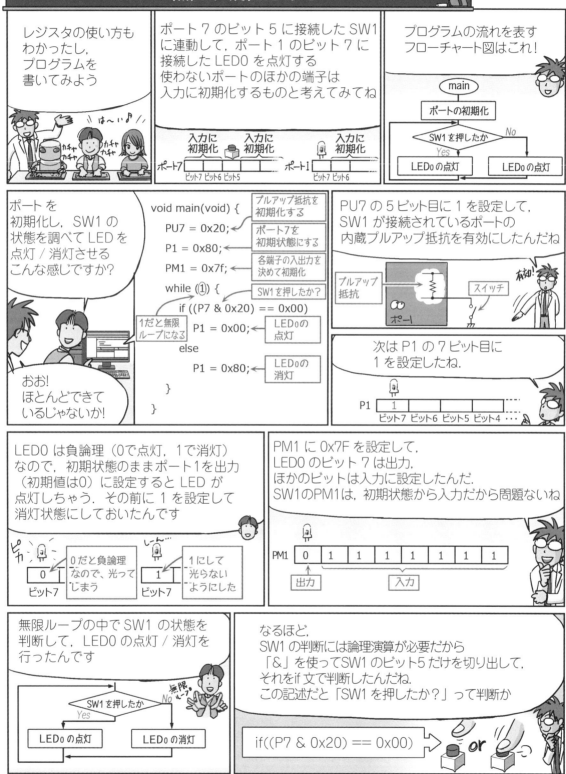

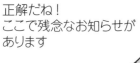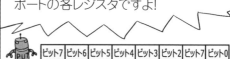

第6章
マイコン界のコモンセンスを伝授！
正統派！Cプログラミングの作法

[1] やってほしいことを書く前に…準備プログラミング

　C言語を含むプログラム言語には必ず書き方のルール，つまり文法が存在します．

　それは日本語，英語，中国語などの自然言語にも文法が存在するのと同じです．開発環境に含まれている**翻訳ソフトウェア**の「コンパイラ」は文法が正しく守られていると考えて，記述されたプログラムをマイコンがわかる0と1の機械語に変換します．したがって，プログラマは開発に使うプログラム言語の文法を覚えなければなりません．

　ここでは，LEDを点滅するだけの簡単な事例でC言語プログラムの文法の基本を理解します．

1 小さなプログラムの集まり「関数」を組み合わせて作る

　まず，C言語のプログラムは「関数」で構成されていることを覚えてください．

　大きな塊のプログラムを作るのではなく，関数という小さな塊のプログラムをいっぱいつないで構成します（**図1**）．好きな関数を作ってもいいし，コンパイラがすでに持っている作成済みのプログラム（ライブラリ）から選んで使ってもよいです．

　関数は英語「function」の直訳で具体的には**書式1**のように記述します．[ ]は省略できることを意味します．

【書式1】関数の記述例

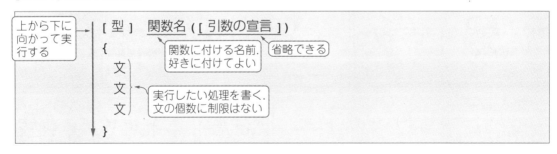

　省略可能な[ ]の部分はあとで説明します．

● 関数の書き方

　関数に付ける名前，つまり「関数名」を記述したら，小かっこ「( )」，中かっこ「{ }」の中に実行したい処理を記述します．

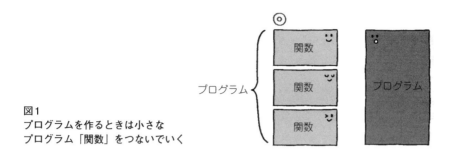

図1
プログラムを作るときは小さな
プログラム「関数」をつないでいく

　関数内に記述した処理は「文」と呼びます．「文」は上から下に向かって実行され，記述可能な個数に制限はありません．文の書き方についても後で詳しく説明します．先に関数名を紹介します．

2 識別子に使える文字は決まっている

　関数名や後述する変数名などを「識別子」と呼び，プログラマが自由に付けることができます．ただし，書き方には規則があります．
　数字と「_」（アンダースコア）を含めた英文字の列で構成し，先頭は英文字でなければなりません．大文字と小文字は区別して扱います．長さの規定は基本的にないと考えてかまいません．
　また「予約語」と同じ名前は使えません．予約語とは，C言語が初めから意味のある言葉として使用を決めている単語です．表1に予約語の一覧を示します．先頭が数字の「5ten」，記号が使われている「ab+xy」，さらに予約語の「auto」などは識別子としては使えません．

表1
予約語の一覧（アルファベット順に表記）

予約語					
auto	break	case	char	const	continue
default	do	double	else	enum	extern
float	for	goto	if	inline	int
long	register	restrict	return	short	signed
sizeof	static	struct	switch	typedef	union
unsigned	void	volatile	while	—	—
_Bool	_Complex	_Imaginary	—	—	—

3 始まりはいつも「main」

　C言語のプログラムは「main」という名前の関数から始まります．
　複雑なシステムのプログラムは複数の関数を組み合わせて構成されています．関数は先頭から順番に実行されるとは限りません．複数関数を記述すると，関数の順番はどうでもよくなり，main関数の位置は最後でもよくなるのです．こうなるとどこがプログラムの先頭かわからなくなります．そこでmain関数を始まりの関数とすると決めたのです．

main関数が存在していないと「main関数がありません」とエラーが出力されます．今回の目標であるLED点灯/消灯のプログラムの関数は1つです．関数が1つしかない場合は，おのずとmainという名前を使うことになります．

関数名の前の「[型]」や関数名の後の「[引数の宣言]」は，関数間でパラメータ（計算に使う値や計算の結果）を受け渡しする際に必要です．

C言語では，関数に渡すパラメータ（呼び出すときに渡す値）を「**引数**」，関数に返すパラメータ（呼び出して計算させた結果の値）を「**戻り値**」と呼びます．main関数は引数も戻り値も必要ありません．そこで「何もない」という意味の「void」を使います．今回は，main関数だけでプログラムを記述するので**リスト1**のようになります．

リスト1 まずプログラムの先頭を表すmain関数を書く

４ 一時的に計算結果を保管する場所「変数」を宣言する

関数内で実行する処理の中で，もし「変数」を利用するならあらかじめ「宣言」します．コンパイラに「これからこんな名前が出てきますよ」と教えてあげるわけです．「変数」とは計算結果などの一時的な記憶場所のことです（**図2**）．変数宣言を簡単に説明すると**書式2**のようになります．

【書式2】 変数が1つの場合（変数宣言）

型　変数名**;** ← 最後を表すために付ける

【書式3】 変数名が複数

型　変数名**,** 変数名**,** 変数名**;**　カンマで区切れば複数個宣言できる

変数宣言は，属性を表す「型」を記述したあと変数に付ける「変数名」を書き，最後に「;」と記述します．同じ型の変数を複数同時に宣言するときは「変数名」を「,」で区切って最後に「;」を記述します．変数名には関数名と同じ識別子の規則が適用されます．

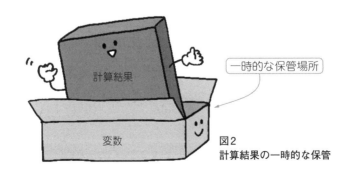

図2 計算結果の一時的な保管

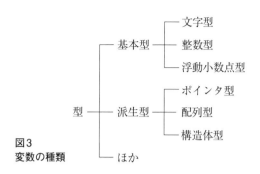

図3 変数の種類

5 実数？ 整数？ 変数のタイプを宣言する

　変数名の前に記述する型は，変数の属性を表すもの，言い換えれば格納可能な値の性質を表します．

　たとえばC言語では，整数と実数（浮動小数点数）では属性が異なります（**図3**）．**整数型の変数には整数値，浮動小数点型の変数には実数値しか格納できません**．このため何を格納する変数なのかを型として明記する必要があると考えてください（**図4**）．

　C言語にはいろいろな型が準備されていますが，今回は整数型を意味する「int」を常に使います．「int」は英語「integer」の略称で，整数値が格納できます（**図5**）．サイズは16ビットと32ビットの処理系があり，きっちりと規定されていません．少なくとも−32767〜＋32767の値が格納できることだけが規定されています．もしその範囲を超えるような数値を入れると不定と

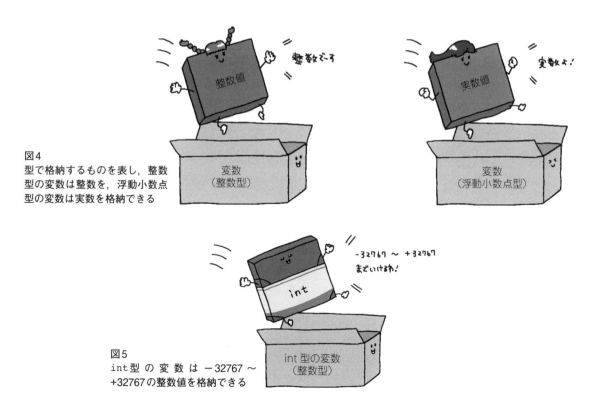

図4
型で格納するものを表し，整数型の変数は整数を，浮動小数点型の変数は実数を格納できる

図5
int型の変数は−32767〜+32767の整数値を格納できる

なります．恐ろしいことに「値が入りませんよ！」といったエラーは基本的に出力されません．「値が入らなかったら知らないよ！」というのがC言語の考え方です．

main関数内でa, b, c, dという4つの変数を利用したいならば，**リスト2**のように記述します．

リスト2　main関数内でa, b, c, dの4つの変数を利用するときの宣言文

```
void main(void)
{
    int a, b, c, d;   4つの変数
}                    a, b, c, dが整数であることを宣言
```

コラム1　整数型はint以外にもいろいろある

　変数宣言する際に使用する「型」はint型以外にもいろいろあります．RL78/G14は浮動小数点型を使用すると，性能が低下するので，整数型に的を絞って紹介します．

　int型以外の整数型にはchar型，short型，long型，long long型などがあります．**表A**のようにいろいろなサイズの変数が宣言できます．

　注意すべきことが2つあります．1つは**表A**の「文法の規定」の列が示すとおり，char型以外は正確なサイズが決まっていないことです．業界標準ではサイズが確定していますが，それでもint型だけは16/32ビットを決められません．一般に8/16ビットのマイコンなら16ビット，32ビット以上のマイコンなら32ビットとなることが多いです．

　もう1つの注意点は，char型はsignedかunsigned（符号なし）であるかが決まっていないことです．char型を数値計算用途に使用するのであればsigned/unsignedの符号も忘れずに指定してください．char型以外はsigned（符号付き）です．

型	文法の規定	業界標準
char（signed char または unsigned char）	8ビット	8ビット
signed char	8ビット	8ビット
unsigned char	8ビット	8ビット
(signed) short	16ビット以上	16ビット
unsigned short	16ビット以上	16ビット
(signed) int	16ビット以上	16/32ビット
unsigned int	16ビット以上	16/32ビット
(signed) long	32ビット以上	32ビット
unsigned long	32ビット以上	32ビット
(signed) long long	64ビット以上	64ビット
unsigned long long	64ビット以上	64ビット

表A char型以外の変数はサイズが決まっていない

6 実行処理文「式文」の書き方

● 1234 + 111 と 1234 − 111 のプログラム

あとは実行したい処理を意味する文を記述します．

「文」には，「式」に「；」を付けた「式文」と「制御文」の2つがあります．まず式文を使いこなします．C言語の式は数学の式と似ています．1234と111の加算と減算をするときは**リスト3**のように記述します．

リスト3 実行したい処理を式文を使って記述する．1234と111を加算，減算するプログラムの記述例

```
void main(void)
{
    int a, b, c, d;
    a = 1234;      ← aに1234を代入
    b = 111;       ← bに111を代入
    c = a + b;     ← a+bの結果をcに代入
    d = a - b;     ← a-bの結果をdに代入
}
```

●「=」は「代入」を意味する…「等しい」ではない

数学では「=」は「等しい」という意味ですが，C言語では右辺の値を左辺の変数に格納すること，すなわち「代入」を意味します．**リスト3**は，まず変数aに1234（右辺の値）を代入し，変数bに111（右辺の値）を代入します．そして両者の加算結果を変数c（左辺の変数）に代入し，減算結果を変数d（左辺の変数）に代入するといった1234と111の加算と減算をしています．

● 四則演算を表す算術演算子

四則演算を表す「演算子」には加算と減算の「+」と「−」のように記号を使います（数学と同じ記号）．代表的な演算子には**表2**のようなものがあります．

整数どうしの割り算をする場合，商と余りで演算子が異なります．

表2 算術演算子の記号と意味

演算子を表す記号	演算子の意味
+	加算
−	減算，「− a」で符号反転としても使える
*	乗算
/	除算，「10/3」の結果は商の「3」
%	剰余，「10%3」の結果は余りの「1」

●「+1」と「-1」を表すインクリメントとデクリメント演算子

「+1」と「-1」を表すインクリメント，デクリメントと呼ばれる特別な演算子もあります（**表3**）．

表3　インクリメントとデクリメントの演算子

演算子を表す記号	演算子の意味
++	インクリメント，「＋1」を行う
－－	デクリメント，「－1」を行う

「a++」と「a=a+1」は同じ結果になります．インクリメントやデクリメントには変数の前に記述する「前置」と変数の後ろに記述する「後置」があります．両方とも単独で使えば同じ「+1」や「－1」になりますが，ほかの演算子と一緒に使用すると意味が変わります．前置は「ほかの演算子より先に実行する」と考えます．一例を下記に示します．変数 a が先にインクリメントされて 4 になり，それが変数 b に代入されて変数 b も 4 になります．

```
int a, b;
    a = 3;
    b = ++a;    変数の前に記述されているので「前置」
```

後置は「ほかの演算子のあとで実行する」と考えます．先に代入が行われて変数 b は 3 になり，その後インクリメントされて変数 a は 4 になります．

```
int a, b;
    a = 3;
    b = a++;    変数の後に記述されているので「後置」
```

前置でも後置でも変数 a の結果は同じ 4 ですが，ほかの変数（上記の例だと b）の結果は異なります．ほかの演算子と組み合わせて使うときは注意しましょう．

● 複合代入「 += 」

「+=」は，複合代入と呼ばれる特別な「代入式」です．

「a +=100」は「a = a + 100」と同じ結果になります．加算だけでなく減算，乗算，除算，剰余にも応用できます．

● 語句を分断しなければ書き方は自由

C 言語はフリー・フォーマットです．アセンブリ言語のように 1 行に 1 命令を書かなければならないといったような決まりはありません．「語句」を分断しない限り自由に記述してかまいません．「語句」とは「識別子」「予約語」「定数」「演算子」「区切り記号（スペース，タブ，改行）」などのことです．「a = 1234 ;」は大丈夫ですが「a = 12 34 ;」はダメです．理由は「定数」の「1234」をスペースで「12」と「34」に区切っているからです．実際，**リスト4** の 2 つのプログラムはコンパイラにとって同じです．

リスト4 1234と111を加算するプログラムの行間を変えた．両方とも同じ動作をする

```
void main(void)
{int a,b,c,d;
a=1234;b=111;c=a+b;d=a-b;}
```

␣は半角スペース．
↵は改行．
を表している

(a) 文字と行間を詰めた

```
void  main(void)
{
int a,       b,
     c,      d;

    a
      =
       1234;   b    =    111;
    c   =    a    +    b  ;
    d   =    a    -    b ;
}
```

(b) 文字と行間のスペースを広げた

7 誰が見てもわかりやすく，そして見栄えもよく

　プログラムは一度記述したら終わりではありません．何度も繰り返し見直したり，他人に見せたりします．できるだけ見やすい記述を心がける必要があります．

　「コメント」を付けることも大切です．書き方は「/*」と「*/」で囲む方法（複数行にまたがっても可）と，「//」でその行の終わりまでをコメントとする方法の2つがあります（**リスト5**）．コメントはプログラムの動作には影響を与えないので処理の説明書きなどに利用してください．

　また，C言語は予約語が小文字であることから，小文字主体に記述するのが基本です．大文字は特別な場合を除いてあまり使いません．

リスト5 プログラムは何度も繰り返し見直すことや他人に見せることもあるので「/*，*/」「//」のコメントを意識して記述しよう

```
void main(void)
{
int a, b, c, d;

    a = 1234;       /* Initial Value */
    b = 111;        /* Initial Value */
    c = a + b;      // Addition
    d = a - b;      // Subtraction
}
```

プログラムに対してのコメント文．
/**/ や // を付ければプログラム自体には影響しない

[2] 条件判断 if 文と繰り返し for 文，while 文

C言語で条件判断や繰り返しを行う3つの制御文（if 文，for 文，while 文）とそれに必要な比較演算子を紹介します．

1 「正しい」「正しくない」の条件判断を行う if 文

条件判断を行う if 文は，**書式4**のように記述します（図6）．

【書式4】 if 文の構造

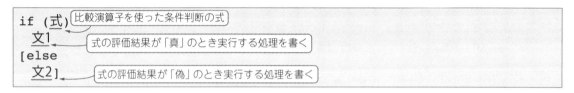

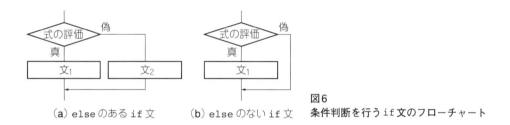

(a) else のある if 文　　(b) else のない if 文

図6
条件判断を行う if 文のフローチャート

「if」に続く「()」内には，表4に示す比較演算子を使った式を記述します．「文1」には，式の評価結果が「真（正しい）」ときに実行する処理を記述します．「else」以降は省略可能ですが，「文2」には式の評価結果が「偽（正しくない）」ときに実行する処理を記述します．

変数 a の絶対値を変数 b に格納するプログラムは**リスト6**のようになります．

演算子を表す記号	演算子の意味
==	等しいかどうかを評価する
!=	等しくないかどうかを評価する
<	小さいかどうかを評価する
>	大きいかどうかを評価する
<=	以下かどうかを評価する
>=	以上かどうかを評価する

表4
比較演算子の記号と意味
数学で使う記号と似ているが非なるもの

● 「真」「偽」の判断は 0 か 0 じゃないか

C言語は式の評価結果が，0（ゼロ）でなければ「真」，0 ならば「偽」と判断します．だからリ

リスト6　変数aの絶対値を変数bに格納するプログラム

```
if (a < 0)          ← aが0より小さければ
    b = -a;         ← aが0より小さければ-aを代入
else
    b = a;          ← aが0より小さくなければaを代入
```

ストフには誤りがあります．

コメントにあるとおり本当はaとbが等しいかどうかを調べたかったのですが，数学には「==」(等しいかどうかを評価する)の記号がないため，「=」を1つ書き忘れています．

リスト7　aとbが等しいかを調べたかったのだが，「=」が1つ足りないがために正しい比較が行われない

```
if (a = b)      // if (a == b)
    a = 3;
```

ただし，このプログラムはコンパイル・エラーにはなりません．理由は，if文の「( )」内には式を記述する，という決まりが守られているからです．「a = b」も立派な代入式ですからエラーにはなりません．

では「a = 3;」はいつ実行されるのでしょうか．aに代入された値が0か，0でないかを評価して実行するかしないかを判断します．0でなければ「真」なので，aに代入された値が0以外のときは，「a = 3;」が実行されます．

2 制御文の素「式」と「文」

「式」は「変数」，「定数」，および，それらを「演算子」で結合したものです（表5）．

「文」には「式文」と「制御文」の2種類あります．「式文」は「式」に「;」を付けたものです．「制御文」は，if文，for文，while文などです（表6）．

表5　式を構成する要素
「変数」，「定数」，そしてそれらを「演算子」で結合したもので成り立つ

演算子を表す記号	演算子の意味
a	変数
12	定数
a + 12	変数や定数を演算子で結合したもの

表6　文には式文と制御文がある
式文は式に「;」を付けたもの．制御文はif文，for文，while文のこと

文を表す記号	文の意味
a + 12;	式文
;	空文と呼ばれる何もしない文

if (a == b) {
　　a = 3;
　　b = 2;
}
	制御文，if文

● 複数の文を1個と数える{ }の効果

　制御文で条件判断をしたあとに実行できる文は1個と決まっています．1個の文を「単文」と呼びます．

　if 文のように，複数の文を「{ }」で囲んだものを「複文」と呼びます（**リスト8**）．「複文」は文の個数を1個にする働きがあり，単文が記述できる部分には必ず複文「{ }」を記述できます．制御文の例における if 文は，複文「{ }」がある場合とない場合とで動作が違います．

　複文「{ }」を書き忘れると，b に2を代入する文は a と b の値に関係なく常に実行されます[**図7(b)**]．

　このような理由から「実行する文が1個であっても必ず複文で書きなさい」と，独自の規定を設ける企業もあります．

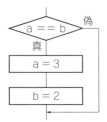

(a) a=3 と b=2 が実行される　　(b) a==b が真か偽かにかかわらず b=2 が常に実行される

図7
リスト8で示された{ }を書き忘れた結果，思ったとおりに動作しなかった例

リスト8　複文の記号 { } を付け忘れると意味が変わってしまう

```
if (a == b) {
    a = 3;
    b = 2;
}
```
　{ }で囲んだものは，1つの文と数えることができる

(a) { } で囲むと1つの文として実行できる

```
if (a == b)
    a = 3;    ← if 文の対象
    b = 2;    ← if 文とは無関係
```

(b) { } がないと b=2 は常に実行される

● 制御文は「；」が不要

　制御文は式文と違うので「；」は不要です．リスト9の記述は誤りです（**図8**）．a と b が等しいときは何もしない「空文」を実行します．a に3を代入する処理は a と b の値に関係なく常に実行されるので if 文自体が不要です．しかも両者は文法上のミスがないためコンパイル・エラーにはなりません．

リスト9 制御文に「;」を付けると正しく動作しなくなる

```
if (a == b);   ← これは不要．意味が変わってしまう
    a = 3;
```

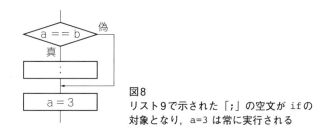

図8
リスト9で示された「;」の空文がifの対象となり，a=3は常に実行される

③ 繰り返す回数が決まっているときに使うfor文

繰り返し文はfor文，while文の2つを覚えていれば十分です．

for文は**書式5**のような構造で書きます（**図9**）．

【書式5】for文の構造

```
for([式1] ; [式2] ; [式3])
    文
```
- 式1：繰り返しの前処理
- 式2：繰り返しをいつまで行うかの比較式
- 式3：繰り返しの後処理

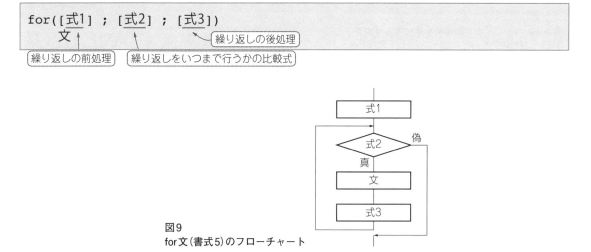

図9
for文（書式5）のフローチャート

「for」の「( )」内に3つの「式」を書き，「;」で区切って記述します．**書式5**の3つの式はおのおのの役割が決まっています．「式1」は繰り返しの前処理，「式2」は繰り返しをいつまで行うかの比較式，「式3」は繰り返しの後処理です．

for文ではループ・カウンタ用の変数を使用します．「式1」はループ・カウンタの初期化用，「式2」は比較用，「式3」は更新用です．100回繰り返すfor文は**リスト10**のように記述します．

ループ・カウンタ用の変数名には，一般にiやjを使います．**リスト10**ではiは0から始まり，100より小さい間インクリメント（+1）を行います．結果，iが0から99の間繰り返されるので，これで100回繰り返すfor文になります．

リスト10 100回繰り返すfor文の例

```
    int i;
    for( i=0 ; i<100 ; i++ )
```
繰り返す文　カウンタは0から　100になるまで　インクリメント(+1)する

● [例題] for文を使って1からnまでの総和を算出せよ

for文の使用例として1からnまでの総和を算出するプログラムを作ってみましょう（リスト11）．nは変数（宣言済みと仮定），総和は変数retに格納すると考えてください．

「＝」を使うと変数は宣言すると同時に初期化できます．関数内に宣言した変数の場合，初期化が記述されていないと初期値は不定です．総和を格納する変数retのように，あらかじめ設定したい初期値がある場合は「＝」で初期化をします．

今回はfor文内でループ・カウンタiの値を加算するのであらかじめ0で初期化しました．

あとはfor文でループ・カウンタiを問題文の規定に従って，初期値1からn以下の間+1ずつ変化させます．iは1からnまで変化するようになります．あとは総和を格納する変数retに足し込みます．複合代入の「+=」を使って足し込みました．「ret = ret+ i;」と同じ意味です．

リスト11 1からnまでの総和を算出するプログラム
nは変数，総和は変数retに格納する．for文内でループ・カウンタiの値を加算し問題文の規定に従って初期値1からn以下の間+1ずつ変化させる

```
int i, ret=0;
for (i = 1 ; i <= n ; i++)
    ret += i;
```

● プログラムが止まらない！？無限ループ

for文の3つの式はどれも省略することができます．3つ式はすべて記述しなければならないというものではありません．式1や式3がなくても問題ないのはわかりますが，比較式2がないと何が起きるのでしょうか．

答えは無限ループ，終わりなき繰り返しになります．

組み込みシステムはプログラムを動作し続けるために，必ず無限ループが存在します．**書式6**に示すのは，永遠に同じ処理を繰り返すときの記述です．「;」は省略できません．

【書式6】無限ループ

④ 繰り返す回数がわからないときに使う while 文

while 文は**書式7**のような構造で書きます(**図10**).

【書式7】while 文の構造

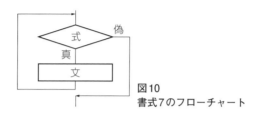

図10
書式7のフローチャート

while 文は「( )」内に繰り返しをいつまで行うかを判断するときに利用する比較式だけを記述します.for 文でも**書式8**のように同じ処理が記述できるので,事実上 while 文は不要です.

【書式8】for 文の繰り返し

```
for(  ;式;  )      // while文と同じ
    文
```

● for 文と while 文の使い分け

そうは言っても for 文と while 文は使い分けます.繰り返す回数がわかっているときは for 文を,繰り返す回数が明確でないときや,やってみないと繰り返しの終了条件がわからないときは while 文を使用します.

▶(例)2つの数の最大公約数を求めよ

2つの数値(自然数)の最大公約数を求める処理を考えてみます.

最大公約数にはユークリッドの互除法を使って求めます.これは「2つの自然数(aとb)がある場合,aのbによる剰余をrとすると,aとbの最大公約数はbとrの最大公約数に等しい」という性質を利用するものです.実際,bをrで割った剰余,除数rをその剰余で割った剰余,剰余を求める処理を逐次繰り返すと,剰余が0になったときの除数がaとbの最大公約数となります.簡単にいえば,剰余を繰り返し求めると,最大公約数にたどり着くと考えてもOKです.

aとbは変数(宣言済みと仮定)とし,最大公約数をaに格納するプログラムを**リスト12**に示します.

24と18の最大公約数(6)を求めてみましょう.1回目の繰り返しでは「a=24,b=18」です.2回目は「a=18,b=6」,3回目で「a=6,b=0」となって,次の4回目で繰り返しが終了します.このときaは6なので,最大公約数は6になります.「aのほうが小さい場合,つまりa=18,b=24のときは?」

リスト12　2つの数値(自然数)の最大公約数を求めるプログラム
aとbは変数（宣言済みと仮定）とし，最大公約数をaに格納するプログラム

```
        int r;
        while (b != 0)  {    ← bが0でない間
            r = a % b;       ← bをrで割った剰余を求める
            a = b;
            b = r;
        }
```

どうでしょうか？ 18÷24の剰余は18なので1回多く繰り返すだけで同じ結果が得られます．

このように繰り返してみないと繰り返しの終了がわからないときにはwhile文を使います．「スイッチが押されるまで」，「タイマがある時間になるまで」というふうに，繰り返す回数がわからない処理がよくあります．そのような繰り返しはwhile文で記述します．

上記のような例では複文が重要です．複文の「{ }」を忘れると繰り返しの対象文が「r = a%b;」だけになりプログラムが正しく動作しません．

5 複数の条件を判断する論理演算子，真と偽を逆転させる否定演算子

C言語では，式を使って計算することを「評価」と呼びます．1つの式に対して1つの評価結果が存在します．6個の比較演算子(==, !=, <, >, <=, >=)にも同じくいえて，その結果は「0」か「1」のどちらかです．

C言語では，0でなければ真です．「a == b」の評価結果は条件が正しければ「1」，条件が正しくなければ「0」です．

数学と同じ感覚で次のようなif文を記述してはいけません．

```
if (a < b < 2)    ← aがbより小さく，bが2より小さいとはならない．
                    「なおかつ」（&&）を書き忘れている
```

これは，「aはbより小さく，なおかつbは2より小さい」という意味にはなりません．比較演算子の結果は0か1のどちらかです．式の左側のa<bの比較結果も0か1のどちらかです．これを2より小さいかどうかを比較しています．結果はaとbの値に関係なく，常に真となるのでまったく意味のないif文です．

このような複数の条件を制御文で判断するときは，必ず論理演算子の「&&」や「||」を使います．「&&」は「なおかつ」，「||」は「または」という意味です．先ほどの例は条件を2つに分けて，両者を「&&」でつなげます．

```
if (a < b && b < 2)    ← aがbより小さく，bが2より小さいときに「真」になる
```

aがbより小さく，なおかつ，bが2より小さいときに全体が真になります．「||」を使えば，aがbより小さい，または，bが2より小さいときに全体が真になります．

● 比較演算子が省略されている！？

C言語は0でなければ真，0ならば偽と判断されます．条件を省略した場合は，下記のように記述した場合と同じです．条件が省略されている場合は，「0でないか？」と判断したことになります．

```
if( 式 )      // if( 式 != 0 )と同じ
```

● 真と偽を逆転させる否定演算子

これは真と偽の意味を逆にする演算子です．結果「0か？」と判断するときも条件が省略されていることがよくあります．

```
if( !式 )     // if( 式 == 0 )と同じ
```

● 1を記述して無限ループにする

for文と同様while文でも次のように無限ループを書くことができます．

```
while( 1 )          // 無限ループ
  文                // for( ; ; )と同じ
```

[3] 数値の表現方法とビットごとの論理演算

組み込みシステムでは，特定のビットだけを操作することが多いです．スイッチやLEDはGPIOの特定のビットに接続されてます．ビット操作によりスイッチ(SW)に連動してLEDを点灯させることができます．

1 整数は8，10，16進数で表す

C言語における整数値の表現は「10進数」「8進数」「16進数」の3種類があります．**リスト3**では1234と111の加算と減算をしました．わかりやすいのは，10進数ですが，マイコンのGPIOは2進数で操作します．C言語はビット操作に最適な2進表現を持っていません．2進数の4桁が16進数の1桁になるので，ビット操作では16進数を使います．

表7 10進数, 8進数, 16進数, 2進数の対応表

10進数	8進数	16進数	2進数
0	0	0	0
1	1	1	1
2	2	2	10
3	3	3	11
4	4	4	100
5	5	5	101
6	6	6	110
7	7	7	111
8	10	8	1000
9	11	9	1001
10	12	A	1010
11	13	B	1011
12	14	C	1100
13	15	D	1101
14	16	E	1110
15	17	F	1111

表8 1000(10進数)を8進数と16進数で表すとまるで違う表記になる

10進数	8進数(10進数の1000と同じ)	16進数(10進数の1000と同じ)
1000	1750	0x3E8

● 頭に0xと書いたら16進数, 頭に0と書いたら8進数

先頭に0（プリフィックス）を付けると,「8進数」として扱われます.「16進数」は先頭に0xのプリフィックスを付けて数字の0から9, 英文字のAからFを使って記述します. 0xのxを含め, AからFは大文字と小文字のどちらで記述してもかまいません. 表7は各進数の対応表です.

10進数の1000を8進数や16進数で表現すると, 表8のようになります. 2進数で書くと, 1000は「0011 1110 1000」です. 覚えるまで, 表7の対応表とにらめっこしてください.

2 ビットを操作する演算子「&」「|」「^」

C言語にはマイコンのビット操作を行う演算子が用意されています. 論理積(AND)の「&」, 論理和(OR)の「|」, 排他的論理和(XOR)の「^」の3つがあります.

● 特定のビットを0にクリアする「&」

論理積(AND)の真理値表を表9に示します. 両方の被演算数が1のときだけ結果が1になり,

表9 AND（論理積）の真理値表
AかBの片方が0であれば結果は0になる

表10 OR（論理和）の真理値表
AかBの片方が1であれば結果は1になる

A	B	OR
0	0	0
0	1	1
1	0	1
1	1	1

表11 XOR（排他的論理和）の真理値表
AとB両方が同じ値ならば結果は0になり, 違う値ならば結果は1になる

片方の被演算数が0のときは0になります．

A列を元の値，B列をANDする値と考えると，A列の元の値が0でも1でも，B列の0とANDを取れば結果は必ず0になります．B列の1とANDを取ればA列の元の値は変化しません．

この結果から，「&」は特定のビットを0にクリアするときに使えることがわかります．

リスト13のようなプログラムを実行すると，0とANDしている変数aの上位バイトは元の値に関係なく必ず0になり，1とANDしている変数aの下位バイトは元の値を保持した結果になります．

リスト13　特定のビットを0にする演算子AND(&)を使った例
0x1234に0x00ffを&させると0x0034という結果が出た

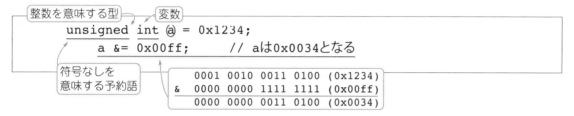

● **特定ビットを1にする「|」**

論理和（OR）の真理値表を**表10**に示します．両方の被演算数が0のときだけ結果が0になり，AかBの片方の被演算数が1のときは1になります．

A列を元の値，B列をORする値と考えると，A列の元の値が0でも1でも，B列の1とORを取れば結果は必ず1になります．B列の0とORを取ればA列の元の値は変化しません．

この結果から，「|」は特定のビットを1にセットするときに使えることがわかります．

リスト14のようなプログラムを実行すると，1とORしている変数aの下位バイトは元の値に関係なく必ず1になり，0とORしている変数aの上位バイトは元の値を保持した結果になります．

リスト14　特定のビットを1にする演算子OR(|)を使った例
0x1234に0x00ffを|させると0x12ffという結果が出た

```
        unsigned int a = 0x1234;
        a |= 0x00ff;       // aは0x12ffとなる

            0001 0010 0011 0100  (0x1234)
         |  0000 0000 1111 1111  (0x00ff)
            0001 0010 1111 1111  (0x12ff)
```

● 特定のビットを反転するXOR

排他的論理和（XOR）の真理値表を**表11**に示します．両方の被演算数が同じ値のときは結果が0となり，両方の被演算数が異なれば1となります．A列を元の値，B列をXORする値と考えると，A列の元の値が0でも1でもB列の1とXORを取れば結果は元の値を反転した結果になります．B列の0とXORを取ればA列の元の値は変化しません．

この結果から「 ^ 」は特定のビットを反転するときに使えることがわかります．

リスト15のようなプログラムを実行すると，1とXORしている変数aの下位バイトは元の値を反転した値になり，0とXORしている変数aの上位バイトは元の値を保持した結果になります．

リスト15　特定のビットを反転させる演算子XOR(^)を使った例
0x1234に0x00ffを^させると0x12CBという結果が出た

```
unsigned int a = 0x1234;
    a ^= 0x00ff;       // aは0x12cbとなる
```

```
    0001 0010 0011 0100 (0x1234)
^   0000 0000 1111 1111 (0x00ff)
    0001 0010 1100 1011 (0x12cb)
```

[4] 内蔵されている周辺機能の操作

組み込みシステムは，内蔵されている周辺機能を直接操作して制御します．

RL78マイコン・ボードC-FirstについているスイッチSW1とLED0は，**図11**に示したポートのビットに接続されています．どちらも負論理（0で駆動）で接続されていて，ポート7のビット5を操作すればSW1，ポート1のビット7を操作すればLED0が扱えます．

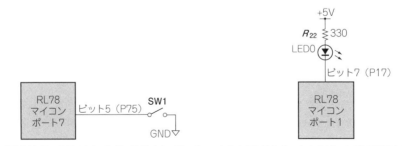

（a）SW1はポート7のビット5に接続されている　（b）LED0はポート1のビット7に接続されている
図11　スイッチSW1とLED0に接続されているポートとビット

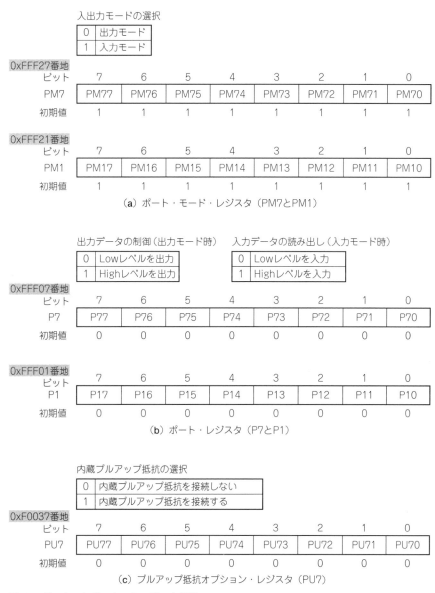

図12 ポート7とポート1のレジスタ構造

1 ポートを操作する3つのレジスタ

図12に示すように，ポート・モード・レジスタ（PM7とPM1），ポート・レジスタ（P7とP1），プルアップ抵抗オプション・レジスタ（PU7）の3つが主なレジスタです．

● ポート端子の入出力を選択するポート・モード・レジスタ（PM7とPM1）

ポート・モード・レジスタ（PM7とPM1）は各ポート端子を入力端子に設定するか，あるいは出力端子に設定するか入出力モードを選択します．レジスタのビットを「0」に設定すると出力端子になり，「1」に設定すると入力端子になります．ポート・モード・レジスタの初期値は，すべ

て「1」に設定されていて，入力端子になっています．SW1 が接続されているポート 7 のビット 5 は入力端子としてそのまま機能します．LED0 が接続されているポート 1 のビット 7 は，出力端子に設定を変更する必要があります．

● ポート端子の入出力値を扱うポート・レジスタ (P7 と P1)

ポート・レジスタ (P7 と P1) は各ポート端子の入出力値を取り扱います．

PM7 で入力に設定された端子は，P7 に入力された値が読み出されます．Low レベルの入力では「0」，High レベルの入力では「1」が読み出されます．

PM1 で出力に設定された端子は，P7 に書き込まれた値によって出力レベルが設定されます．「0」が書き込まれると Low レベルが出力され，「1」が書き込まれると High レベルが出力されます．

スイッチ SW1 の入力はポート 7 のビット 5 から読み出し，その値を判断したあとで LED0 が接続されているポート 1 のビット 7 に出力レベルの設定値を書き込みます．

● マイコンに内蔵されているプルアップ抵抗の接続を切り替えるプルアップ抵抗オプション・レジスタ (PU7)

プルアップ抵抗オプション・レジスタ (PU7) はマイコンに内蔵されているプルアップ抵抗の接続を切り替えます．ビットの設定を「0」で切り離した状態，「1」で接続した状態になります．初期値のビット はすべて 0 でプルアップ抵抗は切り離された状態になっています．P7 のビット 5 から入力値を読み出すためにはスイッチ SW1 が接続されているビット 5 にプルアップ抵抗を接続します．

2 番地を使わず内蔵周辺機能を操る #include"iodefine.h"

ほとんどのマイコンはメモリ・マップド I/O 方式を使っています．内蔵されている周辺機能は操作するレジスタは，特定の番地に配置され，メモリと同じように扱えます．

● レジスタは変数として扱えない

変数の番地はマイコンの動作条件によって変化してしまうため，周辺機能を操作するレジスタを変数として宣言できません．必ず定められた番地の操作が必要です．

CS+ に付属している RL78/G14 用コンパイラ (CC-RL) には，周辺機能を制御するためのヘッダ・ファイル "iodefine.h" が用意されています．

使い方はリスト 16 に示すようにプログラムの冒頭で「#include"iodefine.h"」と記述します．この宣言により周辺機能を操作するレジスタ名が予約語となります．一般の変数と同じよう

リスト16 行番号付き，スイッチと連動してLEDが点灯するプログラム

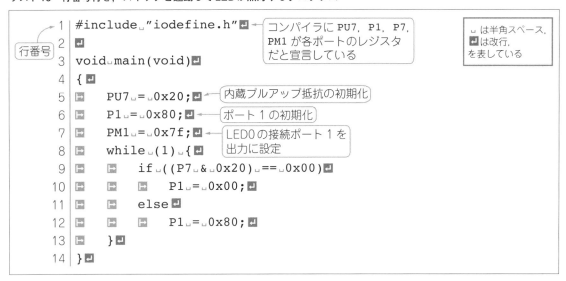

に扱うことが可能となり，「PM1」，「P1」，「P7」，「PU7」の記述で各レジスタを操作できます（p.165，p.178のコラム参照）．

3 スイッチと連動してLEDが点灯するプログラム

リスト16にスイッチSW1に連動して，LED0を点灯／消灯するプログラムを示します．

説明のために行番号を入れていますが，実際にコーディングする際は行番号の部分は無視します．

▶ 1行目　周辺機能を操作するレジスタの宣言

この宣言により，内蔵されている周辺機能の各レジスタを，変数と同じように扱うことが可能となります．

▶ 5行目　内蔵プルアップ抵抗の初期化

内蔵プルアップ抵抗を接続しないとSW1は正しい読み込みができません．ここでは，プルアップ抵抗オプション・レジスタ（PU7）に0x20を設定して，SW1が接続されているポート7の5ビット目の内蔵プルアップ抵抗を有効にします．

▶ 6行目　ポート1の初期化

LED0が負論理（0で点灯）であるため，P1の初期値を0のままにしておくと，7ビット目を出力に設定したときにLED0は点灯してしまいます．ポート・モード・レジスタ（PM1）を設定する前にポート・レジスタ（P1）に0x80を設定し，初期出力をHighレベルにします．

▶ 7行目　ポート1の7ビット目を出力に設定

LED0が接続されているポート1の7ビット目を出力に設定します．ここでは，ポート・モー

ド・レジスタ（PM1）に 0x7F を設定し，7 ビット目のみ出力，それ以外は入力に設定します．

▶ 8 行目　無限ループ

　無限ループの中で SW1 を判断し，LED0 の点灯 / 消灯を制御します．

▶ 9 行目　SW1 の ON/OFF 判断

　if 文を使い，ビットごとの AND 演算子で SW1 が接続されているポート 7 の 5 ビット目だけを切り出してから 0x00 と比較し SW1 が押されていることを判断します．

▶ 10 行目　LED の点灯 / 消灯

　SW1 を押していなければ 10 行目で P1 に 0x00 を設定して LED0 を点灯し，そうでなければ 12 行目で P1 に 0x80 を設定して LED0 を消灯します．

〈鹿取 祐二〉

第7章

A-DコンバータやUART通信の操作を伝授！

周辺機能操作の書き方

　第6章では，Cプログラミングの基本中の基本を紹介し，RL78/G14マイコンボードC-Firstに搭載されているスイッチ（SW）とLEDを連動させるプログラム（**リスト1**）を完成させました．

　本章では，タイマやA-D変換器（A-Dコンバータ），シリアル通信UARTなどの今後登場する周辺機能を操作するために必要なC言語の文法を解説します．

リスト1　スイッチと連動してLEDが点灯するプログラム

```
 1  #include "iodefine.h"              ヘッダ・ファイル
 2
 3  void main(void)          プリプロセッサ命令
 4  {
 5      PU7 = 0x20;
 6      P1 = 0x80;
 7      PM1 = 0x7F;
 8      while( 1 )  {
 9          if( (P7 & 0x20) == 0x00 )
10              P1 = 0x00;
11          else
12              P1 = 0x80;
13      }
14  }
```

[1] プリプロセッサ命令とヘッダ・ファイル

1 コンパイラに翻訳内容を指示する「プリプロセッサ命令」

　C言語では**リスト1**の1行目に記述した「#」で始まる命令をプリプロセッサ命令と呼びます．

　プリプロセッサ命令はマイコンに実行させる命令ではなく，コンパイラが翻訳（コンパイル）の際に行うプリプロセスという工程に対する指示命令です．

● コンパイラの翻訳作業は複数の工程がある

　一般に，コンパイラの翻訳作業には，**図1**に示すような工程があります．詳細はコンパイラ

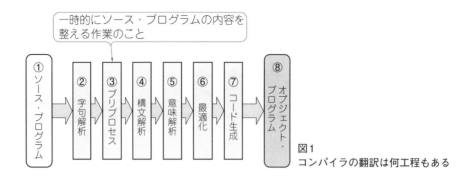

図1 コンパイラの翻訳は何工程もある

によって異なりますが，字句解析，構文解析，意味解析，最適化，コード生成などです．

　各工程の意味や内容まで理解する必要はありませんが，ソース・プログラムからすぐに機械語（オブジェクト・プログラム）が生成されるわけではありません．

▶プリプロセスを実施するソフトウェア「プリプロセッサ」

　プリプロセスは，字句解析と構文解析の間に行われる工程です．それを実施するソフトウェアをプリプロセッサと呼びます．プリプロセッサは一時的にソース・プログラムの内容を整える作業（整頓）を行います．ヘッダ・ファイルの取り込み，識別子の置き換え，条件付きコンパイルの展開などです．ソース・プログラムを整えるのはプリプロセッサが内部的に読み込んだものに対してなので，ソース・ファイルが修正されるわけではありません．

▶指示内容は#の後の識別子で決まる

　プリプロセスに対してどんな作業を行ってほしいのか，プリプロセッサに対する指示内容は，#の後の識別子で決まります．識別子とは，英文字と数字の列で構成され，先頭が英文字で始まる語句です．リスト1の1行目の「include」が指示内容です．

2 ヘッダ・ファイルを取り込む「#include指令」

　#includeとは後に記述されている「"」で囲まれたファイル（ヘッダ・ファイルと呼ぶ）を，命令が記述された位置に取り込むことを指示します（図2）．この例では「iodefine.h」というファ

図2　#includeはヘッダ・ファイルを読み込む

イルの内容を1行目の部分に読み込んでほしい，とプリプロセッサに要求しています．

● iodefine.h は宣言や定義が記述されたヘッダ・ファイル

　`#include` 指令で指定されている `iodefine.h` は，CS+ がプロジェクト作成時に自動生成したヘッダ・ファイルで，図3 に示すように CS+ のプロジェクト・ツリーに登録されています．このファイルには内蔵周辺機能の操作に必要な宣言や定義が記述されています．

図3
CS+ のプロジェクト作成時に自動生成される iodefine.h（ヘッダ・ファイル）

● 2つのヘッダ・ファイルの指定方法

　ヘッダ・ファイルの指定方法は，ファイル名を「"」で囲む以外にも「< >」で囲む方法があります．両者はヘッダ・ファイルを探すパスが異なります．「< >」の場合，開発環境で定めたフォルダのみ探索を行います．一方「"」の場合，ソース・ファイルが存在するフォルダを探索したあとで，見つからなければ「< >」の場合と同じフォルダを探索します．

　このためコンパイラ付属のヘッダ・ファイルや C 言語標準のヘッダ・ファイルであれば「< >」，ユーザが独自に作成したものやシステム固有のヘッダ・ファイルであれば「"」で囲むのが一般的となっています．

　リスト1 のプログラムでは，`iodefine.h` はソース・ファイルの `main.c` と同じフォルダにあり，RL78/G14 の型番 R5F104LEAFB 固有のヘッダ・ファイルであるため「"」で囲みます．

● 宣言や定義が記述されたヘッダ・ファイル

　`iodefine.h` のヘッダ・ファイルには内蔵周辺機能の操作に必要な宣言や定義が記述されています．

▶ ソースが大きいほど必要

　図4(a) に示すように，スイッチと連動して LED が点灯するプログラムのように，ソース・ファイルが1つしかない場合は，ヘッダ・ファイルを使う理由は何もありません（図4）．main 関数

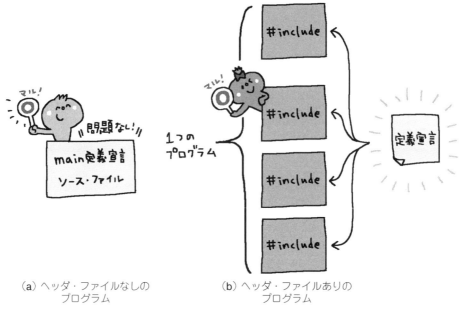

(a) ヘッダ・ファイルなしの
　　プログラム
(b) ヘッダ・ファイルありの
　　プログラム

図4　ヘッダ・ファイルがあると何回も宣言や定義を書かなくていい

の定義より先に，内蔵周辺機能の操作に必要な宣言や定義を記述すれば十分です．

　ヘッダ・ファイルが必要となる場合は，図5のような複数のソース・ファイルに分かれる大規模なシステムを作成するときです．

　図5(a)のように必要な宣言や定義を各ソース・ファイルの先頭に記述するとなると，同じ宣言や定義を何度も記述しなければなりません．図5(b)のようにヘッダ・ファイルに宣言や定義をまとめ，各ソース・ファイルの先頭で#include指命により，目的のヘッダ・ファイルを取り込むほうがはるかに楽です．

▶ システムのバージョンアップにも対応が容易

　ヘッダ・ファイルに宣言や定義をまとめることの利点として，システムのバージョンアップへの対応もあります．

　同じマイコンであっても型番やシリーズが変わると，同じポートでもレジスタの内容や番地が変更になることがあります．宣言や定義をヘッダ・ファイルにまとめておけば，そのヘッダ・ファイルの内容を修正すればよく，各ソース・ファイルは一切修正を加える必要はありません．つまり，システムのバージョンアップが容易なのです．

　一般的なシステムのファイル構成は，マイコンに実行させる機械語に変換される命令は，ソース・ファイルに記述し，宣言や定義だけで翻訳後は何もなくなってしまう機械語にはならない命令はヘッダ・ファイルに記述します．

　ヘッダ・ファイルの拡張子は「.h」です．「.h」の拡張子は，開発環境が自動的にヘッダ・ファイルと認識します．

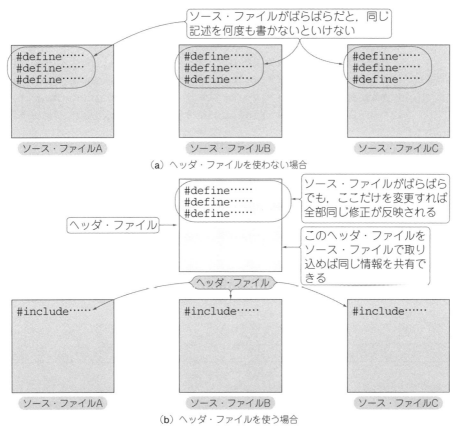

図5 ヘッダ・ファイルがあれば何度も同じことを書かなくていい
複数のソース・ファイルに分かれる大規模なプログラムでは，ヘッダ・ファイルを取り込むほうが楽である

● ヘッダ・ファイル読み込み後のリスト

リスト2に，プリプロセッサが#include指令によって，iodefine.hのヘッダ・ファイルを取り込んで展開したあとのソース・プログラムを示します．iodefine.hのヘッダ・ファイルは非常に長いプログラムであるため，ここでは必要な行だけを抜粋して，記載しています．

リスト1のプログラムで，ヘッダ・ファイルを介して操作している周辺機能のレジスタは，ポート1のP1, PM1とポート7のPU7, P7の4つです．リスト2の1行目から4行目は，ヘッダ・ファイルのバージョンがV1.06.00.02であれば，それぞれ90行目，477行目，489行目，511行目にあります．

③ 識別子の置き換えを行う「#define指令」

リスト2の1行目から4行目はプリプロセッサ命令であり，指示内容はdefineです．

#defineは識別子を置き換えます．リスト2の記述は少し複雑なので，もっと簡単な例で命令の意味や機能を紹介しましょう．

簡単な例をリスト3に示します．リスト3のプログラムは特に意味があるわけではなく，

リスト2　ヘッダ・ファイル展開後のプログラム

```
1   #define   PU7   (*(volatile __near unsigned char *)0x37)
2   #define   P1    (*(volatile __near unsigned char *)0xFF01)
3   #define   P7    (*(volatile __near unsigned char *)0xFF07)
4   #define   PM1   (*(volatile __near unsigned char *)0xFF21)
5
6   void main(void)
7   {
8       PU7 = 0x20;
9       P1  = 0x80;
10      PM1 = 0x7F;
11      while( 1 )  {
12          if( (P7 & 0x20) == 0x00 )
13              P1 = 0x00;
14          else
15              P1 = 0x80;
16      }
17  }
```

- PU7, P1, P7, PM1 に付いた注釈：「周辺機能のレジスタのポート 7」「周辺機能のレジスタ」
- 左側の注釈：「ヘッダ・ファイルに記載されているプログラムに必要な部分」

リスト3　#defineの例

```
1   #define   VAL       10
2   #define   A_add_B   (a + b)
3
4   void main(void)
5   {
6   int   a=14, b=6, c, d;
7
8     c = VAL;            // c = 10;
9     d = A_add_B * c;    // d = (a + b) * c;
10  }
```

- 注釈：「プリプロセッサ命令」「識別子」「文字列（トークン）」「結果」

#define を説明するための例です．

　#define は直後に記述された識別子を後続の文字列（トークン）に置き換えることを指示します．1行目の識別子「VAL」は，文字列「10」に置き換えることを指示しています．8行目の右辺のVAL は 10 に置き換えられてからコンパイルされます（図6）．その結果，変数 c には 10 が代入されることになります．

● 置き換え先は複数語句の文字列でも OK

　置き換えの元は「識別子」であり，英文字と数字の列で構成され，先頭は英文字の単一語句で

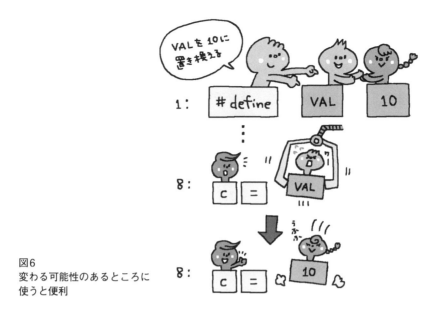

図6
変わる可能性のあるところに
使うと便利

なければなりません．

　置き換え先は「文字列」であり，置き換え元のような制約はありません．数字だけでなく，識別子や演算記号を含んでもよく，複数の語句で構成されていてもかまいません．

　2行目のような #define であっても問題はなく，識別子「A_add_B」を文字列「(a + b)」と置き換えることを指示しています．9行目の置き換え後の結果はコメントに示すとおりです．

● 全体の小括弧を付けたほうが無難

　リスト3の2行目の例では，全体の小括弧がないと9行目の右辺は「a + b * c」となり，演算子の優先順位から意図した結果と異なってしまいます．

　演算子の優先順位はコラム1に記載します．四則演算であれば優先順位は数学と同じです．

　加算（+），減算（-）よりも乗算（*），除算（/），剰余（%）が先に演算されます．「d = (a + b) * c」と「d = a + b * c」では演算の順番が異なるため，結果も異なります．

　演算子を含む文字列と置き換える場合，違った意味や誤った評価を受ける可能性があるため，全体の小括弧は付けたほうが無難です．

● #define 指令の置き換え後のリスト

　#define によって置き換えが指定された識別子を「マクロ名」，#define 指令そのものを「マクロ定義」と呼びます．C言語では頻繁に使われる言葉です．リスト2に示した PU7，P1，P7，PM1 がマクロ名，1行目から4行目がマクロ定義となります．

　リスト2のマクロ定義を展開したプログラムとして，マクロ名を置き換えると次のようになります．

コラム1　演算子の優先順位

数学では「加減算より乗除算のほうが先」，といった優先順位があるように，C言語の演算子にも優先順位があります．C言語の場合，演算子の優先順位は**表A**のとおりです．

● 上段は優先順位が高い

表Aの上段に記述された演算子のほうが，優先度が高くなります．例えば，4段目の加減算より，3段目の乗除算のほうが優先度が高いので，数学と同じように「a + b * c」は「b * c」が先に評価されます．

● 同じ段の優先順位は結合規則で決まる

同一段に記述された演算子について，優先度が同一の場合は**表A**の右側に記載されている結合規則で順番が決まります．左結合性ならば左側，右結合性ならば右側が優先されます．「a - b + c」で使われている4段目の加減算は左結合性なので，「a - b」が先に評価されます．

● () を付けると最優先になる

評価の順番が自身の意図したものと違う場合は，数学と同じように小括弧を利用します．小括弧が付いた部分は最優先となるので，「(a + b) * c」は「a + b」が先に評価されます．

さて，ここで問題です．「a = (b += c = d) * e」の評価順はわかりますか？意地悪ですが，答えは記載しないでおきます．

表A　演算子の優先度と結合規則

演算子	結合規則
[ ] ( ) . -> ++ --	左結合性
! ~ ++ -- + - * & (type) sizeof	右結合性
* / %	左結合性
+ -	左結合性
<< >>	左結合性
< <= > >=	左結合性
== !=	左結合性
&	左結合性
^	左結合性
|	左結合性
&&	左結合性
||	左結合性
?:	右結合性
= += -= *= /= %= &= ^= |= <<= >>=	右結合性
,	左結合性

1段目の++ --は後置(a = b++)
2段目の++ --は前置(a = ++b)
2段目の+ - * &は単項演算子(a = -b)
3，4段目の* / % + -は二項演算子(a - b)

- PU7 ⇒ (*(volatile __near unsigned char *)0x37)
- P1 ⇒ (*(volatile __near unsigned char *)0xFF01)
- P7 ⇒ (*(volatile __near unsigned char *)0xFF07)
- PM1 ⇒ (*(volatile __near unsigned char *)0xFF21)

置き換えた結果を**リスト4**に示します．

リスト4　マクロ定義を展開した後のプログラム

```
 1  void main(void)           [PU7, P1, PM1 が置き換わった！]
 2  {
 3      (*(volatile __near unsigned char *)0x37) = 0x20;
 4      (*(volatile __near unsigned char *)0xFF01) = 0x80;
 5      (*(volatile __near unsigned char *)0xFF21) = 0x7F;
 6      while( 1 ) {
 7          if( ((*(volatile __near unsigned char *)0xFF07) & 0x20) == 0x00 )
 8              (*(volatile __near unsigned char *)0xFF01) = 0x00;
 9          else
10              (*(volatile __near unsigned char *)0xFF01) = 0x80;
11      }
12  }
```

● マクロ定義はプログラムをわかりやすくする

　マクロ定義の展開前の**リスト2**と，展開後の**リスト4**を比較してみると，見づらくて，わかりづらくなります．同じ記述の繰り返し，複雑な記述，それらを簡単な識別子に置き換え，プログラムをわかりやすく記述することがマクロ定義を使う理由です（**コラム2**）．

4 定義付けされているか判断してコンパイルする「#ifdef 指令」

　マイコンを機器に入れて動かす組み込み系プログラムの開発では，動きそのものが目に見えないことが多く，プログラムの動作確認に手間取ることが多々あります．エミュレータを使ったデバッグができない場合は，LEDなどの点灯処理をいたるところに埋め込み，どこまで正常に動作したのかをLEDの点灯で確認しようという古典的な方法も用いられます．

　このような場合は，#ifdefなどの条件付きコンパイルを使うことをお勧めします．

　#ifdefは，指定された識別子がマクロ名として定義されているかどうかを判断し，定義されているときのみ#ifdefと#endifに挟まれた行をコンパイル対象とします（**図7**）．**リスト5**に#ifdefの使用例を示します．DEBUGというマクロ名が定義されるとLEDの点灯処理をします．この処理をプログラムのいたるところに，特にクリティカル・ポイントに埋め込んでおきます．

リスト5　#ifdefの使用例

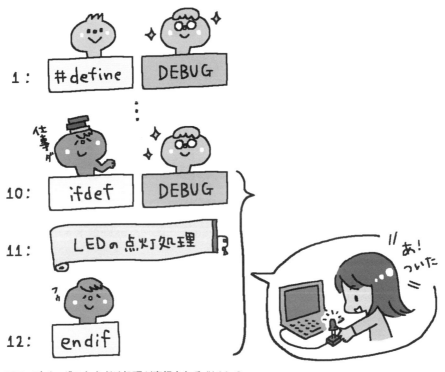

図7　デバッグのときだけ処理が実行される#ifdef

　デバッグ時にDEBUGのマクロ名を定義してコンパイルを行い，デバッグ終了時はDEBUGのマクロ名を削除してコンパイルすれば，ソース・プログラムを変更せずに済みます．

● マクロ定義はCS+のオプションでも指定できる

　CS+では，CC-RL（ビルド・ツール）をダブルクリックし，コンパイル・オプションのタブを開き，プリプロセスのカテゴリにおける「定義マクロ」のオプションでマクロ名が定義できます（図8参照）．条件付きコンパイルで頻繁に使われるオプションです．

　#ifdef以外にも条件付きコンパイルを行うプリプロセッサ命令は，#if，#ifndef，#elif，#elseなど数多くあります．

5 プリプロセッサ命令の注意事項

　プリプロセッサ命令以外のC言語の命令はフリーフォーマットであり，語句を分断しない限

コラム2　プリプロセス実施後のリスト

すべてのプリプロセッサ命令を展開した**リスト4**は，開発環境のCS+でも作成できます．

作成手順は以下のとおりです．まず，CS+の［CC-RL］（ビルド・ツール）をダブルクリックします．［CC-RL］の［プロパティ］にある［コンパイル・オプション］のタブの，出力ファイルのカテゴリにある「プリプロセス処理したソースを出力する」のオプションを「はい(-P)」に設定します．今までと同じようにビルドを実行します［**図A(a)**］．そうするとプロジェクトのフォルダ（ソース・ファイルの存在するフォルダ）にDefaultBuild［**図A(b)**］という名前のサブフォルダが存在するので，そのフォルダ内にある「main.i」［**図A(c)**］という名前のファイルをメモ帳またはCS+のファイル・メニューから開きます．ファイルの終わりのほうに，**リスト4**とまったく同じプログラムが存在しています．

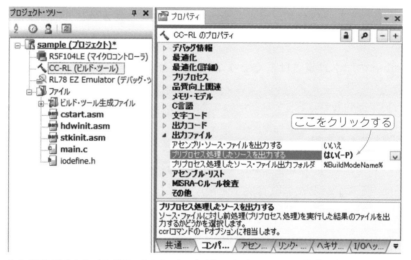

(a)［CC-RL］->［プロパティ］->［コンパイル・オプション］->「プリプロセス処理したソースを出力する」->「はい(-P)」に設定

(b) プロジェクトのフォルダ
　　DefaultBuild

(c) main.iをメモ帳もしくはCS+の
　　ファイル・メニューから開く

図A　CS+でリスト4の結果を確認する

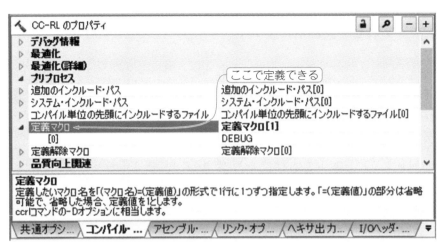

図8　オプションによるマクロ名定義

りは，自由にスペース，タブ，改行などの空白文字を入れてかまいません．しかし，プリプロセッサ命令は一般的なC言語の命令とはフォーマットが異なり，基本的に1行で記述しなければなりません．

ただし，#defineのマクロ定義は長くなりがちで，見づらいときには，以下の方法で複数行に分けられます．

● 改行を表す「¥」で終わる行

プリプロセッサ命令を任意の場所で改行したいときには，**リスト6**のように「¥」を挿入します．「¥」で終わる行は，その「¥」と次の改行文字を消すことによって併合されます．

改行する場所には注意する必要があります．**リスト6**(a)と(b)の2つの例は問題ありませんが，**リスト6**(c)の例のように，先頭の空白文字によって，「unsigned」という1つの語句が2つに分断されるときは，コンパイル・エラーになります．プリプロセッサ命令の展開後はフリーフォーマットとなるため，語句と語句の間で改行しておくほうが無難です．

リスト6　プリプロセッサ命令の改行

```
(a)  #define  PU7   (*(volatile __near ¥
             unsigned char *)0x37)
(b)  #define  PM7   (*(volatile __near unsi¥
     gned char *)0xFF27)
(c)  #define  P7    (*(volatile __near unsi¥
                gned char *)0xFF07)
```

ここの空白で語句が分かれてしまうため，コンパイル・エラーになる

[2] 絶対番地操作

1 周辺機能操作の神髄は絶対番地操作

　マクロ定義展開前の**リスト2**と，展開後の**リスト4**から，各レジスタの初期化処理を抜粋した部分を**リスト7**に示します．

リスト7　マクロ定義を展開した前後のプログラム

```
 8      PU7 = 0x20;
 9      P1  = 0x80;
10      PM1 = 0x7F;
```
（a）リスト2（マクロ定義展開前）

```
 3      (*(volatile __near unsigned char *)0x37) = 0x20;
 4      (*(volatile __near unsigned char *)0xFF01) = 0x80;
 5      (*(volatile __near unsigned char *)0xFF21) = 0x7F;
```
（b）リスト4（マクロ定義展開後）

● レジスタの配置番地を操作する「絶対番地操作」

　リスト7（b）のマクロ定義展開後の3行目から5行目に使われている文法を絶対番地操作といいます．

　RL78/G14ではすべての内蔵周辺機能のレジスタは配置番地が決まっています．周辺機能を操作することは，決められた番地を直接操作することになり，絶対番地操作と呼びます．

　絶対番地操作は，複数の文法が絡み合ってできています．C言語標準の文法であるポインタ，キャスト演算子，volatile型修飾子，RL78ファミリ固有の文法である__near型修飾子，の合計4つの文法から成り立っています．

2 絶対番地操作の文法①　「__near型修飾子」

　マクロ定義展開後の「=」の左辺に記述されている「0x37」，「0xFF01」，「0xFF21」の3つの数値は，マクロ定義名展開前の**リスト7**（a）からわかるようにPU7，P1，PM1のレジスタの番地です．PU7は0xF0037番地，P1は0xFFF01番地，PM1は0xFFF21番地に存在します．

　ハードウェア・マニュアル上の番地は20ビット（16進5桁）表現であるにもかかわらず，**リスト7**（b）では16ビット（16進4桁）表現になっています．

● RL78 特有の番地表現

　RL78 は図9の左側が示すとおり，メモリ空間は1Mバイトあるので，番地（アドレス）の表現には20ビットが必要です．常に20ビットで番地を表現すると命令が長くなってしまうため，図9の右側に示す限られた番地だけは16ビットで番地が表現できるように設計されています．メモリ空間の上下64Kバイト，コード部（関数）であれば0x00000から0x0FFFF，データ部（変数）であれば0xF0000から0xFFFFFは，番地の下位16ビットだけで表現が可能です．

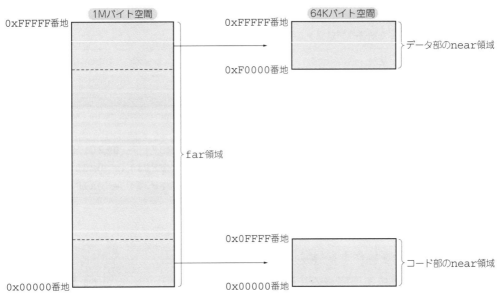

図9　RL78のメモリ空間
far領域は0x00000番地〜0xFFFFF番地，データ部のnear領域は0xFFFFF番地〜0xF0000番地，コード部のnear領域は0x0FFFF番地〜0x00000番地を使う

　データ部には内蔵RAMや内蔵周辺機能のレジスタなど，頻繁に操作するものが配置されているため，短い番地表現で効率の良い命令が使えるように設計されています．

● __far と __near の型修飾子

　番地の表現を20ビットで行うか，それとも効率の良い16ビットで行うか，プログラマが指示できます．RL78固有の文法ですが，図10に示すように，「__far」と「__near」の2つの型修飾子があります．

　2つの型修飾子を変数として使った例をリスト8に示します．

　両者の違いが比較できるように，機械語やアセンブラの命令もコメントとして併記しました．

　1行目の変数aのように__farが指定されると，コンパイラは目的の変数が1Mバイト空間のどこに配置されてもよいように命令を生成します．

　2行目の変数bのように__nearが指定されると，コンパイラは目的の変数が0xF0000〜

（a）__far は 1048576 カ所に変数を格納できる

（b）__near は番地を 16 ビットで行っているので命令数が少なく機械語が短いが，65536 カ所にしか変数を格納できない

図10　20ビットで番地を表現する__farと16ビットで番地を表現する__near

リスト8　__farと__nearの型修飾子の違いを比較するためのプログラム

```
 1  __far   unsigned char a;
 2  __near  unsigned char b;
 3          unsigned char c;
 4
 5  void main(void)
 6  {
 7      a = 3;
    //  機械語              命令
    //  4100           mov      es, #LOW(HIGHW(_a))
    //  11CF000003     mov      es:!LOWW(_a), #0x03
 8      b = 5;
    //  CF000005       mov      !LOWW(_b), #0x05
 9      c = 7;
    //  CF000007       mov      !LOWW(_c), #0x07
10  }
```

0xFFFFF 番地に配置されることを前提に命令を生成します．__farを指定すると番地の表現を20ビットで行うため配置場所の自由度は増しますが，命令数が多く，機械語も長くなります（7行目のコンパイル結果）．

__nearを指定すると番地の表現を下位16ビットだけで行うため配置場所に制約が出ますが，命令数が少なく，機械語も短くなります．（8行目のコンパイル結果）．

● デフォルトは__nearを指定する

0xF0000～0xFFFFF 番地に配置可能な変数（ROM 配置の定数を除く）や内蔵周辺機能のレジスタに対しては，__near 型修飾子を指定したほうがよいです．

RL78/G14には0xF0000～0xFFFFF番地以外に配置可能な変数や，それ以外の番地に配置された内蔵周辺機能のレジスタは存在しないため，データ部に関しては＿＿nearがデフォルトの型修飾子となっています．どちらも指定しなければ，9行目の変数cのように＿＿near型修飾子が指定されてコンパイルされます．

　＿＿near型修飾子の指定はヘッダ・ファイルにおいても不要ですが，将来の拡張性や旧バージョンのコンパイラとの整合性のために指定されています．

③ 絶対番地操作の文法②「volatile型修飾子」

● コンパイラの最適化

　コンパイラにはプログラマが記述した命令をブラッシュアップする最適化という機構があります．最適化とは，プログラマが記述した命令の中で「無駄」と判断した命令を削除，または統合してしまう処理です（図11）．

（a）コンパイラは最適化のため命令コードを削減することがある　　（b）volatileはソース・コードを一字一句変えられたくないときに使う

図11　プログラムが勝手に省略されないように使うvolatile型修飾子

　コンパイラの最適化の具体例をリスト9に示します．アセンブラの命令もコメントで併記しました．

　プログラムの1行目でunsigned char型の変数aとbを宣言し，5行目で変数aが300でなければ，6行目で変数bに0を代入しています．しかしコンパイルの結果は変数aが300であるかどうかの判断はせずに，変数bを0にクリア（blrb命令）しています．なぜなのでしょうか？

　unsigned char型は値の範囲は0～255なので，300になることはありません．if文の評価結果は変数aの値に関係なく常に「真」となるため，その処理が削除されたのです．

　次の8行目から10行目の変数aに対する3つの連続的な代入では，途中の代入は省略されてしまい，最後の値を代入した命令だけが実行されます．

途中の代入結果をまったく利用しないために削除したのです．これは変数 a が RAM に配置された単なる変数であれば何も問題はありません．

リスト9　最適化の具体例

```
1  unsigned char a, b;
2
3  void main(void)
4  {
5      if( a != 300 )
6          b = 0;
//     clrb !LOWW(_b)
7
8      a = 0;
9      a = 1;
10     a = 0;
//     clrb !LOWW(_a)
11 }
```

● 最適化は弊害となることがある

しかし，a が変数ではなく，出力ポートの出力値を設定するような周辺機能のレジスタである場合は問題が発生します．

0ビット目の端子から Low，High，Low とパルス波形を出力するため，連続的に出力ポートに対して 0，1，0 と書き込んでもパルス波形は出力されず，Low が出っぱなしとなるからです．

リスト10　volatile 型修飾子の効果

```
1  volatile unsigned char a, b;
2
3  void main(void)
4  {
5      if( a != 300 )
//     mov a, !LOWW(_a)
6          b = 0;
//     clrb !LOWW(_b)
7
8      a = 0;
//     clrb !LOWW(_a)
9      a = 1;
//     oneb !LOWW(_a)
10     a = 0;
//     clrb !LOWW(_a)
11 }
```

● 最適化を抑止する volatile 型修飾子

C 言語には最適化による弊害を避けるため，volatile 型修飾子が用意されています．この型修飾子が指定されると，コンパイラは指定された変数に対する最適化を抑止します．

volatile 型修飾子を付けた具体例を**リスト 10** に示します．

変数 a が出力ポートであった場合も，ちゃんとパルス波形が出力されます．コンパイラの最適化が邪魔になる場合があるため，周辺機能のマクロ定義には，必然的に volatile 型修飾子が使われます．

4 絶対番地操作の文法③「ポインタ」

マクロ名展開後の例から __near 型修飾子と volatile 型修飾子を取り除いたものを下記に示します．

```
3    (*(unsigned char *)0x37) = 0x20;
4    (*(unsigned char *)0xFF01) = 0x80;
5    (*(unsigned char *)0xFF21) = 0x7F;
```

> このままでは文法上の扱いは番地ではなく数値になってしまう

「0x37」，「0xFF01」，「0xFF21」は各レジスタの番地であると説明してきましたが，このままでは文法上の扱いは番地ではなく単なる数値です．記述した数値が番地であることを次のようにコンパイラに理解させる必要があります．

● 番地を意味するのはポインタだけ

C 言語で番地を意味するポインタを使います．ポインタは**書式 1** に示す宣言や演算子で記述します．

【書式 1】ポインタの宣言と使用例

```
    int *pa;     // ① ポインタの宣言
    int  a       [変数]

    pa = &a;    // ② ポインタへ番地を格納
    *pa = 12;   // ③ ポインタによる値の代入
```

● ポインタの宣言と使用方法

① 宣言する

ポインタは書式 1 の①のように名前の前に「*」を付けて宣言します．この「*」によって変数 pa は，番地が格納できるポインタとなります．2 行目の変数 a は名前の前に「*」がないので，整数値が格納できる単なる int 型の変数です．

② 番地を格納する

次にポインタに番地を格納(代入)します．**書式1**の②のように変数に対して「&」を付けると，目的の変数の番地を取り出せます．それをポインタに代入します．ポインタに番地を格納することの意味ですが，イメージ的には**図12**の示すように目的の変数を指していると考えます．

③ 変数を間接的に操作

ポインタが指している変数の内容は，ポインタ経由で間接的に操作できます．**書式1**の③の

コラム3　二項演算子と単項演算子

ポインタの紹介で登場した「*」と「&」には「* は乗算演算子，& はビットごとの AND 演算子ではないのか？」というように戸惑った方もいると思います．

C言語には同じ演算記号であっても，意味の異なる記号がいくつかあります．具体的には ++，--，+，-，*，& の6つです．

++，-- の2つに関しては，前章で紹介したとおり，「b = ++a;」ならば前置(先に)，「b = a++;」ならば後置(後で)になります．

残りの4つの演算記号には二項演算子としての使い方と単項演算子の使い方の2つがあります．

「-」を例に挙げると「a = b - c;」と「a = -b;」の2つの使い方です．要点としては，演算子の左側が変数などの項(演算の対象となるもの)であれば二項，項ではなく演算子などであれば単項です(演算子の右側は常に項です)．

以下に4つの演算子の2つの使い方，二項と単項の意味を示しておきます．

● 二項演算子

「a = b - c;」⇒ 減算
「a = b + c;」⇒ 加算
「a = b * c;」⇒ 乗算
「a = b & c;」⇒ ビットごとの AND(論理積)

● 単項演算子

「a = -b;」⇒ 符号反転
「a = +b;」⇒ 変化なし(単項 - との対称性)
「a = *b;」⇒ 間接参照(ポインタの指す内容)
「a = &b;」⇒ アドレス参照(変数の番地)

単項の + 演算子は単項の - 演算子との対称性のために用意されたものであり，あってもなくてもよい，意味のない演算子です．

ように番地を格納したポインタの前に「*」を付けると，ポインタ変数paが指している変数aに対して12を間接的に代入できます（図13）．

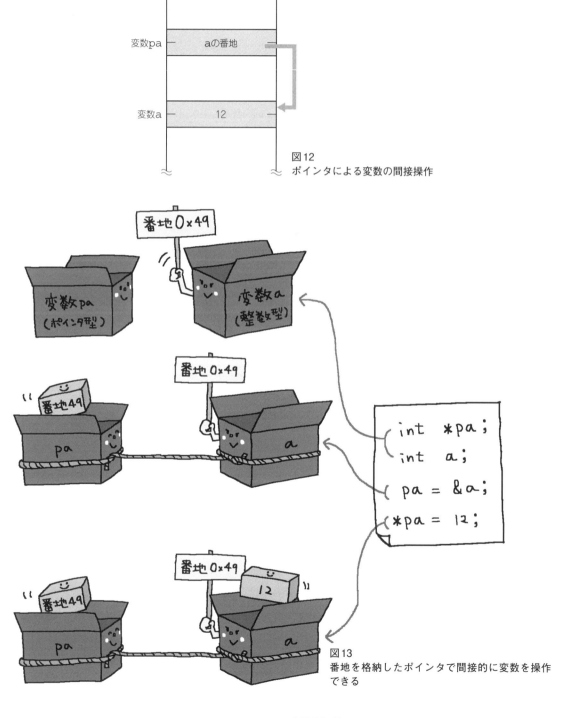

図12
ポインタによる変数の間接操作

図13
番地を格納したポインタで間接的に変数を操作できる

● ポインタの要点

周辺機能の操作を理解することが目的でポインタを使いましたが，ポインタの要点は下記の3つです．

- C言語で番地を意味するのはポインタだけである
- ポインタは「*」を付けて宣言する
- ポインタに「*」を付けると指す内容が操作可能になる

5 絶対番地操作の文法④　「キャスト演算子」

マクロ定義展開後の例に説明を加えたものを**リスト11**に示します．

「0x37」の前の「( )」内に記述されている部分がポインタの宣言です．**書式1**と比較すると，ポインタを変数として宣言しているのではなく，型だけが「( )」内に記述されています．この小括弧は演算子の順番を変更するものではなく，型を変換するキャスト演算子と呼ばれるものです．つまり，「0x37」では単なる数値になるため，キャスト演算子を使って0x37をポインタに変換したのです．

リスト11　マクロ定義展開後の結果

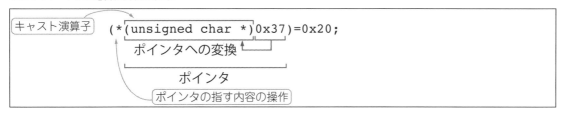

● なんでも良いわけではない…ポインタの型

書式1のポインタの宣言では`int`を使っていますが，その後の例では`unsigned char`を使っています．これはポインタの宣言における型が，何でも良いわけではなく，ポインタが指す変数と同じ型にしなければならないからです．理由はポインタが指した変数を間接的に操作するとき，宣言時に指定した型で操作されるからです．

`int`型のポインタであれば，指す内容は符号付き16ビット（RL78で`int`は16ビット）の整数として操作されます．同様に`unsigned char`型のポインタであれば，指す内容は符号なし8ビットの整数として操作されます．

● ポインタの型はレジスタの内容に合わせる

置き換え前のマクロ名であるPU7に対応したレジスタは，符号なし8ビット・サイズのレジスタであるため，PU7のマクロ定義では「`unsigned char`」を使っています．これで「0x37」が

unsigned char型のポインタとなり，PU7のレジスタを指します．

PU7を指しているポインタを意味する「(unsigned char *)0x37」の前に「*」を付けてポインタが指した内容に対して「0x20」を代入します（図14）．

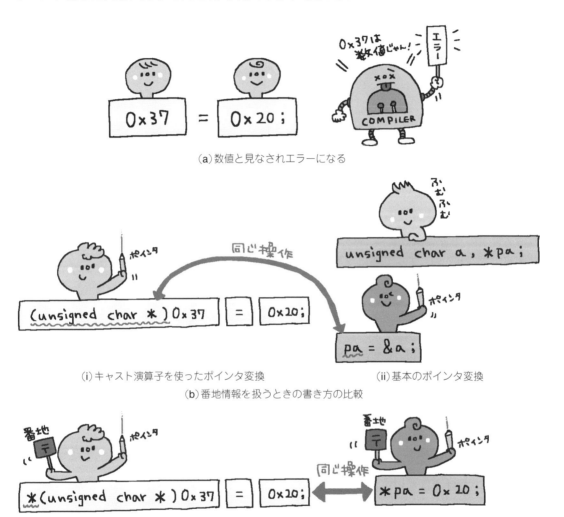

(a) 数値と見なされエラーになる

(i) キャスト演算子を使ったポインタ変換　　(ii) 基本のポインタ変換
(b) 番地情報を扱うときの書き方の比較

(i) キャスト演算子を使った方法　　(ii) 基本の方法
(c) ポインタの指す内容を操作する方法の比較

図14　キャスト演算子を使ってポインタに変換する方法もある

● 絶対番地操作のまとめ

以上がポインタを使った周辺機能，言い換えれば絶対番地の操作方法です．レジスタの番地を数値（16進数）で表現し，それをキャスト演算子によってレジスタの内容に合わせたポインタに変換し，最後にポインタが指し示した内容を操作します．

番地の表現はRL78固有の__near領域（番地の下位16ビット表現），さらには最適化を抑止するためにvolatile型修飾子を付けます．

これらが各レジスタのマクロ定義に使われている文法のすべてです．

[3] ビットフィールド

　周辺機能操作では特定のビットだけを調べたり，変化させたりといった処理が頻繁に発生します．リスト1のスイッチと連動してLEDが点灯するプログラムでは，9行目の`if`文で，ポート7の5ビット目に接続されたスイッチの値を判断している部分がそれに相当します．

　操作にはAND，OR，XORのビットごとの論理演算子 `&`，`|`，`^` を使いましたが，特定ビットの操作をもっと簡単に行う方法を紹介します．これは今後登場する新たな周辺機能の操作には欠かせない文法です．ほかのマイコンへの応用も考慮して，移植性や性能についても解説します．

1 特定のビットに名前を付ける文法「ビットフィールド」

　C言語ではビットフィールドと呼ばれる文法によって，特定のビットに名前を付けられます．ビットフィールドが宣言されると，その特定のビットを1つの変数のように扱うことができます．

【書式2】 ビットフィールド

```
// 宣言

struct [タグ名] {      ← 予約語
    型 [ビット名] : ビット幅 ;
    型 [ビット名] : ビット幅 ;
//   以下，繰り返しビット名を宣言可能
} 変数名 ;

// 使用方法

    変数名 . ビット名
```

● ビットフィールドの記述方法

　書式2にビットフィールドの記述方法を示します．ビットフィールドは予約語の「`struct`」を使います．省略可能な「タグ名」を記述したら，「`{ }`」の中に各フィールド（各ビット）を宣言します．全体の「変数名」を記述し，最後に「`;`」を付けます．

　「タグ名」は宣言したビットフィールドの型に付ける名前です．後で紹介する `typedef` で代用できるので，ここでは省略して扱います．

　「`{ }`」内の各フィールドの宣言は，「型」と「ビット名」を記述したら「`:`」で区切って，フィールドの「ビット幅」を指定して最後に「`;`」を付けます．「型」は整数型，「ビット幅」は整数定数になり

ます.

宣言したら,あとは各フィールドを1つの変数のように扱うだけです.「変数名」と「ビット名」は「.」で結んで指定します.各フィールドは比較,代入,四則演算など,ほぼ通常の変数と同じように扱えます.

● ビットフィールドの具体例

リスト12にビットフィールドの使用例,**図15**に宣言されたビットフィールドの構造を示します.int 型を 16 ビットとした場合,変数 data は 16 ビット・サイズになります.最下位ビットの LSB(Least Significant Bit)から,1 ビット幅の abc,次の 9 ビット幅の cq が割り当てられます.ビット名を省略した場合は,そのビット幅分があけられます.2 ビットの空白を設けたあと,3 ビット幅の xyz が割り当てられます.

リスト12 ビットフィールドの使用例

```
struct {                     // 宣言
    unsigned int abc:1;      // 1 ビット幅
    unsigned int cq :9;      // 9 ビット幅
    unsigned int    :2;      // 2 ビット 無名
    unsigned int xyz:3;      // 3 ビット幅
} data;                      // 変数名

    data.abc = 1;
    if( data.xyz == 6 )
        data.cq = 511;
```

図15 ビットフィールドの構造

各フィールドは「変数名」と「ビット名」を「.」で結びます.「data.abc = 1;」で data の 0 ビット目に 1 が代入されたことになります.

ほかのビットは変化しません.if 文では data の 14〜12 ビット目(xyz)が 6,2 進数に直せば 110 であるかを調べています.一致していれば data の 9〜1 ビット目(cq)に 511,2 進数だと 111111111 なので,9〜1 ビット目をすべて 1 にしています.あくまでも「.」で指定したビットだけが操作の対象となります.

ビットフィールドを使うと,操作対象以外のビットを意識する必要がないので,ビットごとの論理演算を考える必要はありません.

● ヘッダ・ファイルに宣言済みのビットフィールド

スイッチと連動してLEDが点灯するプログラムにビットフィールドを適用してみます．

CS+が自動生成したヘッダ・ファイルのiodefine.hにもビットフィールドが宣言されています．**リスト13**にP1とP7関係のビットフィールドの宣言を抜粋して示します．8ビット・サイズで操作するための宣言を行った**リスト2**と比較してみます．

リスト13　P1とP7関連のビットフィールド

```
 1  typedef struct
 2  {
 3      unsigned char no0:1;
 4      unsigned char no1:1;
 5      unsigned char no2:1;
 6      unsigned char no3:1;
 7      unsigned char no4:1;
 8      unsigned char no5:1;
 9      unsigned char no6:1;
10      unsigned char no7:1;
11  } __bitf_T;
12
13  #define   PU7_bit   (*(volatile __near __bitf_T *)0x37)
14  #define   P1_bit    (*(volatile __near __bitf_T *)0xFF01)
15  #define   P7_bit    (*(volatile __near __bitf_T *)0xFF07)
16  #define   PM1_bit   (*(volatile __near __bitf_T *)0xFF21)
```

▶マクロ名が違う

リスト13の13行目から16行目のマクロ定義をみると，**リスト2**で使用している「PU7」「P1」「P7」「PM1」とはマクロ名が違います．同じ名前のマクロ名は使えないため，ここではビットで操作するためのマクロ名として，すべてレジスタ名称の後に「_bit」と付けて，「PU7_bit」，「P1_bit」，「P7_bit」，「PM1_bit」としています．

▶型が違う

キャスト演算子に指定されている型が「unsigned char」から「__bitf_T」に変わっています．

unsigned charは目的の番地の取り扱いとして各レジスタの型を記述する部分でした．それと同じに考えると，ここでは「__bitf_T」という型として宣言しています．

2 型の名前を置き換える「typedef」

リスト13の1行目から11行目にあるビットフィールドの宣言で，1行目の「typedef」がなければ，11行目の「__bitf_T」はビットフィールドの変数名ですが「typedef」があることでビッ

トフィールドに付けた型の名前になります．

　typedef は #define と少しだけ似ています．どちらも置き換えを指示するものであり，両者の違いは #define が単一語句の置き換えであるのに対して，typedef は型の名前の置き換えです．

　書式 3 のように typedef を記述すると，「unsigned char」という型（①の部分）を「seisuu」という型（②の部分）に置き換えたことになります．以降の処理では seisuu と記述しただけで，a と b は unsigned char 型の変数になります．

【書式3】typedef

```
    typedef   unsigned char   seisuu;
                  ①              ②

    seisuu  a, b;
```

　#define と違って，typedef は型の名前しか置き換えられませんが，ビットフィールドのような複雑な型に対しても置き換えが指定でき，簡単な名前を付けることが可能です．一般的に typedef はビットフィールドのようなプログラマが新たに作成した型に対して使います．

● **ポート7に対するビットフィールドの適用**

　リスト 13 に示すように，「struct { … }」の部分がビットフィールドの宣言になります．フィールドの型は「unsigned char」なので，符号なし 8 ビットに対して，図 16 に示すように 1 ビットずつ右側の LSB から「no0」「no1」……「no7」とビット名を宣言しています．そして，「typedef」を使って完成したビットフィールドの型に対して，「__bitf_T」という名前を付けています．これで以降の宣言や定義では，「__bitf_T」と記述すればビットフィールドになります．

　PU7_bit，P1_bit，P7_bit，PM1_bit のマクロ名を定義している 4 つの #define では，対応したレジスタの番地を __bitf_T 型のポインタにキャストしています．これでポート 1，ポート 7 の各レジスタはビットフィールドの変数と同じになります．あとは定義したマクロ名に対してビット名を「.」で指定すれば，ポート 1，ポート 7 のレジスタは 1 ビットずつの操作が可能になります．

図16　ポート用のビットフィールドの構造

リスト14 スイッチと連動してLEDが点灯するプログラムの改良版
1ビットずつの操作が可能となった

```c
#include "iodefine.h"

void main(void)
{
    PU7 = 0x20;
    P1 = 0x80;
    PM1 = 0x7F;
    while( 1 )  {
        if( P7_bit.no5 == 0 )
            P1_bit.no7 = 0;
        else
            P1_bit.no7 = 1;
    }
}
```

〔1ビットずつの操作〕

③ スイッチと連動してLEDが点灯するプログラムの改造

リスト14にスイッチと連動してLEDが点灯するプログラムの改良版を示します．

5行目から7行目までの各レジスタの初期化は変更していません．ビット単位よりもバイト単位で初期化したほうが効率がよいためです．

変更したところは9行目のスイッチを判定する処理と，10行目と12行目のLEDを点灯/消灯する処理です．どちらも1ビットが対象の処理なので，ビットフィールドを使います．

入出力値を取り扱うP1とP7レジスタは，それらのビットフィールドのマクロ名である「P1_bit」と「P7_bit」に対して，ビット名の「no5」や「no7」を「.」で結びます．ほかのビットを意識する必要はなく，1ビット幅で値は0か1しかありません．ビットごとの論理演算を使うよりは，はるかに簡単です．

リスト15 ビットフィールド同士の代入
if文による条件分岐が不要となっている

```c
#include "iodefine.h"

void main(void)
{
    PU7 = 0x20;
    P1 = 0x80;
    PM1 = 0x7F;
    while( 1 )
        P1_bit.no7 = P7_bit.no5;
}
```

● もっと賢くビットフィールドを使おう！

　ビットフィールドは変数のように扱えるため，ビットフィールド同士で代入もできます．スイッチとLEDは共に負論理で，ON/OFFの関係が同じであるため，スイッチの値をそのままLEDに出力することもできます．**リスト15**にビットフィールド同士の代入に直したプログラムを示します．

　リスト14ではスイッチの値を if 文で判断し，その結果でLEDをON/OFFしましたが，**リスト15**の9行目のようにスイッチの値をそのままLEDに代入します．ビットフィールドが1つの変数のように扱えるからため，ビットごとの論理演算子も if 文も必要ありません．これでスイッチがONならLEDもON，スイッチがOFFならLEDもOFFとなります．

　ここではスイッチとLEDが共に負論理であったため，両者を代入でつなげましたが，どちらかが負論理もしくはどちらかが正論理だったら，1の補数（反転）の演算子「~」（チルダ）を使います．「P1_bit.no7 = ~P7_bit.no5;」とすれば，正/負論理の違いを吸収できます．

④ ビットフィールドの移植性

　周辺機能を操作する場合は大変便利なビットフィールドですが，C言語の文法上は大変あいまいなもので**移植性はありません**．

● ビットを確保する方向

　文法では，フィールドに宣言したビットが最下位ビットのLSBの右側から確保されるか，最上位ビットのMSBの左側から確保されるか決まっていません．RL78と同じようにLSBの右側から確保されるのではなく，MSBの左側から確保するマイコンも多くあり，コンパイラ・オプションで切り替える場合もあります．

● 型は int 系のみ

　文法では，フィールドを宣言する際に使える型は int，signed int，unsigned int の3つとなっています．RL78のコンパイラが許している unsigned char 型は，特別に文法を拡張したものです．使用する際はコンパイラのマニュアルを見て使用可能な整数型の確認が必要です．

● 符号の取り扱いは省略しないほうが良い

　char 型を除き，単純な整数型の場合，符号指定の singed/unsigned を省略すると符号付きの signed として扱われます．

　一方フィールドの宣言を行う際の符号指定の省略は，signed とは規定されておらず，コンパイラ依存となっています．フィールドを宣言する際は，必ず signed/unsigned を指定すべき

です．ビットフィールドを周辺機能の制御に使う場合は，必然的にunsignedの指定となります．

● 型のサイズを超えるビット数

　フィールドに宣言したビット数の合計は，フィールドの宣言に使った型のサイズを超えないようにします．

　フィールドの型がunsigned charなのにビット幅の合計が8ビットを超えているなどの場合です．特にフィールドの区切れをまたぐような宣言は，取り扱いが難しくなります．コンパイラ依存の結果になるため，絶対に超えてはいけません．

5 ビットフィールドの性能

　ビットごとの論理演算子よりも極端に性能が悪い場合は，便利であっても使用可否の検討が必要です．そこでリスト16にコメントでコンパイル結果を埋め込んだリストを示します．アセンブラの命令数や機械語の長さに注目してみます．

　ここではわずか2命令で完結していて，機械語の長さも短くなります．RL78では問題ありませんが，それはすべてのマイコンにおいて，共通に言えるとはかぎりません．

リスト16　ビットフィールドのコンパイル結果
アセンブラの命令数や機械語の長さが短い

```
 1  #include "iodefine.h"
 2
 3  void main(void)
 4  {
 5      PU7 = 0x20;
 6      P1 = 0x80;
 7      PM1 = 0x7F;
 8      while( 1 )
 9          P1_bit.no7 = P7_bit.no5;
    // 機械語            命令
    // 715407         mov1   CY, 0xFFF07.5
    // 717101         mov1   0xFFF01.7, CY
10  }
```

● ビット操作命令の存在

　マイコンの中には特定のビットだけが扱えるビット操作命令を持つものがあります．RL78も1ビットの操作命令をいくつか持っています．リスト16で使われている命令もビット操作命令です．RL78は1ビット幅のビットフィールドを使った記述が得意です．

すべてのマイコンがビット操作命令を持っているわけではありません．ビット操作命令を持っていない場合，ビットフィールドによるビット操作は AND や OR の論理演算命令に展開されます．したがって，ビットごとの論理演算に比べて極端にビットフィールドが劣るということはなく，同等くらいの性能が期待できます．

● 変数との演算は確認が必要

ビットフィールドに対しては，**リスト 14** に示すように必ず定数値と演算を行います．変数と演算を行ってはいけません．**リスト 15** のようなビットフィールド同士の代入も同じです．RL78 のように効率の良い命令に展開されることは極めてまれです．RL78 でも正／負論理が異なる反転代入の場合は，**リスト 17** に示すように効率がよい命令には展開されません．

リスト17　反転代入のコンパイル結果

```
 1  #include "iodefine.h"
 2
 3  void main(void)
 4  {
 5      PU7 = 0x20;
 6      P1 = 0x80;
 7      PM1 = 0x7F;
 8      while( 1 )
 9          P1_bit.no7 = ~P7_bit.no5;
    // 機械語           命令
    // 8D07      mov    a, !0xFFF07
    // 71DC      mov1   CY, a.5
    // 8D01      mov    a, !0xFFF01
    // 71F9      mov1   a.7, CY
    // 7C80      xor    a, #0x80
    // 9D01      mov    !0xFFF01, a
10  }
```

● できるだけ結果は確認しよう！

ビットフィールドのコンパイル結果はときどき極端にひどいことがあります．時間に余裕があれば，コンパイル結果を確認することをお勧めします．

ここではビットフィールドをポートのレジスタに使用しましたが，RL78 であれば問題なくビットフィールド（ビット操作命令）が利用可能です．ただし，ほかの内蔵周辺機能も同じであるとは限らず，一部のレジスタにはビット操作命令が禁止のものもあれば，逆にビット操作命令でなければならないレジスタもあります．

<鹿取 祐二>

演習問題 A

■ 周辺機能操作の書き方の確認
※ 解答は巻末にあります．

[演習問題 1]

以下のような宣言があった場合，演算実行後の変数aの値を求めなさい．

```
int a=1, b=2, c=3, d=4;
a += b = c + 5 * d;
```

[演習問題 2]

以下のような式がある．コンパイル・エラーにならないためには，どの変数がint型，またint型を指すポインタ型であればよいか．おのおの答えなさい．

```
* a = * b * c;
```

[演習問題 3]

ポート5のポート・モード・レジスタ(PM5：0xFFF25番地)，ポート・レジスタ(P5：0xFFF05番地)のマクロ定義を記述しなさい．

[演習問題 4]

以下の処理と同じ処理を，P1のマクロ定義とビットごとの論理演算子を使って記述しなさい．

```
P1_bit.no7 = 0;
P1_bit.no7 = 1;
```

<鹿取 祐二>

第8章

処理を一時中断！違う処理を行う！元の処理に戻る！

割り込み処理の書き方

　C言語の「純粋な文法」では記述できない組み込み系特有の処理，それは「割り込み」です．

　もともとC言語には割り込みという文法がありません．しかも割り込みはマイコンに依存した部分が多く，特定の言語で仕様を共通化することも困難です．

　しかし，「組み込み系システムで割り込みを使わないものは存在しない」と言っても過言ではなく，割り込みは必須な機能です．「純粋な文法」では無理でも，どうにかして記述しなければなりません．

　そこで開発環境に依存しますが「特殊な文法」で記述する方法を紹介します．割り込みの発生には，インターバル・タイマを使います．インターバル・タイマから割り込みを発生させ，それをCPUで受け付けて，割り込み処理の中でLEDを点滅させます．

[1] インターバル・タイマ

1 正確な時間の計測

　組み込み系システムにおいて正確な時間の計測は必須機能です．人間が慣れ親しんだ時計処理はもちろん，指定した時間の待ち，周期的なパルスの出力，入力パルス幅の測定などいたるところで正確な時間の計測が必要となります．これら時間の管理には周辺機能の1つであるタイマが使われます．

　もちろんタイマを使うまでもなく，CPUで時間管理を行うこともできます．for文やwhile文など繰り返し文に使われる命令を調べ，その命令の実行ステート数（命令を実行するのに必要なクロック数）とCPUの動作速度を乗算すればおのずと正確な時間を割り出すことができます．

　ただしそれでは時間の計測を行っている間，CPUはほかの作業ができません．時間の管理はタイマに任せ，必要なときにだけCPUが応答するほうが効率的です．

● タイマの代表的な3つの機能

　図1に示すようなマイコンに内蔵されているタイマには代表的な3つの機能があります（図1）．

① 正確な時間の計測

　正確な時間を計測するタイマの基本機能です．

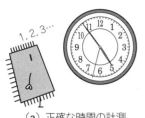 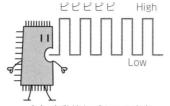 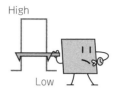

（a）正確な時間の計測　　　　（b）自動的なパルスの出力　　　（c）入力パルス幅の測定

図1　タイマには3つの機能がある

② 自動的なパルスの出力

指定された時間ごとに特定の端子をHighやLowに変化させてパルスを出力する機能です．パルスを出力できれば音を鳴らしたり，モータを回転させたり，いろいろな機器を動かせます．

③ 入力パルス幅の測定

入力パルスがHighからLow，LowからHighに変化したときのカウンタ値からパルス幅の時間を測定する入力機能です．物の速度や移動距離を測るのに利用されます．

どれもカウント・アップやカウント・ダウンを行うカウンタが中心になって構成されています．ここでは最も基本的な機能である①正確な時間の計測を中心にタイマを取り扱います．

● インターバル・タイマ

RL78/G14の場合，正確な時間が計測できるタイマは何種類かあり，一番簡単なタイマはインターバル・タイマです．**図2**にインターバル・タイマの構造を示します．

インターバル・タイマは，カウントアップを行う12ビットのカウンタとそれを制御する3つのレジスタで構成されています．**図3**にインターバル・タイマの3つのレジスタを示します．

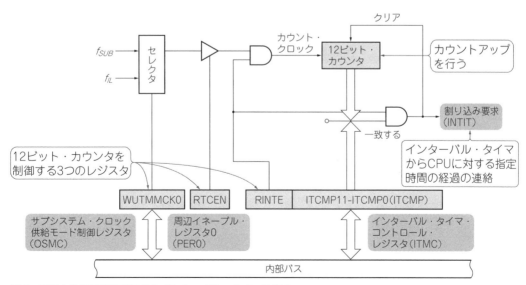

図2　正確な時間の計測ができるインターバル・タイマの構成
カウントアップを行う12ビットのカウンタとそれを制御する3つのレジスタがある

(a) クロックの種類を選ぶ

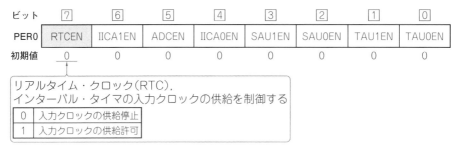

(b) クロックの供給の停止/許可を出す

(c) 12ビット・カウンタの値と比較を行うコンペア値とカウンタの動作開始/停止を制御する

図3　インターバル・タイマのレジスタ

● インターバル・タイマを制御する3つのレジスタ

(1) 供給するクロックを選択するビット【図3(a)】

　サブシステム・クロック供給モード制御レジスタ(OSMC)の4ビット目であるWUTMMCK0は，インターバル・タイマに供給するクロックを選択するビットです．サブシステム・クロック(f_{SUB})か低速オンチップ・オシレータ・クロック(f_{IL})のどちらかを選択できます．

(2) タイマへの入力クロックを制御するビット【図3(b)】

　周辺イネーブル・レジスタ0(PER0)の7ビット目，RTCENはインターバル・タイマへの入力クロックを制御するビットです．リセット時，図3(a)のようにOSMCレジスタのWUTMMCK0ビットで選択しているクロックはインターバル・タイマに供給されていません．使用するときは，目的のビットを"1"にしてクロック供給を許可します．

(3) コンペア値との比較やカウンタの動作開始/停止を制御するビット【図3(c)】

　インターバル・タイマ・コントロール・レジスタ(ITMC)は，12ビット・カウンタと比較を

行うコンペア値と，カウンタの動作開始／停止を制御するビットを兼ね備えたレジスタです．11〜0ビット目のITCMPがコンペア値を設定するビット，15ビット目のRINTEがカウンタの動作開始／停止を制御するビットです．

● 時計の基準時刻となるインターバル・タイマの動作

図4にインターバル・タイマの動作を示します．クロックが供給されている状態でITMCレジスタのRINTEビットを"1"にすると，供給されているクロックの立ち上がりエッジに合わせて12ビット・カウンタがカウントアップします．12ビット・カウンタの値が一般的な時計における現在時刻です．

12ビット・カウンタの値とITMCレジスタのITCMPビットに設定したコンペア値が一致すると，12ビット・カウンタは0に戻り再びカウントアップします．ITCMPビットに設定するコンペア値が一般的な時計における目覚ましの時刻です．知りたい時刻に対応したコンペア値をITCMPビットに設定しておけば，その周期で12ビット・カウンタは0に戻ります．

RINTEビットを"0"にすれば12ビット・カウンタはカウントアップを停止し，強制的に0に戻ります．

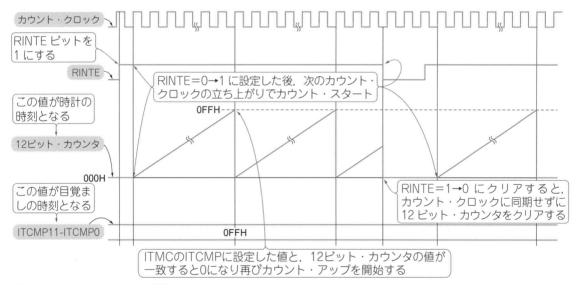

図4 インターバル・タイマの動作

● 指定時間の経過を知らせる割り込み要求

12ビット・カウンタが0に戻るとき，図2の右側に示すINTITの割り込み要求が発生します．これがインターバル・タイマからCPUに対する指定時間の経過の連絡です．CPUではこのINTIT割り込み要求の発生を監視します．

● 割り込み要求の発生はレジスタで確認可能

　内蔵周辺機能から発生する割り込み要求は，割り込み要求フラグ・レジスタで確認できます．RL78/G14 の場合，割り込み要求フラグ・レジスタは全部で6個あります．その中の IF1H で INTIT 割り込み要求の発生が確認できます．

　図5に IF1H の割り込み要求フラグ・レジスタを示します．このレジスタの2ビット目にある ITIF が目的のフラグです．12ビット・カウンタが ITCMP のコンペア値（ITCMP）と一致して0に戻ると ITIF は "1" になります．

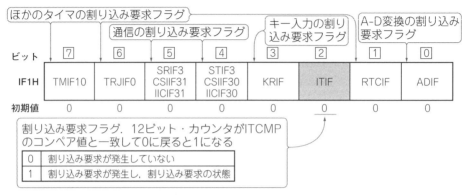

図5　IF1H割り込み要求フラグ・レジスタ
内蔵周辺機能から発生する割り込み要求が確認できる

● コンペア値（周期）の計算

　インターバル・タイマを使うにあたり，理解すべき項目は ITMC の ITCMP に設定するコンペア値と周期の計算です．

　供給クロックとして低速オンチップ・オシレータ・クロックを使用した場合，カウントアップの速度は 15kHz です．この速度で何カウント数えれば何 ms になるのかを計算してみます．

▶ 時間は 273ms まで

コラム1　レジスタ名やビット名は元の単語を意識して覚える

　割り込み関係のレジスタやビットがたくさん出てきます．その名前を何の予備知識もないまま見ても，なかなか覚えられるものではありません．そこで覚えやすいちょっとしたヒントをお知らせしておきます．

　レジスタ名やビット名は単語の略語で構成されています．したがって元の単語を意識するとよいでしょう．ひんぱんに登場するものは Interval Timer の「IT」，Interrupt の「I」や「INT」，Flag の「F」，MasK の「MK」などです．そう考えれば INTIT（INT+IT）や ITIF（IT+I+F）などは，すぐにわかるでしょう．

<鹿取 祐二>

ITMCレジスタのITCMPビットはカウンタと同じ12ビットです．12ビットの最大値は4095になります．時間に直せば4095÷15kHz (typ.) ＝ 273msです．これ以上に長い時間は設定できません．

▶ 計算値から1を減算して設定する

12ビット・カウンタとITMCレジスタのITCMPビットの一致比較は，一致した後の次の入力クロック（次の立ち上がりエッジ）で行われるため，設定したコンペア値より1カウント分，多くカウントされます．コンペア値が1ならば2カウント，2ならば3カウント…が実際の周期になります．コンペア値は計算した値から1を減算した値に設定する必要があります．

2 インターバル・タイマの使用例

LEDを一定周期で点滅させるプログラムにインターバル・タイマを使います．

● インターバル・タイマのレジスタ操作

RL78の場合，ビットフィールドによるビット操作ができるかは，ハードウェア・マニュアルに記載されたレジスタ構造でわかります．**図3(b)** のPER0レジスタのRTCENビットや**図5**のIF1HレジスタのITIFビットのレジスタ構造の中で□の記号が付いているビットは，ビットフィールドによるビット操作ができることを意味しています．それ以外は操作できないため，OSMCやITMCはレジスタ全体で操作します．

● ヘッダ・ファイルでの扱い

リスト1にヘッダ・ファイルの`iodefine.h`に記述されているインターバル・タイマ関係の宣言の抜粋を示します．

1行目から4行目はポートのマクロ定義です．3行目のITMCの定義ではレジスタのサイズが16ビットのため`unsigned short`型が使われています．6行目から16行目がビット操作用の宣言です．最後の2行はマクロ名でわかるように，レジスタのビット名を定義しています．

● ビットフィールドを指すポインタからビット名を指定する3つの方法

ビットの指定方法は全部で3種類あります．

▶ ビットフィールドの変数名からビット名を指定する方法

ビットフィールドの変数名からビット名を指定する方法は「**.**」を使います．

①ビットフィールドの変数名**.**ビット名

▶ ビットフィールドを指すポインタからビット名を指定する方法

ビットフィールドを指すポインタからビット名を指定する方法は，下記の2つがあります．

リスト1　インターバル・タイマ関係の定義（抜粋）

```
1   #define PER0  (*(volatile __near unsigned char  *)0xF0)
2   #define OSMC  (*(volatile __near unsigned char  *)0xF3)
3   #define ITMC  (*(volatile __near unsigned short *)0xFF90)
4   #define IF1H  (*(volatile __near unsigned char  *)0xFFE3)
5
6   typedef struct
7   {
8       unsigned char no0:1;
9       unsigned char no1:1;
10      unsigned char no2:1;
11      unsigned char no3:1;
12      unsigned char no4:1;
13      unsigned char no5:1;
14      unsigned char no6:1;
15      unsigned char no7:1;
16  } __bitf_T;
17
18  #define RTCEN (((volatile __near __bitf_T *)0xF0)->no7)
19  #define ITIF  (((volatile __near __bitf_T *)0xFFE3)->no2)
```

- レジスタのサイズが16ビットなのでこの型
- レジスタのマクロ定義
- ビット操作用の宣言
- レジスタのビット名を定義

1つはビットフィールドのポインタの前に「*」を付けて，その全体を「( )」で囲ってから「.」でビット名を指定します．ポートをビットフィールドで操作した例ではこの方法を使っています．

②(*ビットフィールドのポインタ).ビット名

今回のインターバル・タイマで使われているもう1つの方法は，ビットフィールドのポインタとビット名を「->」のアロー演算子でつなぐ方法です．先ほどの「*」の代わりが「->」であると考えればよいでしょう．

③ビットフィールドのポインタ->ビット名

「*」と「.」を使った方法も，「->」を使った方法も性能は同じです．良しあしはありませんが一般的には「->」のアロー演算子のほうが多く利用されています．本来ならどちらかに統一すべきなのですが，ヘッダ・ファイルではポートとほかの周辺機能で使い分けています．RL78では，ハードウェア・マニュアル上で□の付いたビットに対しては，ビット名で操作ができるように配慮されています．

● 一定間隔でLEDを点滅させる

インターバル・タイマを用いて，LEDを一定間隔で点滅させてみます．

インターバル・タイマへの供給クロックは，15kHzの低速オンチップ・オシレータ・クロックを使用します．273msが最大の周期なので，ここでは切りの良い250msの間隔で点滅させてみます．点灯/消灯で500msなので1秒間に2回点滅することになります．リスト2にプログラムを示します．

リスト2　LEDを点滅させるインターバル・タイマの使用例

```
 1   #include "iodefine.h"
 2   
 3   void main(void)
 4   {
 5       PM1 = 0x7F;
 6       OSMC |= 0x10;         ← 供給クロックの選択を行う
 7       RTCEN = 1;            ← クロックの供給を開始
 8       ITMC = 0x8000 + 15000/4-1;   ← ITCMPビットのコンペア値
 9       while( 1 )  {                ← カウントアップの開始
10           while( !ITIF )
11               ;                    ← ITIFビットがゼロと等しい間，何もしない
12           ITIF = 0;                  処理を繰り返し，250msの経過を待つ
13           P1 ^= 0x80;           ← ITIFビットを0にクリアする
14       }
15   }                         ← ポート1の7ビット目だけ反転する
```

▶ インターバル・タイマの初期化の記述

5行目までのポート1の初期化はこれまでと同じです．6～8行目のインターバル・タイマの初期化では，6行目のOSMCレジスタの設定で供給クロックを選択します．OSMCはビットでの操作が許されないレジスタなので，ビットごとの論理演算子を使います．4ビット目のWUTMMCK0ビットを"1"にして，低速オンチップ・オシレータ・クロックを選択します．選択した後は7行目でPER0レジスタのRTCENビットを"1"にしてクロックの供給を開始します．

あとは8行目のITMCレジスタの設定だけです．RINTEビットとITCMPビットは同時に設定してもかまいません．クロックは15kHzなので15,000カウントで1秒です．250msはその1/4なのでITCMPビットのコンペア値は「15000/4 − 1」となります．計算結果の「3749」と記述してもよいのですが，設定値の意味がわかるように記述しました．

コンペア値の設定と一緒にRINTEビットも"1"にしてカウントアップも開始します．RINTEビットはITMCレジスタの15ビット目なので開始するための設定値を16進数で記述すると0x8000です．そこで，ITMCレジスタへの設定値を「0x8000 + 15000/4-1」と記述しています．定数値だけの計算式は，コンパイラが翻訳時に単一の数値に変換します．CPUの命令で計算するのではないので，性能は劣化しません．

▶ 無限ループの記述

インターバル・タイマの初期化のあとで，IF1HレジスタのITIFビットで250msの経過を確認し，LEDを点滅させる処理を無限に続けます．

10行目のwhile文でITIFを調べます．「!」は「== 0」と比較した内容と同じで，10行目は「while(ITIF == 0)」と記述することもできます．ITIFビットが"0"と等しい間，11行目の「;」

の空文で何もしない処理を繰り返し，250msの経過を待ちます．250msが経過してITIFビットが"1"になったら10行目のwhile文を終了します．12行目でITIFビットを"0"にクリアした後，13行目でLEDが接続されているポート1の7ビット目だけを反転します．

ビットごとの論理演算子である「^」のXORを使い，"1"とXORを取って"0"なら"1"，"1"なら"0"に反転できます．7ビット目だけが"1"のビット・パターンを16進数に直せば0x80になり，「^=」の複合代入は「P1 = P1 ^ 0x80;」と同じ意味です．これでLEDが接続されているポート1の7ビット目だけが反転します．

[2] 割り込み要求が受け付けられるまでの流れ

リスト2に示したプログラムでは，常に指定した時間の経過をIF1HレジスタのITIFビットで調べることになり，CPUはほかの作業を行うことができません．そこで時間の経過を「割り込み」を使ってCPUに連絡します．

割り込みはすべてのマイコンが持っている機能です．マイコンによって細かい部分は異なりますが，大まかな構成はほぼ同じです．

1 緊急的な作業には割り込みを使う

割り込みを簡単に言えば，CPUに対する緊急的な連絡です．連絡を受けたCPUはいったん今行っている処理を中断し，受け付けた連絡に対応した処理を実施します．緊急の処理が終了すれば，中断した処理に戻ります．人間社会にたとえると，電話が鳴ったら資料作成を中断して受話器を取ったり，電子レンジがチンと鳴ったら野菜を切るのを止めてスープを取り出したりする作業と同じです．現在行っている作業よりも優先度の高い処理を行う行為が割り込みです．

● 割り込み要求の流れ

割り込み要求がCPUに伝わるまでの簡略化した流れを**図6**に示します．

▶ 割り込み要求フラグ

インターバル・タイマに限らず，内蔵周辺機能からCPUへの連絡はIF1HレジスタのITIFビットと同じように割り込み要求フラグが準備されています．A-D変換が終了したときや通信でデータを受信したときに"1"になるフラグなどがあります．割り込み要求フラグが集まっているレジスタは，IF0L，IF0H，IF1L，IF1H，IF2L，IF2Hと全部で6個あります．使っていないフラグもありますが，単純計算で8ビット×6個＝48個の割り込み要求フラグが存在します．

図5に示したIF1Hの場合，7ビット目，6ビット目，1ビット目はほかのタイマ，5ビット目

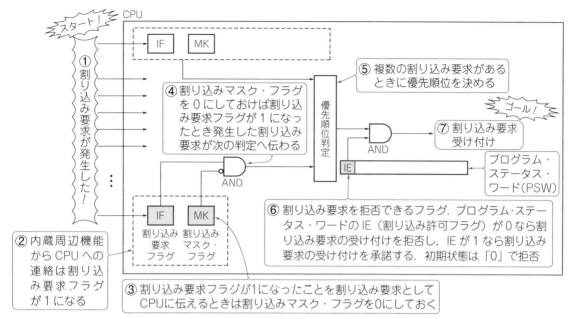

図6 割り込み要求の流れ

と4ビット目は通信，3ビット目はキー入力，0ビット目はA-D変換の割り込み要求フラグとなっています．

▶ 割り込みマスク・フラグ

割り込み要求フラグが"1"になった際，そのことを「割り込み要求」としてCPUに伝えたいのであれば，割り込みマスク・フラグを"0"にしておきます．割り込み要求フラグには，それに対応した割り込み許可フラグが必ず1対1で存在します．図7にIF1HレジスタのITIFビットに対応した割り込みマスク・フラグがあるMK1Hレジスタを示します．

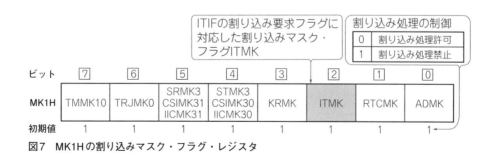

図7 MK1Hの割り込みマスク・フラグ・レジスタ

IF1HレジスタのITIF割り込み要求フラグに対応した割り込みマスク・フラグはMK1Hの2ビット目にあるITMKビットです．図5と見比べてみると，IF** の割り込み要求フラグはMK** の割り込みマスク・フラグと同じ番号，同じビット位置，** は同じ名称が対応しています．割り込みマスク・フラグ・レジスタもMK0L，MK0H，MK1L，MK1H，MK2L，MK2Hと全部で6

個あります．割り込みマスク・フラグを"0"にしておくと，割り込み要求フラグが"1"になったとき，発生した割り込み要求が次の判定へと伝わります．

上記の説明では図6の左側のAND回路の部分になります．ANDの入力信号はIFの割り込み要求フラグとMKの割り込みマスク・フラグにつながっています．MKのほうはAND回路の入力部分に負論理であることを示す○が付いています．○のあるMKは"0"がアクティブ，○のないIFは"1"がアクティブという意味になります．割り込み要求がAND回路を通過するためには，IFは"1"，MKは"0"でなければなりません．

● 複数の割り込み要求の順番を決める優先順位判定

割り込み要求フラグと割り込みマスク・フラグのAND回路を通過した割り込み要求は，次の優先順位判定に入ります．複数の割り込み要求が同時に発生した場合，その順番があらかじめ決められています．詳細は「複数の割り込み要求はベクタ・テーブルの上段から処理される」の項で説明します．

● 割り込み全体の禁止／許可フラグ

CPUには優先順位判定を通過した割り込み要求の，拒否権限があります．拒否権限はプログラム・ステータス・ワード(PSW)のIE(割り込み許可フラグ)により設定できます．図6に示したように，優先順位判定を通過した割り込み要求は右側のAND回路につながり，もう1つの入力信号がプログラム・ステータス・ワードのIEにつながっています．入力信号には負論理を示す○がないので両方とも正論理です．IEが"0"の場合，割り込み要求の受け付けを拒否した割り込み禁止の状態になります．逆にIEが"1"の場合，割り込み要求の受け付けを承諾した割り込み許可の状態になります．リセット直後のIEは"0"の割り込み禁止状態になっているため，割り込み要求をCPUに伝えるためには，IEを"1"に変更します．

● RL78マイコンでは特別な関数を準備している

IE(割り込み許可フラグ)が存在するプログラム・ステータス・ワード(PSW)はCPU内部レジスタです．CPU内部レジスタは周辺機能のレジスタと違って番地がなく，ポインタを使ったC言語の純粋な文法では操作できません．

一般的に割り込みの禁止／許可は特別な関数として準備されています．開発環境CS+では**書式1**に示す「＿＿EI」と「＿＿DI」の関数でプログラム・ステータス・ワードのIEフラグの操作ができます．

【書式1】プログラム・ステータス・ワードのIEフラグの操作

```
__EI( );    // IEを"1"とし，割り込みを許可
__DI( );    // IEを"0"とし，割り込みを禁止
```

__EI 関数はプログラム・ステータス・ワードの IE フラグを"1"とし，割り込みを許可します．一方 __DI 関数は，プログラム・ステータス・ワードの IE フラグを"0"として割り込みを禁止します．

● 割り込みを利用したタイマの初期化

割り込みを利用したインターバル・タイマの初期化のプログラムを**リスト3**に示します．無限ループ前の5行目から8行目を割り込みが発生するように**リスト2**を改良したプログラムになります．

リスト3　割り込みを利用した初期化

```
 1  #include "iodefine.h"
 2
 3  void main(void)
 4  {
 5      PM1 = 0x7F;
 6      OSMC |= 0x10;
 7      RTCEN = 1;
 8      ITMK = 0;       ← 割り込みマスク・フラグを0にする
 9      ITMC = 0x8000 + 15000/4-1;
10      __EI( );        ← PSWのIEフラグを1にする
11      while( 1 )  {   ← 無限ループにした
12      }
13  }
```

すでにコンペア値との一致で，割り込み要求フラグの ITIF が"1"になる設定はされています．8行目に ITMK の割り込みマスク・フラグを"0"にして，10行目に __EI 関数でプログラム・ステータス・ワードの IE フラグを"1"に設定します．

初期化が完了したあとは，main 関数の処理にかかわらず，コンペア値の時間が経過すれば INTIT の割り込み要求が発生し，自動的に緊急的な処理（割り込み処理）が実行されます．ここでは，特に main 関数内で実施する処理はせず while 文で無限ループとしています．

[3] 割り込み要求が受け付けられた後の流れ

ここでは CPU 内部レジスタなど，もう少しマイコンの詳細を解説し，割り込み要求が受け付けられた後の流れを説明します．

1 RL78マイコンのCPU内部レジスタ

図8にRL78マイコンのCPU内部レジスタを示します．CPU内部レジスタは大別すると制御レジスタと汎用レジスタに分かれます．制御レジスタはCPUの命令実行状態を管理し，汎用レジスタは数値計算やアドレス計算に利用されます．

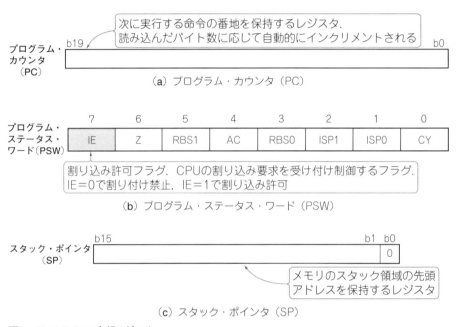

図8 RL78のCPU内部レジスタ

● 制御レジスタ

プログラム・カウンタ（PC）は次に実行する命令の番地を保持するレジスタです［図8(a)］．通常動作時には読み込んだ命令のバイト数に応じて自動的にインクリメントされます．

プログラム・ステータス・ワード（PSW）は命令の実行によってセット／リセットされる各種フラグで構成されたレジスタです［図8(b)］．

スタック・ポインタ（SP）はメモリのスタック領域の先頭アドレスを保持するレジスタです［図8(c)］．

● 汎用レジスタ

汎用レジスタは数値計算やアドレス計算など，さまざまな命令で使用されます．RL78マイコンの汎用レジスタは，8ビットのレジスタ（X，A，C，B，E，D，L，H）として使用できるほか，8ビットのレジスタをペアとして16ビットのレジスタ（AX，BC，DE，HL）としても使用できます（図9）．

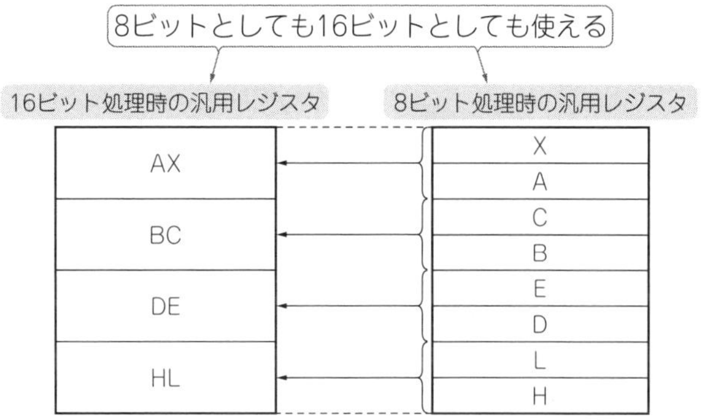

**図9
汎用レジスタ**
8ビットのレジスタを2個くっつけて
16ビットとしても使える

16ビット処理時の汎用レジスタ：AX, BC, DE, HL
8ビット処理時の汎用レジスタ：X, A, C, B, E, D, L, H
8ビットとしても16ビットとしても使える

● 一時的なデータの格納場所「スタック領域」

　スタック・ポインタの説明で登場した「スタック領域」は，どのマイコンにも存在するもので，CPUが一時的なデータの格納に利用するRAM領域です．

▶ スタック領域に格納されるもの

　C言語のプログラムは複数の関数で構成されることが多く，図10の左側に示すようにmain関数からほかの関数を呼び出しながらシステムに与えられた機能を実行します．このC言語の関数はアセンブリ言語ではサブルーチンと呼ばれます．また関数呼び出しをRL78マイコンのアセンブリ言語の命令に置き換えると，呼び出し命令はCALL命令，呼び出し元へ戻る命令はRET命令となります．

　図10(a)ではmain関数からsub関数を2回呼び出していますが，それぞれ呼び出した場所に戻っています．これはCALL命令で指定の関数に分岐する際，スタック領域に戻り番地を格納しているからです．戻り番地とは実行したCALL命令の次の命令の番地，言い換えればプログラム・カウンタの値です．プログラム・カウンタは次に実行する命令の番地を保持しています．図10(b)が示すとおり1回目の呼び出しの際，スタック・ポインタが指すスタック領域には1003番地が格納されます．一方，2回目の呼び出しの際スタック領域には1027番地が格納されます．RET命令はこのスタック領域に格納されている番地に戻ります．

コラム2　RL78マイコンのCPU内部レジスタには番地が存在する

　CPU内部レジスタは番地がなくC言語では操作できないと説明しましたが，RL78マイコンの汎用レジスタはこの限りではありません．RL78マイコンは内蔵RAMの一部の領域を汎用レジスタとして割り当てていて番地が存在します（S1コアを除く）．番地があるのでC言語での操作も可能です．RL78以外のマイコンにも同じような構造のものが存在しますが，あくまでも特別な構造であると考えてください．一般的なマイコンではプログラム・ステータス・ワード（PSW）のように，CPU内部レジスタはC言語では操作できないと考えたほうがよいでしょう．＜鹿取　祐二＞

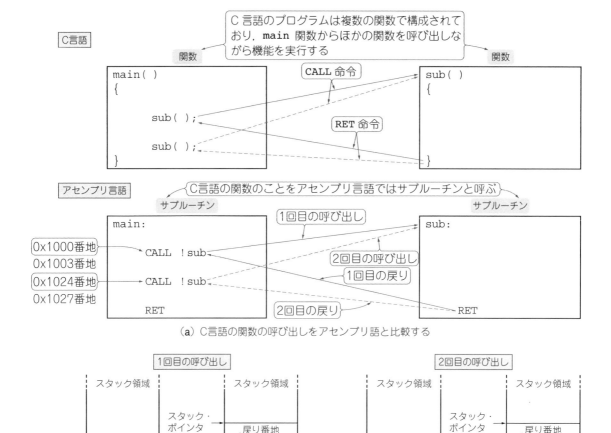

図10 関数呼び出し命令とスタック領域の動作

● スタック領域はスタック・ポインタで操作される

　関数からの戻り番地など，一時的な記憶場所にはスタック領域が使われます．スタック領域はCPU内部レジスタのスタック・ポインタで操作されます．CALL命令やRET命令はスタック・ポインタの指すスタック領域に対して自動的に戻り番地を書き込んだり読み込んだりしながらプログラムの実行を制御します．またスタック領域に対してデータの書き込み／読み込みをすると，スタック・ポインタは自動的に指す場所を変更するために上下動する仕組みになっています．

2 割り込み要求が受け付けられた後の流れ

　割り込み要求が受け付けられた後の流れを**図11**に示します．
　割り込み要求を受け付けたCPUは，①現在実行中のプログラムを中断し，②割り込み要求に

対応した割り込みプログラムを実行します．また，③その割り込みプログラムが終了すれば，④実行を中断した元のプログラムに戻ります．

関数を呼び出したときの動作と似ていますが，細かい点で大きな違いがあります．

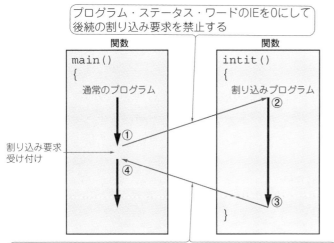

(a) 割り込み要求の開始から終了まで　　(b) 通常プログラムで設定していた値を破壊しないようにスタック領域にプログラム・カウンタとプログラム・ステータス・ワードを退避させる

図11　割り込み要求が受け付けられた後の流れ

● スタック領域に積まれる情報

　関数呼び出しの際，スタック領域に積まれる情報は戻り番地だけですが，割り込みは違います．割り込み要求の場合，割り込み受け付け時にスタック領域に積まれる情報は戻り番地，言わばプログラム・カウンタの値だけでなくプログラム・ステータス・ワードの値も格納します．その理由はプログラム・ステータス・ワードのIEを"0"とし，後続の割り込み要求を禁止し，実行中のプログラムの状態を保つようにするためです．プログラム・ステータス・ワードの値を変更するため，変更前の状態をスタック領域に退避しておきます．

● 汎用レジスタは自由に使えない

　割り込みプログラムは自身の使用する汎用レジスタを無条件で保証しなければなりません．割り込みを受け付ける前は，通常のプログラムが汎用レジスタを使って動作しています．もし勝手に使って設定されていた値を破壊してしまうと，割り込みが終了して通常のプログラムに復帰した際に正しく動作しません．

　使用する前にスタック領域へ退避し，処理が完了したら割り込みプログラムを終了する前にスタック領域から元の値を復帰します．

● 割り込みプログラムからの復帰は特別命令

　割り込みプログラムを終了して通常のプログラムに復帰する命令は，関数呼び出しのときに使うRET命令ではありません．RET命令はスタック領域に格納されている戻り番地をプログラム・カウンタに復帰するのみであり，プログラム・ステータス・ワードの復帰は行いません．

　割り込み受け付け時，プログラム・ステータス・ワードのIEは"0"の割り込み禁止状態となって，後続の割り込み要求を禁止しています．プログラム・ステータス・ワードを復帰しないと後続の割り込みが受け付けられません．

　割り込み処理終了後，再び割り込みを受け付けられる状態にするためには，プログラム・カウンタと一緒にプログラム・ステータス・ワードも復帰するRETI命令を使います．

3 割り込みプログラムに要求される事項

　割り込みプログラムに要求される事項は次の2つです．
　　① 汎用レジスタは割り込み前の値を保証すること
　　② 終了命令は割り込み専用の命令を使用すること
　問題は2つの要求事項をコンパイラが守ってくれるかどうかです．

● 要求事項はコンパイラに委ねる

　「2 割り込み要求が受け付けられた後の流れ」の説明は，RL78マイコンの動作を説明したものであり，開発言語は特に意識していません．割り込み要求に対応したプログラムの呼び名も「割り込みプログラム」という言葉を使いました．しかし，本書では開発言語をC言語に限定しており，「割り込みプログラム」はC言語の関数として記述しなければなりません．関数として記述するのであれば，関数内で使用する汎用レジスタや関数の最後の命令はコンパイラが決定します．アセンブリ言語のようにプログラマが汎用レジスタや命令を自由に決めてよいわけではなく，割り込みプログラムの要求事項はコンパイラに委ねることになります．

● C言語の純粋な文法では守れない！

　関数として記述した割り込みプログラムが，2つの要求事項を守ってくれるのかを実際のコンパイル結果で確認します．これ以降は「割り込みプログラム」という名称をC言語を意識して「割り込み関数」と呼ぶことにします．

　リスト4にINTIT割り込み要求に対応した関数とそのコンパイル結果を示します．関数名は何でもよかったのですが，intitとしました．必要な処理は7行目にあるLEDの反転（点灯/消灯）処理だけですが，これだけでは汎用レジスタを使用せずに処理が実現できてしまい，割り込み関数の要求事項を確認できません．本来は必要のない処理ですが，汎用レジスタを使わせるために

ポート1の値を大域変数であるp1に読み込む処理を8行目に追加しています.

リスト4 intit割り込み関数とコンパイラ結果

```
1   #include "iodefine.h"
2
3   unsigned char p1;
4
5   void intit(void)
    _intit:
6   {
7       P1 ^= 0x80;    ←[LEDの点灯/消灯]
            xor     0xFFF01, #0x80
8       p1 = P1;       ←[大域変数p1にポート1の値を読み込む]
            mov     a, 0xFFF01
            mov     !LOWW(_p1), a   ←[汎用レジスタが勝手に使われている]
9   }
            ret    ←[RET命令で終了している]
```

▶ 汎用レジスタの保証確認

8行目の処理の実現にa汎用レジスタが使われていますが,それの退避/復旧の命令が見当たりません.これではINTIT割り込みが発生すると,a汎用レジスタは破壊されてしまいます.汎用レジスタの保証はできません.

▶ 関数の終了命令の確認

RETI命令ではなく通常の関数の終了命令であるRET命令が使われています.これでは正しく割り込みを終了できません.

このように割り込み関数は純粋なC言語の文法では記述できません.これはRL78に限ったものではなく,すべてのマイコンに共通です.割り込みに対する規定がないC言語の純粋な文法では,割り込み関数の要求事項を守れません.

● 割り込み関数を作成する #pragma interrupt

組み込み系において割り込みは必須の機能なので,必ず開発環境に正しい割り込み関数を記述する方法が準備されています.CS+の場合,#pragma interruptの宣言により要求事項を守った割り込み関数の作成ができます.

【書式2】割り込み関数の宣言

`#pragma interrupt 関数名`

割り込み関数の宣言をリスト4の例に適用してみます(リスト5).リスト5にはコンパイル結果も示します.

リスト5　割り込み関数の宣言#pragma interruptの使用例

```
 1  #include "iodefine.h"
 2
 3  unsigned char p1;
 4
 5  #pragma interrupt intit   ← 割り込み関数の宣言
 6  void intit(void)
    _intit:
            push        ax    ← PUSH命令で汎用レジスタをスタック領域に退避
 7  {
 8      P1 ^= 0x80;
            xor         0xFFF01, #0x80
 9      p1 = P1;
            mov         a, 0xFFF01
            mov         !LOWW(_p1), a
10  }
            pop         ax    ← POP命令で汎用レジスタをスタック領域から復旧
            reti              ← RETI命令で割り込みを終了
```

　5行目に割り込み関数の宣言を追加しました．宣言の場所は，関数本体の定義よりも先にあれば，どこでもかまいません．これでコンパイラはintit関数を割り込み関数としてコンパイルします．その効果が7行目と10行目の中括弧の前後（関数の処理の前後）に生成されたPUSH命令とPOP命令です．これはオペランドに指定された汎用レジスタをスタック領域に退避/復旧する命令です．コンパイル結果ではaxが指定されているので，関数内で使用するa汎用レジスタの値を保証できます．a汎用レジスタだけでなく，x汎用レジスタを含めたax汎用レジスタを退避/復旧する理由はRL78マイコンの制約です．

　RL78マイコンにはスタック領域を偶数サイズで使用しなければならない制約があり，図9のCPU内部レジスタを見ると，a汎用レジスタだけでは1バイトの奇数サイズなので制約に違反します．そこでa汎用レジスタと対のx汎用レジスタも指定し，2バイトの偶数サイズで退避/復旧を行っています．関数の終了命令では，RETI命令が使われています．これなら正しく割り込みを終了できます．

● #pragma interrupt は組み込み共通？

　#pragma interruptの命令は「#」で始まっているのでプリプロセッサ命令です．ただし#pragmaに関係する文法はあるようでないようなものであり，コンパイラごとに自由な機能をインプリメントしてよいことになっています．

　ところが面白いことに割り込み関数の宣言はほとんどの開発環境が同じ仕様であり，RL78と同じく「#pragma interrupt 関数名」です．プリプロセッサ命令なのでC言語の文法に準拠し

た形式で割り込み関数が作成できるため，マイコン固有の記述には最適であることが理由だと考えられます．

4 割り込み要求フラグのクリア

　LEDの点滅を割り込み未使用で実現した**リスト2**と，割り込み使用で実現した**リスト3**，**リスト5**の組み合わせではITIFの割り込み要求フラグの取り扱いが異なっています．その違いは2つあります．

　1つ目は**リスト2**の10行目と11行目にあるITIFが"1"になるのを待つ処理です．割り込みを使用した場合この処理は不要です．ITIFが"1"になればINTIT割り込み要求が発生し，対応したintit割り込み関数が実行されます．割り込み発生のための条件なので，ITIFが"1"になるのを待つ処理は不要です．

● 割り込みならば自動でクリアされる

　2つ目は**リスト2**の12行目にあるITIFを"0"にクリアする処理が不要なことです．ただし1つ目の違いとは理由が異なります．ITIFを"0"にクリアしないまま割り込みを終了した場合，**図6**で示した割り込み要求の流れは変わりませんから，割り込み要求は出続けているはずです．

　しかし，intit割り込み関数の実行はインターバル・タイマの周期である250ms後となります．理由は割り込み要求がCPUに受け付けられると，その割り込み要求に対応したフラグは自動的にクリアされるからです．したがって割り込みを利用した場合，ITIFなどの割り込み要求フラグを"0"にクリアする処理は不要です．

　なお，この話はすべてのマイコンに共通ではありません．ハードウェアによって自動的にクリアされるものもあれば，ソフトウェアでクリアしなければならないものもあります．

---

[4] 割り込み要求と割り込み関数の関係

1 割り込み要求と割り込み関数の関連付け

● 固定番地方式とベクタ方式で関連付ける

　割り込み要求と割り込み関数を関連付ける方法は，**図12**に示すように2つあります．

▶ 固定番地方式

　割り込み要求ごとに割り込み関数を配置する番地を決定しておく方式です．32ビット以上の高性能なマイコンに多く採用されています．

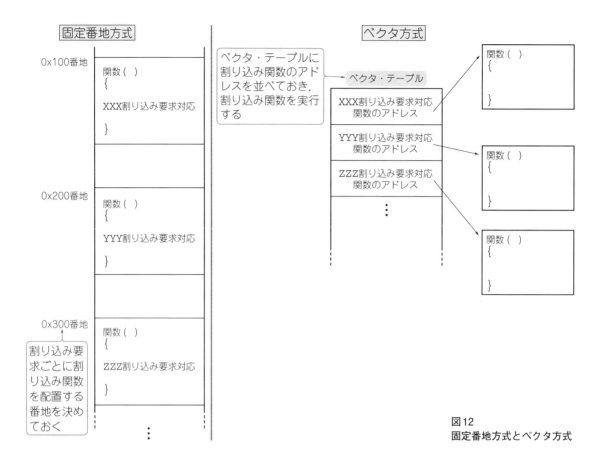

図12
固定番地方式とベクタ方式

▶ ベクタ方式

割り込み要求に対応した割り込み関数のアドレスをベクタと呼ばれるテーブルに並べておき，その情報に基づいて割り込み関数を実行する方式です．32ビット以下の小型のマイコンに多く採用されています．

▶ 方式の差異

ベクタ方式は割り込み要因に対応するプログラムをすぐに実行できるという特徴があります．固定番地方式はすべての要因に対して要求が発生し，受けたことを管理しやすいという特徴があります．つまり，どちらの方式が良くも悪くもないのです．

RL78マイコンはベクタ方式です．ベクタ・テーブル自体はメモリマップの上下，つまり番地の一番大きいほうか，一番小さいゼロ番地に配置されるかのどちらかです．

● RL78/G14マイコンのベクタ・テーブル

RL78マイコンではベクタ・テーブルをゼロ番地から配置します．RL78/G14マイコンのベクタ・テーブルを表1に示します．左側の2つの列が割り込み要求の名称とトリガ，つまり割り込み要求の発生元です．ハードウェア・マニュアルでは「割り込み要求」ではなく「割り込み要因」という言葉を使っていますが意味は同じです．

そして右側の列がベクタ・テーブル・アドレス，すなわち割り込み要求に対応した割り込み関数のアドレスを配置する番地です．INTIT割り込み要求であれば0038H（16進38番地）に割り込み関数のアドレスを配置することを意味しています．

ベクタ方式ではすべての割り込み要求に対して，割り込み関数のアドレスを配置する場所が決められています．割り込み受け付け時に，CPUはベクタ・テーブルの内容を参照し，割り込み要求に対応した割り込み関数を実行します．したがって，割り込みを使うためには，必ずベクタ・テーブルを作成しなければなりません．

● ベクタ・テーブルの作成方法
▶ C言語で記述できる

ベクタ・テーブルはC言語で記述できますが，関数を指すポインタや配列など本書では紹介していない複雑な文法を使用しなければなりません．ほかのマイコンでもベクタ方式であれば使える記述ですが，本書では説明を省略します．その代わり開発環境のCS+が準備している方法で作成します．その記述は#pragma interruptにおける割り込み仕様を使います．

【書式3】ベクタ・テーブルの生成付き割り込み関数の宣言

```
#pragma interrupt 関数名 [(vect=アドレス)]
```

● 割り込み仕様でアドレスを指定

割り込み関数の宣言である#pragma interruptでは，割り込み仕様「vect=アドレス」の記述によってベクタ・テーブルを生成できます．アドレスの部分には表1に示したベクタ・テーブル・アドレスの値を指定します．INTIT割り込み要求であれば0x38を指定することになります．また，ベクタ・テーブル・アドレスに対してはヘッダ・ファイルのiodefine.hにおいて，割り込み要求の名称でマクロ名が定義されています．

```
#define   INTIT   0x0038
```

したがって，表1のベクタ・テーブルの左列にある割り込み要求の名称を使ってもかまいません．割り込み要求の名称のほうがプログラムもわかりやすいのでこちらの記述を使うことをお勧めします．ベクタ・テーブルの生成機能を指定した割り込み関数のコンパイル結果をリスト6に示します．

特徴はC言語の5行目と6行目の間にあるアセンブリ言語の命令です．これがRL78マイコンのアセンブリ言語によるベクタ・テーブルの記述です．「.vector」や「0x0038」の記述から16進38番地にベクタ・テーブルを確保していることがわかります．ベクタ・テーブルが存在することによってCPUはINTIT割り込み要求を受け付けた際にintit関数を実行できます．

以上のようにベクタ・テーブルはC言語で記述できますが，ほとんどの場合は開発環境に特別な記述が準備されています．それは固定番地方式を採用しているマイコンも同様です．オプションま

表1　RL78/G14マイコンのベクタ・テーブル

割り込み要求		ベクタ・テーブル・アドレス
名称	トリガ	
INTWDTI	ウォッチドッグ・タイマのインターバル	0004H
INTLVI	電圧検出	0006H
INTP0	端子入力エッジ検出	0008H
INTP1		000AH
INTP2		000CH
INTP3		000EH
INTP4		0010H
INTP5		0012H
INTST2/ INTCSI20/ INTIIC20	UART2送信の転送完了，バッファ空き割り込み / CSI20の転送完了，バッファ空き割り込み / IIC20の転送完了	0014H
INTSR2/ INTCSI21/ INTIIC21	UART2受信の転送完了 / CSI21の転送完了，バッファ空き割り込み / IIC21の転送完了	0016H
INTSRE2	UART2受信の通信エラー発生	0018H
INTTM11H	タイマ・チャネル11のカウント完了またはキャプチャ完了	
INTST0/ INTCSI00/ INTIIC00	UART0送信の転送完了，バッファ空き割り込み / CSI00の転送完了，バッファ空き割り込み / IIC0の転送完了	001EH
INTSR0/ INTCSI01/ INTIIC01	UART0受信の転送完了 / CSI01の転送完了，バッファ空き割り込み / IIC01の転送完了	0020H
INTSRE0	UART0受信の通信エラー発生	0022H
INTTM01H	タイマ・チャネル1のカウント完了またはキャプチャ完了	
INTST1/ INTCSI10/ INTIIC10	UART1送信の転送完了，バッファ空き割り込み / CSI10の転送完了，バッファ空き割り込み / IIC1の転送完了	0024H
INTSR1/ INTCSI11/ INTIIC11	UART1受信の転送完了 / CSI11の転送完了，バッファ空き割り込み / IIC11の転送完	0026H
INTSRE1	UART1受信の通信エラー発生	0028H
INTTM03H	タイマ・チャネル3のカウント完了またはキャプチャ完了	
INTIICA0	IICA0通信完了	002AH
INTTM00	タイマ・チャネル0のカウント完了またはキャプチャ完了	002CH
INTTM01	タイマ・チャネル1のカウント完了またはキャプチャ完了	002EH
INTTM02	タイマ・チャネル2のカウント完了またはキャプチャ完了	0030H

たは開発環境が準備している特別な記述によって，割り込み関数を定められた番地に配置できます．

● C言語で記述できない割り込み特有の処理

C言語では記述できない割り込み特有の処理は2つあります．

▶ 割り込みの禁止／許可を管理しているレジスタの操作

RL78マイコンならばプログラム・ステータス・ワードのIEフラグの操作です．CPU内部レ

名称	割り込み要求 トリガ	ベクタ・テーブル・アドレス
INTTM03	タイマ・チャネル3のカウント完了またはキャプチャ完了	0032H
INTAD	A-D変換終了	0034H
INTRTC	リアルタイム・クロックの定周期信号／アラーム一致検出	0036H
INTIT	インターバル信号検出	0038H
INTKR	キー・リターン信号検出	003AH
INTST3／INTCSI30／INTIIC30	UART3送信の転送完了，バッファ空き割り込み／CSI30の転送完了，バッファ空き割り込み／IIC30の転送完了	003CH
INTSR3／INTCSI31／INTIIC31	UART3受信の転送完了／CSI31の転送完了，バッファ空き割り込み／IIC31の転送完了	003EH
INTTRJ0	タイマRJアンダフロー	0040H
INTTM10	タイマ・チャネル10のカウント完了またはキャプチャ完了	0042H
INTTM11	タイマ・チャネル11のカウント完了またはキャプチャ完了	0044H
INTTM12	タイマ・チャネル12のカウント完了またはキャプチャ完了	0046H
INTTM13	タイマ・チャネル13のカウント完了またはキャプチャ完了	0048H
INTP6	端子入力エッジ検出	004AH
INTP7		004CH
INTP8		004EH
INTP9		0050H
INTP10	端子入力エッジ検出	0052H
INTCMP0	コンパレータ検出0	
INTP11	端子入力エッジ検出	0054H
INTCMP1	コンパレータ検出1	
INTTRD0	タイマRD0インプットキャプチャ，コンペア一致，0.056Hオーバフロー，アンダフロー割り込み	0056H
INTTRD1	タイマRD1インプットキャプチャ，コンペア一致，005AHオーバフロー，アンダフロー割り込み	0058H
INTTRG	タイマRGインプットキャプチャ，コンペア一致，005AHオーバフロー，アンダフロー割り込み	005AH
INTSRE3	UART3受信の通信エラー発生	005CH
INTTM13H	タイマ・チャネル13のカウント完了またはキャプチャ完了	
INTIICA1	IICA1通信完了	0060H
INTFL	シーケンサ終了割り込み	0062H
BRK	BRK命令の実行	007EH

ジスタの操作を行う関数が準備されています．

▶ 割り込み関数の作成

　関数内で使用する汎用レジスタを保証し，特別な命令で終了しなければならない割り込み関数は，C言語の純粋な文法では作成できません．開発環境が変わってもほぼ間違いなく #pragma interrupt の記述を使います．

リスト6　ベクタ・テーブルの生成機能を指定した割り込み関数

```
 1  #include "iodefine.h"
 2
 3  unsigned char p1;
 4
 5  #pragma interrupt intit(vect=INTIT)
    _intit    .vector   0x0038    ←──[アセンブリ言語のベクタ・テーブルの記述]
 6  void intit(void)
    _intit:
            push      ax
 7  {
 8      P1 ^= 0x80;
            xor       0xFFF01, #0x80
 9      p1 = P1;
            mov       a, 0xFFF01
            mov       !LOWW(_p1), a
10  }
            pop       ax
            reti
```

● 複数の割り込み要求はベクタ・テーブルの上段から処理される

　説明を保留していた「同一優先度の複数の割り込み要求が同時に発生した場合の処理順序」ですが，これはベクタ・テーブルの上段に記載されている割り込み要求から順番に処理されます．本書では記載を省略しましたが，ハードウェア・マニュアルのベクタ・テーブルにはデフォルト・プライオリティなる列があり，そこには同時に割り込み要求が発生した場合の順番が数値で記載されており，数値の小さいほうが優先順位は高くなっています．要約すれば上段に記載されている割り込み要求のほうが優先順位が高いのです．　　　　　　　　　　　　　　＜鹿取　祐二＞

演習問題 B

■ タイマや割り込みの書き方の確認

※解答は巻末に記載しています．

[演習問題1]

インターバル・タイマを15kHzの低速オンチップ・オシレータ・クロックで動作させ，100msの間隔を得るときのコンペア値（ITCMPへの設定値）を計算しなさい．

[演習問題2]

インターバル・タイマが動作していると仮定し，INTIT割り込み要求を受け付けるための条件を2つ挙げなさい．

[演習問題3]

#pragma interrupt 関数名の宣言で実現される割り込み関数の特徴を2つ挙げなさい．

[演習問題4]

A-D変換終了の割り込み要求に対応した割り込み関数を関数名adで作成したい．その際に必要となる#pragma interruptの宣言を記述しない．なお割り込み要因名やベクタ・テーブル・アドレスは本章の表1を参照すること．

コラム3　汎用レジスタの退避/復帰を省略するレジスタ・バンク

● 割り込み処理を高速化するレジスタ・バンク

割り込み関数には下記の2つの要求事項があります．

・使用する汎用レジスタを保証する

・特別な命令で終了する

2つの要求事項はすべてのマイコンに共通であると紹介しましたが，「使用する汎用レジスタの保証」は一部のマイコンでは不要です．レジスタ・バンクと呼ばれる汎用レジスタを複数セット持っているマイコンは，汎用レジスタの保証が不要です．RL78マイコンも図Aに示すレジスタ・バンクがあります．割り込み受け付け時に，レジスタ・バンクへと切り替えることで，割り込み関数は汎用レジスタの退避/復旧を省略できます．

RL78マイコンの場合，レジスタ・バンクはRB0～RB3の4セットあり，リセット時はRB0が選択されます．割り込み受け付け時にRB1，RB2，RB3のどれかに切り替えます．切り替えたレジスタ・バンクは割り込みの終了命令であるRETI命令を実行すると，自動的に切り替え前のレジスタ・バンクに戻ります．元に戻す操作は考える必要がないので，割り込み受け付け時に切り替えの指示だけを行えばよいことになります．

● レジスタ・バンクの使いどころ

RB1のレジスタ・バンクに汎用レジスタを切り替えた例を示します．切り替えは割り込み関数の宣言である#pragma interrupt指令で指定します．リストAにレジスタ・バンクを切り替えるintit割り込み関数のコンパイル結果も記載します．

【書式A】 レジスタ・バンクに切り替えるintit割り込み関数

```
#pragma interrupt 関数名[(vect=アドレス,
                bank={RB0|RB1|RB2|RB3})]
```

関数の先頭でSEL命令により，RB1のレジスタ・バンクに切り替えています．これで汎用レ

図A　レジスタ・バンク
割り込み関数内で使用する汎用レジスタが増えると退避/復帰にかかる時間が無視できなくなる．その時間を短縮するためにこの機能を使う．RL78のレジスタ・バンクはRB0～RB3の4つある

ジスタの退避／復旧が不要となり，**リスト6**に存在していたPUSH命令とPOP命令がなくなります．RL78マイコンを使用するのであれば割り込み関数の効率アップのためにも，レジスタ・バンクを効果的に使うことをお勧めします．

　レジスタ・バンクは通常の関数と割り込み関数が使う2セットあれば十分です．4セット存在する理由は，割り込み処理の中でさらに割り込みを受け付ける多重割り込みのためです．

<鹿取 祐二>

リストA　レジスタ・バンクに切り替えた例

```
 1  #include "iodefine.h"
 2
 3  unsigned char p1;
 4
 5  #pragma interrupt intit(vect=INTIT, bank=RB1)
    _intit   .vector   0x0038
 6  void intit(void)
    _intit:
            sel       rb1  ←[レジスタ・バンクの切り替え命令]
 7  {
 8      P1 ^= 0x80;
            xor       !0xFFF01, #0x80
 9      p1 = P1;
            mov       a, !0xFFF01
            mov       !LOWW(_p1), a
10  }
            reti
```

第9章
動かない原因を高速究明！
プログラムを修正する技「デバッグ」

● プログラムの誤りを修正する「デバッグ」

　組み込みシステムではデバッグがとても重要なウエイトを占めます．作成したプログラムはマイコン内部で動作するので目に見えません．一発で動作すればよいのですが，正しく動作しなかった場合はその原因を追究する必要があります．それがデバッグです．近年ではいかにデバッグを効率的に行うかが，組み込み技術者の優劣を決める要因ともなっています．しかし何のデバッグ治具もない場合，必要な場所でプログラムを停止できません．通常，原因追及にはエミュレータというデバッグ治具が使用されます．一昔前のエミュレータは非常に高価でしたが，今では数千円から数万円で購入できる安価なものが主流です．

　RL78/G14マイコン搭載のCPUボードC-Firstには，純正エミュレータ（**写真1**）の簡易版であるEZ Emulatorが搭載されています．簡易版とはいえ，ひととおりのエミュレーション機能があるので，純正エミュレータと同じようなデバッグを行うことが可能です．

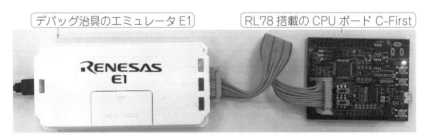

写真1　ルネサス エレクトロニクス製マイコン用「E1エミュレータ」とRL78搭載のCPUボード「C-First」

[1] エミュレータのデバッグ機能

　効率良くデバッグを行うためには，エミュレータや開発環境のデバッグ機能を理解する必要があります．デバッグ機能はメーカが変わってもほぼ同じですが，操作方法は千差万別です．シングルクリックとダブルクリックの違い，クリックする場所，ウィンドウへの表示形式，ショートカット・キーなどバラバラです．これから紹介する例は，ルネサス エレクトロニクスのRL78/G14マイコンを使った開発環境CS+でエミュレータはEZ Emulatorを利用したものです．

● デバッグするサンプル例

　リスト1はインターバル・タイマを使って250msの間隔でLED0を点滅させながらSW1とLED1，SW2とLED2が連動するプログラムです．

　CS+では各種ウィンドウをパネルと呼び，ソース・リストが表示されているウィンドウはエディタ・パネルと呼ばれています．実際に試したい方はエディタ・パネルで**リスト1**のコーディングと動作確認を行っておいてください．

リスト1　すべてのスイッチとLEDが動作するプログラム

```
 1  #include "iodefine.h"
 2
 3  void init(void);
 4
 5  void main(void)
 6  {
 7      init( );
 8      while( 1 )  {
 9          P5_bit.no5 = P7_bit.no5;
10          P0_bit.no1 = P7_bit.no3;
11      }
12  }
13
14  void init(void)
15  {
16      PM1 = 0x7F;
17      PM5 = 0xDF;
18      PM0 = 0xFD;
19      PU7 = 0x28;
20      OSMC |= 0x10;
21      RTCEN = 1;
22      ITMK = 0;
23      ITMC = 0x8000 + 15000/4-1;
24      _ _EI( );
25  }
26
27  unsigned int cnt;
28
29  #pragma interrupt intit(vect=INTIT,bank=RB1)
30  void intit(void)
31  {
32      P1 ^= 0x80;
33      cnt ++ ;
34  }
```

1 機能1 シングル・ステップ … プログラムを1命令ずつ実行する

　最初に紹介するデバッグ機能は，プログラムを1命令ずつ実行するシングル・ステップです．1命令ずつといっても，C言語はフリーフォーマットであり，C言語の1命令が必ずしもCPUの1命令とは対応しないので，C言語の場合は1行ずつの実行となります．

　さらに実行する命令が関数呼び出しの場合は2つの動作に分かれます．1つは呼び出した関数の内部に入っていくステップ・インという動作です．ステップ・インは呼び出した関数に制御が移り，その関数の先頭で停止することになります．もう1つは呼び出した関数の処理全体を1つの命令と考えるステップ・オーバという動作です．ステップ・オーバは実行する命令が関数呼び出しであったとしてもほかの命令と同じように次の行で停止します．

● 関数の内部に入るステップ・イン

　ステップ・インとステップ・オーバの動作を確認してみます．

　まずリスト1のプログラムをビルドしてダウンロードします．図1(a)に示すように7行目のinit関数の呼び出し命令でプログラムは停止しています．そこで図1(b)に示すデバッグ・メニューから「ステップ・イン」を実行してみます．ステップ・インはキーボードのF11でも実行できます．図1(c)に示すように呼び出したinit関数の内部に入り，16行目で停止します．そこからステップ・インを繰り返せばLEDが接続されているポートが初期化され，LED0，LED1，LED2の順番で各LEDが点灯します．

● 呼び出し元まで戻るリターン・アウト

　ステップ・インの逆の機能も試してみます．ステップ・インで入った関数の残りの命令を実行し，呼び出し元まで一気に戻る機能があります．それが図2に示すリターン・アウトです．一部の開発環境ではステップ・アウトと呼んでいます．図2(a)のデバッグ・メニュー（またはShift+F11）でリターン・アウトを試してみます．init関数の残りの命令を実行し，図2(b)に示す位置でプログラムは停止します．

　8行目のwhile文でプログラムが停止することはありません．その理由はアドレスの列に命令の番地が表示されていないからです．プログラムが暴走しない限りどんなときでもプログラムを停止させると必ずアドレスの列に番地が表示されている行で停止します．

● 関数の処理全体を1の命令と考えるステップ・オーバ

　ステップ・オーバの動作を確認します．CPUをいったんリセットします．CPUのリセットはデバッグ・メニューのCPUリセット（またはCtrl+F5）です．CPUをリセットするとプログラムはダウンロードしたときと同じ，図1の状態に戻ります．ここで図3に示すデバッグ・メニュー

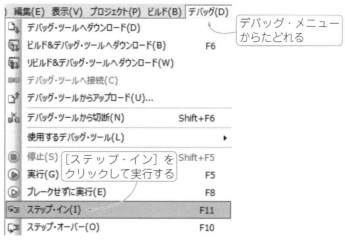

(a) 7行目のinit関数の呼び出し命令で停止している

(b) 呼び出した関数の内部に入りたいのでステップ・インを実行する

(c) ステップ・インした結果

図1 リスト1のプログラムをビルドしてダウンロードした状態

（a）ステップ・インで入った関数の残りの命令を実行して
呼び出し元まで一気に戻る［リターン・アウト］を実行する

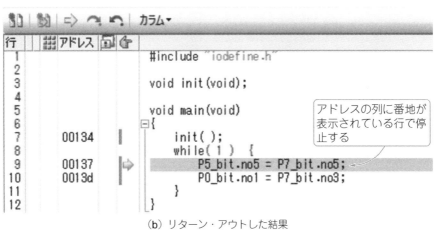

（b）リターン・アウトした結果

図2　ステップ・インの反対のステップ・アウト

のステップ・オーバ（またはF10）を実行してみます．図2(b)に示すリターン・アウトと同じ位置でプログラムは停止します．すべてのLEDが点灯した状態となっていることからもinit関数内の命令が実行されたことがわかります．

　以上のようにステップ・インとステップ・オーバは関数呼び出し以外の命令であれば動作は同じです．ステップ・インはif文などの条件分岐を伴う命令の実行には最適です．if文が真または偽のどちらの条件に分岐したかが明確にわかります．

　ただし弱点もあります．一番の弱点は割り込みには遷移しないことです．F10やF11でシングル・ステップを繰り返しても，割り込みで点滅させるLED0は点灯したままです．割り込みを含めた動作の確認を行うときは，次に紹介するブレーク・ポイントを使います．

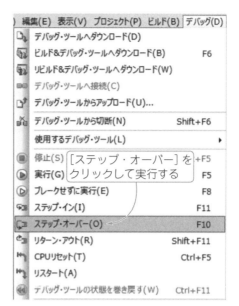

図3
init関数内の命令が実行されたか
確認したいのでステップ・オーバ
を実行する

2 機能2　ブレーク・ポイント … 任意の場所で停止させる

　ブレーク・ポイントはプログラムを任意の場所で停止させる機能です．C言語のプログラムの場合，任意の場所は各行の先頭，しかも番地が表示されている行の先頭に限ります．図4に示す7行目，9〜10行目，16〜24行目，32〜34行目ならばブレーク・ポイントが設定できます．ただしブレークするのはCPUの命令実行だけで，タイマやA-D変換器などのCPU以外の機能は停止しません．

● 1クリックで設定と解除

　設定する場所が決まったら，手のマークがある列（CS+ではメイン・エリアと呼ぶ）と設定したい行の交差する位置でクリックします．クリックした位置に手のマークが表示されます．このマークが現在目的の行にブレーク・ポイントが設定されていることを意味します．また不要になったブレーク・ポイントは，同じ位置で再びクリックすると解除できます．同じ位置でクリックすれば表示されていた手のマークが消えます．クリックによってブレーク・ポイントの設定と解除ができます．

　ブレーク・ポイントを設定し，実行してみます．リスト1のプログラムはINTIT割り込み要求が発生するかどうかがキーポイントです．32行目のintit関数の先頭にブレーク・ポイントを設定して実行します．そうすると図4のように32行目でプログラムが停止します．
▶正常に動作しているか立証できる
　ブレーク・ポイントによるプログラムの停止でわかったことは，INTIT割り込み要求は正常に動作しているということです．「実行してみたがLEDが点滅しない」などの現象が発生したら，

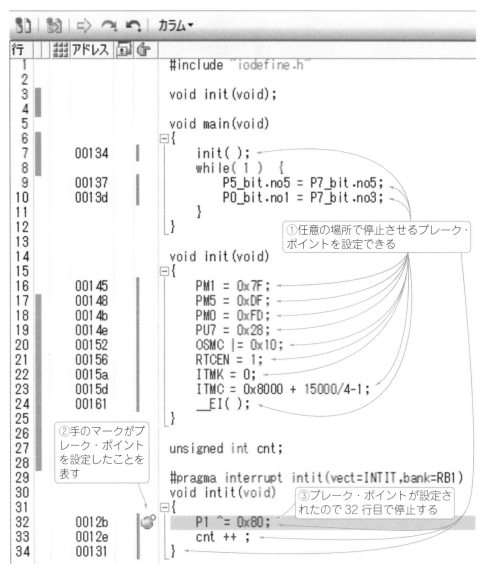

図4 INITT割り込み要求は正常に動作しているかがわかった

真っ先に割り込みが発生しているか疑うべきです．それを立証するのがこのブレーク・ポイントというわけです．

▶複数個所に設定できる

　ブレーク・ポイントは複数個所に設定できます．また，ブレーク・ポイントにはハードウェア・ブレークとソフトウェア・ブレークの2つがありますが，EZ Emulator のハードウェア・ブレークは設定可能な個所が少なく使い勝手も少し複雑なので説明は省略します．そのまま使えば自動的にソフトウェア・ブレークが選択されるので，デバッグ機能に慣れるまではソフトウェア・ブレークの使用をお勧めします．

3 機能3　CPU内部レジスタの表示 … PSWのIEフラグの値がわかる

　ブレーク・ポイントに停止したとき，または停止しなかったときは，CPU，周辺機能，変数の状態を調べることによってプログラムが正常に動作しない原因を追究できます．

　CS+の場合，CPU内部レジスタを参照するためのパネルはデバッガに接続した時点で開いています．通常は画面の右上にありますが，閉じている場合は，図5(a)に示すように表示・メニューの「CPUレジスタ」で再度開きます．CPUレジスタ・パネルだけでなくこれ以降に紹介するすべてのパネルは図5(a)の表示・メニューから再度開くことが可能です．図5(b)にCPUレジスタ・パネルを示します．

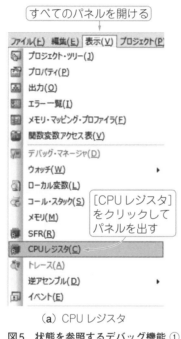
(a) CPUレジスタ

(b) CPU内部レジスタを参照できるパネル

図5　状態を参照するデバッグ機能①

　C言語のプログラム開発では，CPUレジスタ・パネルでCPU内部レジスタを参照してもあまり役には立たないかもしれません．CPU内部レジスタの使用方法はコンパイラが決めてしまい，プログラマの意思で自由になるものが少ないからです．参考になるのはPSWのIEフラグです．

4 機能4　周辺機能レジスタの表示 … 意図した値になっているか確認する

　必ず役に立つのは周辺機能レジスタの表示機能です．割り込みが発生しない，スイッチの値が読めない，LEDが点灯しないなどの多くの誤りは周辺機能の操作にあります．周辺機能のレジ

スタが意図した値になっているかを確認するのは必須の作業です．

周辺機能レジスタを参照するためのパネルは，図6(a)に示すように表示・メニューのSFR（Special Function Registerの略省）で開くことが可能です．図6(b)にSFRパネルを示します．パネル内に表示された内容は上段のヘッダ行の説明どおり，左側からレジスタ名，値，型情報（バイト数），アドレスの列となっています．

大変便利なSFRパネルですが1つ不便なことがあります．それはレジスタがアドレス順に表示されることです．値を確認したいレジスタが複数ある場合，パネルのスクロールを繰り返さなければなりません．そこで周辺機能のレジスタはウォッチ・パネルを併用することをお勧めします．

(a) SFR　　　　　　　　(b) 周辺機能レジスタを参照できるパネル

図6　状態を参照するデバッグ機能 ②

5 機能5　ウォッチ・パネル … いろんな機能を一覧できる

ウォッチ・パネルにはCPU内部レジスタ，周辺機能のレジスタ，変数などを登録できます．プログラマが確認したいものだけを一覧にして見ることができるパネルです．

● レジスタ名を検索して右クリックで登録

ポートのレジスタをウォッチ・パネルに登録してみます．

登録方法は図7(a)に示すようにSFRパネルで登録したいレジスタを右クリックし，表示されたポップアップ・メニューから「ウォッチ1に登録」を選ぶだけです．そこでCPUをリセット（Ctrl+F5）してから，リスト1で使用しているPM1，PM5，PM0，PU7，P1，P5，P0，P7の8個を登録します．レジスタ名の検索機能を活用しながら行えば，比較的簡単に登録できます．う

まくいけば図7(b)のようになります．

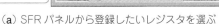

（a）SFRパネルから登録したいレジスタを選ぶ　　　　（b）ウォッチ・パネルに登録が完了した

図7　状態を参照するデバッグ機能③

● ウォッチ・パネルから設定値を変更できる

　CPUレジスタ，SFR，ウォッチの各パネルに表示されている値は強制的に変更できます．変更したいレジスタの「値」のエリアにフォーカスを与えた後，再度クリックすると値の編集モードに入ります．そこで設定したい値をキー入力してEnterを押せば目的のレジスタの設定値を更新できます．

▶LEDの点灯/消灯の実験

　強制的にポートのレジスタをたたいて（値を変更して），LEDを点灯/消灯してみます．手順に従いウォッチ1に表示されているPM1の値を0x7fに変更します．各LEDの接続は負論理なので接続ポートを出力にすればLEDが点灯します．PM1に0x7fを設定すればLED0，同様にPM5に0xdfでLED1，PM0に0xfdでLED2が点灯します．

　今度はポート・レジスタをたたいてみます．P1に0x80でLED0，P5に0x20でLED1，P0に0x02でLED2が消灯します．逆にポート・レジスタに0x00を設定すれば対応したLEDは点灯します．

　各レジスタ，特にポート・レジスタは端子が入力になっていると，必ずしも設定した値にはならないときがあります．入力に設定した端子のポート・レジスタに対する書き込みは，ライトした値はレジスタに保持されるものの，リード時はレジスタの設定値ではなく端子の値が読めるからです．

▶スイッチの読み込み

　スイッチの読み込みを行います．PU7に0x28を設定し，入力のプルアップ抵抗を接続します．これでSW1とSW2が読み込み可能となり，スイッチがOFFの状態ならP7から"1"が読み出せます．PU7の変更に伴ってP7が自動的に0x28に変化したことが確認できます．

あとはSW1やSW2を押している状態で，図8に示すウォッチ・パネルの更新ボタンをクリックします．パネル内のレジスタ値が更新されるので，P7にスイッチの値が反映されます．

図8　P7にスイッチの値が反映された

周辺機能であればプログラムを作成して動作させるまでもなく，SFRパネルを使って動作できます．SFRパネルは簡単なハードウェアのテストにも利用できます．

6 機能6　局所変数の表示 … 変数の参照と更新

C言語の変数を参照/更新するためのパネルを見てみます．C言語であればCPU内部レジスタよりも変数を参照する機会は多いです．CS+の場合，C言語の変数の参照/更新は局所変数と大域変数で方法が異なります．局所変数はローカル変数パネル，大域変数はウォッチ・パネルで扱います．

● 局所変数はローカル変数パネルで扱う

局所変数を扱うローカル変数パネルはCPUレジスタ・パネルと同様，デバッガに接続した時点で画面の右上に表示されています．通常は画面の右上にありますが，閉じてしまった場合は図9(a)に示すように表示メニューの「ローカル変数」で再度開くことが可能です．RL78マイコンの局所変数の場合は，コンパイラ側で最適化を強化しており，値が参照できないこともあります．
▶値が確認できないこともある

1から引数nで与えられた数までの総和を求め，結果を呼び出し元に返すリスト1のsum関数で確認してみます．図9(b)に示す位置でプログラムを停止させた場合，各局所変数の値はローカル変数パネルに表示されます．図9(b)の示すとおり値だけでなく，アドレスの列が示すように変数の割り当て場所も確認できます．しかし，図9(c)に示す位置でプログラムを停止させた場合は，各局所変数の値は参照できません．

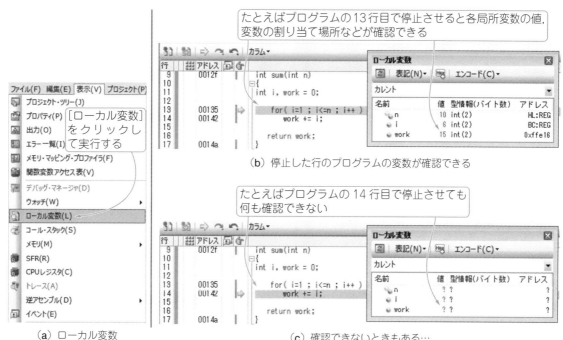

(a) ローカル変数
(b) 停止した行のプログラムの変数が確認できる
(c) 確認できないときもある…

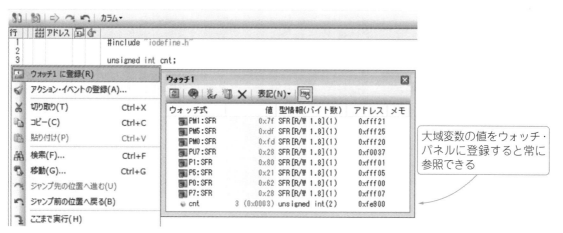

(d) 大域変数は必ず参照できる

図9 状態を参照するデバッグ機能 ④

● 大域変数はウォッチ・パネルで扱う

　大域変数の値は常にウォッチ・パネルで確認できます．ウォッチ・パネルへの登録方法は周辺機能のレジスタとほぼ同じです．図9(d)に示すようにエディタ・パネルで登録したい大域変数を右クリックし，ポップアップ・メニューの「ウォッチ1に登録」を選択します．目的の大域変数がウォッチ・パネルに登録され，常に値を参照／更新できます．

7 機能7　メモリの表示 … 入っている情報が見られる

その他のパネルの中で比較的簡単に扱えるものは，図10(a)に示す表示メニューの「メモリ」で開くことができるメモリ・パネルです．メモリ・パネルもC言語でプログラム開発を行っているときはあまり役に立たないかもしれません．メモリ・パネルは名前のとおりメモリの内容を参照/更新するためのパネルなのですが，図10(b)に示すようにアドレス順で表示されます．

変数名や関数名はどこにも表示されないので，ほかのパネルやリンケージ・マップなどでアドレスを調べておかなければ，どこが目的の変数や関数なのかがわかりません．

(a) メモリ　　　　　　　　　　(b) 内容は参照できるが変数名や関数名は表示されない
図10　状態を参照するデバッグ機能 ⑤

[2] デバッグの手順

プログラムが動作しなかったとき，デバッガの何の機能やパネルを使って，何をどのように調べていけばバグ（プログラムのミスの誤り）にたどりつけるのか，大まかな流れを紹介します．

取り上げる例は冒頭に紹介した**リスト1**のインターバル・タイマを使ったLEDを250msの間隔で点滅させるプログラムです．「LEDが点滅しなかったら！」という症状がおきたと仮定して，バグの原因の追究方法を示します．

● 確認と対策① 再現性があるか

まず最初に確認すべきことは下記の2点であると考えます．

　・現在の症状が再現性のあるものなのかどうか？
　・プログラムは暴走していないか？

リスト1程度のプログラムでは再現性のないバグなどはめったに作り込めるものではありません．しかし大規模なプログラムの場合，しばしば発生するものです．そのような場合は動作環境を絞り込み，可能な限り再現性のあるバグから対処します．

● 確認と対策② 暴走していないか

プログラムが暴走したら，単純にプログラムを停止させます．ソース行のある位置で停止すればよいのですが，ソース行も何もない位置で停止した場合はプログラムが暴走したことを意味します．

C言語の場合はコンパイラが命令を生成しているので，通常の動作であればプログラムが暴走することはめったにありません．あるとすればポインタの使い方を誤ったときぐらいです．**リスト1**には自らポインタを使った部分はないのでそれには該当しません．考えられることは割り込みが正しく受け付けられていない，または割り込みから正しく復帰できておらず，割り込み関数の宣言が正しく記述できていないことが挙げられます．割り込み関数の宣言で使う#pragmaのプリプロセッサ命令はコンパイラ固有の機能がインプリメント可能です．認識できない記述がある場合は，無視する決まりになっています．

● 注意！関数名が違っていてもエラー・メッセージはでない

RL78マイコンのコンパイラにおいても，#pragmaの後の識別子で未定義のものに対してはエラー・メッセージを表示しますが，それ以外の部分に関してはエラーが出る場合と出ない場合があります．関数名が違っている場合，エラー・メッセージは表示されませんが，割り込み関数は正しく生成されてはいません．一般の関数としてコンパイルされます．そうなると汎用レジスタを破壊しながらRET命令で終了するので割り込み処理から正しく復帰できません．その結果，暴走してしまうと考えられます．プログラムが暴走するのであれば割り込み関数の宣言を確認します．

● 確認と対策③ 割り込みが正しく発生しているか

暴走はしていないものの，LEDが点滅しなかった場合は，割り込みが正しく発生しているかを確認します．割り込み関数の先頭にブレーク・ポイントを設定して実行し，ブレーク・ポイントで停止するかを確認します．

● 確認と対策④ ポートの入出力設定とタイマの周期計算

ブレーク・ポイントで停止して正しく割り込みが発生しているのにLEDが点滅しないとなれば考えられる原因は2つあります．

1つはLEDが接続されているポートが出力になっていない，ないしはポートへの出力値の設定に誤りがあるなどポートの操作ミスです．

もう1つはインターバル・タイマの周期計算ミスです．割り込みの間隔があまりにも短い場合，LEDが接続されているポートのON/OFFが早すぎて点滅しているかが確認できません．LEDは薄く点灯したように見えます．

上記のバグは周辺機能のレジスタを確認すれば原因が追究できます．図11に示すようにLEDが接続されているポート1のPM1とP1をウォッチ・パネルに登録します．LED0はポート1の7ビット目に接続されているのでPM1の7ビット目は必ず"0"，P1の7ビット目はブレーク・ポイントで停止するたびに"0"と"1"に変化します．

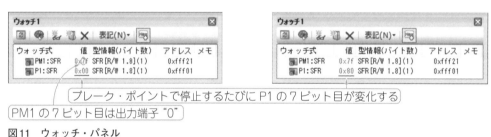

図11 ウォッチ・パネル

● 確認と対策⑤ ブレーク・ポイントで停止しないとき

ブレーク・ポイントで停止せず，正しく割り込みが発生していないのであればインターバル・タイマに原因が考えられます．

▶インターバル・タイマへのクロック供給

最初に確認すべきはインターバル・タイマへのクロック供給です．周辺イネーブル・レジスタ0（PER0）のRTCENビットが"1"であり，インターバル・タイマ・コントロール・レジスタ（ITMC）のRINTEビットが"1"であれば，インターバル・タイマは動作しています．サブシステム・クロック供給モード制御レジスタ（OSMC）のWUTMMCK0ビットは"1"の低速オンチップ・オシレータ・クロックが選択され，ITMCレジスタのITCMPビットに正しい周期が設定されていることも重要ですが，本題の割り込みが発生しないこととは別の問題です．クロック供給は図12に示す2つのレジスタを確認すればよいのです．

図12 割り込みが発生しないときはまずクロックの供給を確認する

▶割り込みタイマ・フラグ

クロックの供給が行われているにもかかわらず，割り込み処理に遷移しない場合は割り込み要求がCPUに伝わるまでの流れで2つの関門がありました．

・割り込みマスク・フラグが"0"であること
・PSWのIEフラグが"1"であること

インターバル・タイマの場合，割り込みマスク・フラグは割り込みマスク・フラグ・レジスタ（MK1H）のITMKビットが"0"です．図13に示すように上記2つのレジスタがウォッチ・パネルに登録されていれば確認できます．ウォッチ・パネルにはCPU内部レジスタも登録できるので同じウォッチ・パネルで確認したほうが見やすいです．

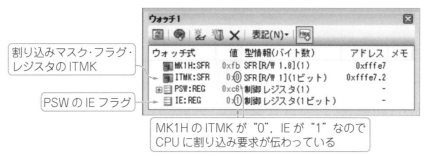

図13 割り込みマスク・フラグとPSWのIEは同じウォッチ・パネルに登録する

ほかにも考えられる手順はたくさんあるとは思いますが，やみくもにブレーク・ポイントやシングル・ステップだけに頼ってもなかなか解決の糸口は見つかりません．プログラムのキー・ポイントとなる部分にブレーク・ポイントを設定したら，そこに停止する条件，停止しない条件を洗い出し，その条件を必ず確認します．それはCPU内部レジスタ，周辺機能のレジスタ，変数などが中心となります．

＜鹿取 祐二＞

第10章
メーカお膳立てのスタートアップ・ルーチンの初期値処理に解決の糸口あり
限りあるメモリを無駄なく！変数宣言

　制作したプログラムが使うメモリの容量，特に変数が占有する領域は，変数の宣言の仕方で大きく変わります．メモリ容量に余裕のない小さなマイコンでは，変数が占有する領域をできるだけ小さくする必要があります．

　第9章まで説明しませんでしたが，マイコンは，main関数を実行する前に「スタートアップ」と呼ばれるプログラムをこっそり処理しています．このお膳立てプログラムは，メーカがあらかじめ準備していて，開発環境が自動的にユーザ・プログラムとリンクします．

　スタートアップ・プログラムの重要な処理の1つは，大域変数(静的変数)の初期化です．これは，大域変数をリード／ライト属性や宣言時の初期値(C言語の文法に規定されている)に合わせる処理です．

　ここでは，
- ・スタートアップ・プログラムの内訳
- ・大域変数や局所変数の特性である名前の有効範囲(スコープ)
- ・初期値の設定タイミング

などを解説します．これらを理解できれば，変数が占有するメモリ領域を大幅に削減でき，ロー・コストなマイコンを選ぶプロの力が身に付きます．

[1] 変数の初期値

① 変数の初期設定

　変数領域の削減のために理解すべきは大域変数と局所変数の初期値に関する規定です．文法において**表1**のように規定されています．

表1　大域変数と局所変数の初期値

	局所変数	大域変数
初期値の設定がない場合の初期状態	不定	ゼロ
初期値の設定タイミング	宣言された関数が呼び出される度	プログラム実行時の一度だけ

● 関数内部の局所変数に対する初期設定

　局所変数の場合，初期値の設定は目的の変数が宣言されている関数が呼び出されるたびに行われます．初期値の設定がない場合，初期値は不定で準備されます．これは局所変数がスタック領域，ないしは汎用レジスタに割り付けられることに起因しています．どちらもプログラムの実行に応じて次々に値が書き換わるため，初期値の設定は必要になるたび，つまり関数が呼び出されるたびに行われ，初期値の設定がなければそのままの状態で割り付け場所の準備だけを行うために不定となります．

● 関数外部の大域変数に対する初期設定

　大域変数の場合，初期値の設定はプログラムが実行されたときに一度だけ実施されます．また初期値の設定がない場合，初期値は不定ではなく0となります．これは大域変数がスタック領域ではなく，ある固定的なメモリ領域に割り付けられることに起因しています．その変数だけの固定的な場所であり，特定の関数の開始/終了に関係なく常に存在することから，初期化はプログラム実行時に一度だけ実施されます．初期値の設定がない場合，初期値は0と規定されているのも特徴です．

● 各変数の割り当て領域はROMか？RAMか？

　上記の内容を組み込みシステムに当てはめてみます．組み込みシステムにおいてメモリは電源をOFFしても値は失われない読み出し専用のROMと，電源をOFFすると値が失われてしまう読み出しも書き込みも可能なRAMの2つに分かれます．局所変数の初期値あり/初期値なし，大域変数の初期値あり/初期値なしの各変数がそれぞれROMとRAMのどちらに配置するのがふさわしいのかを考えてみます．

　局所変数は，初期値あり/初期値なし共にRAMで問題ありません．初期値がなければ不定ですし，初期値があっても必要になった時点でCPUの命令によって設定すればよいので何も問題はありません．

　大域変数も読み出しと書き込みを行うので単純にはRAMだと思われますが，都合の悪いことが2つあります．

● 大域変数に対する初期設定の問題点と対策

▶初期値のない大域変数…ゼロ・クリアをする

　初期値のない大域変数は初期値が0と規定されています．しかし，**電源投入時のRAMの初期値は0とは限りません．**逆にROMならば初期値の0を保障できますが，読み出しはできても書き込みができません．何もしないで初期値のない大域変数に対応できるメモリは存在しないのです．

　どのように対応するのかというと，初期値のない大域変数はRAMに配置して，リセット時に

main 関数を実行するより先にゼロ・クリアを行うのです［図1（a）］．これは C 言語のプログラムを ROM 化する組み込みシステムにおいては必ず実施しなければならない操作です．

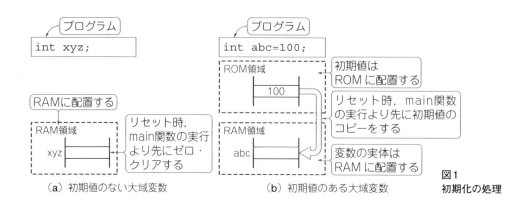

図1 初期化の処理

▶初期値のある大域変数…ROM と RAM に変数の領域を確保する

初期値のある大域変数は，初期値の保持と実行時の書き換えが必要です．電源が OFF でも値の消えない（初期値の保持）ROM の性質と，実行時の書き換え（読み出しと書き込み）が可能な RAM の性質の両方が必要です．しかしそのようなメモリは存在しません．

どのように対応するのかというと，ROM と RAM の両方に変数の領域を確保するのです．そし

コラム1　変数の初期設定

C 言語ではどんな変数も宣言と同時に初期化できます．パッと見たとき初期設定は代入のように思えますが，文法的には初期設定と代入はまったく異なるものです．たとえば以下は同じに思えます．

```
int abc = 123;            int abc;
                          abc = 123;
```

基本形の変数の場合，宣言時の初期設定も代入式も同じ記述でコンパイル・エラーも出ないので同じに思えても無理はありません．しかし両者が異なるものであることは配列を使うとわかります．

```
int xyz[3] = { 1,2,3 };   int xyz[3];
                          xyz[3] = { 1,2,3 };
```

配列の場合，すべての要素に対して値が設定できるのは宣言時の初期設定だけです．宣言時以外では一度に全要素を初期化できずコンパイル・エラーとなります．つまり右側の例は NG です．配列を含めた変数の宣言は初期値の設定タイミングと初期化が行われていなかったときの取り扱いが非常に複雑です．

てリセット時に main 関数を実行するより先に初期値を ROM から RAM にコピーし，プログラムでは初期値がコピーされた RAM 領域のほうをアクセスします［図1(b)］．これも C 言語のプログラムを ROM 化する組み込みシステムにおいては必ず実施しなければならない操作なのです．

● 問題点の対策は誰が行うのか？

　大域変数は初期値がなくてもあっても，main 関数が実行されるより先に図1に示す初期化の処理が必要です．それを実行するのがスタートアップと呼ばれるプログラムです．

　組み込みシステムではリセット時に動作するプログラムをスタートアップと言います．もちろんリセット時の処理はマイコンごとに異なるので共通のリストなどは存在しません．このためスタートアップのプログラムは，一般的にメーカ側から提供されます．記述言語もさまざまであり，C 言語で記載されているものもあればアセンブリ言語で記載されていることもあります．

2 RL78 マイコンのスタートアップ

　RL78 マイコンの場合，スタートアップはアセンブリ言語で記述されており，CS+ では図2(a)に示すようにプロジェクト生成時，プロジェクトの種類でアプリケーション (CC-RL) を選択すれば「cstart.asm」という名前で自動的に生成されます．プロジェクト生成後，図2(b)に示すプロジェクト・ツリーで目的のファイルをダブルクリックすればエディタ・パネルにソース・プログラムが表示されます．アセンブリ言語で記述されているので，以下の項目を簡単に確認すれ

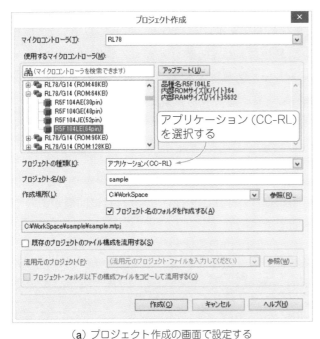
(a) プロジェクト作成の画面で設定する

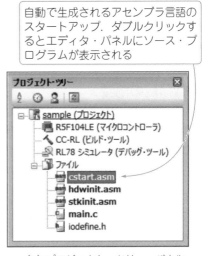
(b) プロジェクト・ツリー・パネル

図2　RL78 マイコンのスタートアップ・プログラムの生成方法

ばよいと思います．

● **確認する項目① リセットに対応した処理がある**

　リセットが発生したときの処理が記述されています．RL78マイコンの場合，リセットが発生するとゼロ番地に配置されているリセット・ベクタを参照し，最初のプログラムが実行されます．リストが長いので本書に掲載しませんが，cstart.asmでは，41行目の「_start .VECTOR 0」がリセット・ベクタで，「_start」というシンボル（名前）が最初に実行されるプログラムの名前です．そのシンボルの本体は47行目にあり，システムの出発地点です．必要な初期化処理を行った後に186行目の「CALL   !!_main」でmain関数を実行します．

● **確認する項目② 大域変数の初期化処理がある**

　スタートアップの本体には，大域変数の初期化処理が記述されています．初期値のない大域変数の領域をゼロ・クリアする処理，それと初期値のある大域変数の初期値をROM領域からRAM領域にコピーする処理です．cstart.asmでは，83行目にある「initializing BSS」以降が初期値のない大域変数の領域をゼロ・クリアする処理です．85行目にある「clear external variables which doesn't have initial value (near)」のコメントから処理内容がわかります．120行目にある「ROM data copy」以降が，初期値のある大域変数の初期値をROM領域からRAM領域にコピーする処理です．これも122行目にある「copy external variables having initial value (near)」のコメントから処理内容がわかります．以上がCS+に準備されているRL78マイコンのスタートアップ，cstart.asmの概要です．

　C言語対応のスタートアップである限り，どんなマイコンであっても必ず以下の3つの処理があります．1つ目はリセットから始まり，最後にmain関数を実行する処理があること．2つ目は初期値のない大域変数の領域をゼロ・クリアする処理があること．3つ目が初期値のある大域変数の初期値をROM領域からRAM領域へコピーする処理があることです．

③ 変数領域の削減

　Appendix 4のリスト1に示した変数宣言には，2行目と9行目と10行目に問題があります．その部分を切り出したものをリスト1に示します．

リスト1　問題がある大域変数の宣言（Appendix 4のリスト1から抜粋）
```
    int total = 0;
```

　1つ目は変数totalです．変数totalは初期値が0であるにもかかわらず，初期値の0の設

定が記述されています．これでは初期値がある大域変数と見なされ，ROMとRAMの両方に変数領域が確保されてしまいます．

● リンケージ・マップで使用メモリ量を確認

上記の内容を実際に確認してみます．まずCS+で新規にRL78マイコン用のプロジェクトを生成します．そしてプロジェクト・ツリーのCC-RL（ビルド・ツール）をダブルクリックし，**図3**に示すリンク・オプションでリストのカテゴリにある「セクション合計サイズを出力する」のオプションを「はい」に設定してからビルドを行います．プログラムの使用メモリ量を計測することが目的なので，オンチップ・デバッグやユーザ・オプション・バイトの設定は不要です．

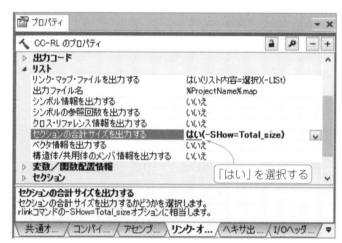

図3 プロパティ・パネルを設定する

図4 プロジェクト・ツリー・パネルからリンケージ・マップをダブルクリックする

● 大域変数を宣言していないときの使用メモリ量

警告が多少出ますが無視してかまいません．ビルドが完了したら図4に示すプロジェクト・ツリーにある[ビルド・生成ファイル]から拡張子「***.map」のリンケージ・マップをダブルクリックします．エディタ・パネルに表示されたらリストの最後のほうに，**リスト2**に示す「Total Section Size」の情報があります．これがまったく大域変数を宣言していないときの

リスト2 大域変数を宣言していないプログラムの使用メモリ量

```
*** Total Section Size ***

RAMDATA SECTION:    00000000 Byte(s)  ← RAMの変数領域
ROMDATA SECTION:    0000008e Byte(s)  ← ROMの変数領域
PROGRAM SECTION:    00000099 Byte(s)  ← ROMの命令領域
```

プログラムの使用メモリ量となります．RAMDATA SECTION が RAM 上の変数領域，ROMDATA SECTION が ROM 上の変数領域，PROGRAM SECTION が ROM 上の命令領域です．

● 初期値なし大域変数の使用メモリ量

　大域変数を宣言していないときの使用メモリ量が確認できたら，今度は main 関数のあるファイルに初期値なしの大域変数，たとえば「int　total;」を宣言して上記と同じようにビルドを行い，使用メモリ量を確認してみます．**リスト3**に示すように，RL78 の場合は int 型のサイズが2バイトなので，RAMDATA が2バイト増えていることがわかります．

リスト3　初期値なしの int 型の宣言を行ったプログラムの使用メモリ量

```
*** Total Section Size ***
                                    RL78 の int 型のサイズ 2 バイトが増えた！
RAMDATA SECTION:    00000002 Byte(s)
ROMDATA SECTION:    0000008e Byte(s)
PROGRAM SECTION:    00000099 Byte(s)
```

● 初期値あり大域変数の使用メモリ量

　初期値の設定を0と記述した大域変数，たとえば「int　total = 0;」と宣言を変更して，再び使用メモリ量を確認してみます．**リスト4**に示すように，大域変数を宣言していないときよりも初期値があるために RAMDATA と ROMDATA の両方が2バイト増えていることがわかります．

リスト4　初期値を0にして int 型の宣言を行ったプログラムの使用メモリ量

```
*** Total Section Size ***

RAMDATA SECTION:    00000002 Byte(s)    int 型で初期値を 0 と宣言したため
ROMDATA SECTION:    00000090 Byte(s)    ROM 領域を 2 バイト消費してし
PROGRAM SECTION:    00000099 Byte(s)    まった！
```

▶初期値が0なら初期値を記述してはならない

　初期値のない大域変数の初期状態は0です．main 関数が実行されるより先にスタートアップの中でゼロ・クリアを行います．初期状態を0で準備したい大域変数は，初期値0の設定を記述してはいけません．**リスト4**は無駄に ROM 領域を消費してしまったのです．

▶テーブル・データは ROM だけにあればよい

　そしてもう1つの問題が，テーブル・データとして利用している配列 answer です．初期値があるのはテーブル・データなので仕方がありません．問題は，この配列には書き込み動作が存

在しないことです．答えを参照するだけの配列なので当然読み込み動作しかありません．配列 answer は ROM 領域にだけ存在すればよく，RAM 領域には必要ありません．

▶初期値あり配列の使用メモリ量

配列 answer は初期値のある大域変数なので，このままでは ROM 領域と RAM 領域の両方に割り付けられてしまいます．**リスト5**の2行目と3行目の宣言を入れてビルドすると，使用メモリ量は**リスト5**のようになります．unsigned char 型は1個の要素が1バイトなので要素数が10個の配列 answer は全部で10バイトあります．**リスト2**と比べると RAMDATA と ROMDATA が共に10バイト増えています．ROMDATA の10バイトは必要ですが，RAMDATA の10バイトは不要です．

リスト5　配列 answer を書いた使用メモリ量

```
*** Total Section Size ***

RAMDATA SECTION:    0000000a Byte(s)
ROMDATA SECTION:    00000098 Byte(s)    配列 answer の10バイトは ROM には
PROGRAM SECTION:    00000099 Byte(s)    必要だが RAM には不要
```

▶値を変更しないことを意味する const 型修飾子

RAM 領域への大域変数の割り付けを抑止するには const という型修飾子を使います．

const は，その変数の値が変更されないことを意味します．すべての変数が RAM 領域で動作する PC などのアプリケーション・プログラムの場合，目的の変数に対する誤った書き込み動作や代入を行って値を変更しようとする処理に対し，コンパイル・エラーを表示することぐらいしか意味がありません．

それに対して，変数が ROM 領域と RAM 領域に分離配置される組み込みシステムの場合，const には誤った書き込み操作を抑止する以外にも変数を RAM 領域には確保しないという効果があります．値を変更しないことを意味するので，RAM 領域には必要がないというわけです．

▶const を指定したときの使用メモリ量

リスト1に「const unsigned char …」と宣言の先頭に const を付けて使用メモリ量を確認してみます．**リスト6**に示すとおり，RAMDATA のサイズが0バイトになっていることがわ

リスト6　const 型を使ったときの使用メモリ量

```
*** Total Section Size ***
                                          const を宣言したので RAM 領域への
RAMDATA SECTION:    00000000 Byte(s)      割り付けがなくなった！
ROMDATA SECTION:    00000098 Byte(s)
PROGRAM SECTION:    00000099 Byte(s)
```

コラム2　まず局所変数，次に大域変数

リストAに示すように，C言語では次の2つの変数を利用できます．

(1) 大域変数

関数の外側に宣言する変数．システム内のすべての関数からいつでも利用できる

(2) 局所変数

関数の内側，正確には中括弧の複文内に宣言する変数．これが宣言された関数内や複文内でだけ利用できる．目的の関数や複文が終了すると，記憶場所が解放されるので利用できなくなる

どちらを使うのがよいのでしょうか？大域変数は，すべての関数から利用できて便利なのですが，答えは局所変数です．

大域変数は，必ずメモリに割り付くため，多く宣言するほどメモリの使用量が増えて，読み込みや書き込みに時間が掛かるようになります．

局所変数は，スタック領域またはCPUの内部レジスタなど，一時的なメモリに記憶場所が用意されます．関数の呼び出しレベルを考慮する必要がありますが，関数間で記憶領域を共有できたり，処理時間を大幅に削減したりできます．

というわけで，できるだけ局所変数を使うのが基本です．複数の関数で1つの変数を気兼ねなく利用したいときや，CPUの内部レジスタに割り付けられることのない集合型変数（ビット・フィールドや配列など）を利用したいときは，あきらめて大域変数を利用します．＜鹿取 祐二＞

リストA　変数は大域変数と局所変数の2つが使える

```
int a;            ⇒大域変数
int b=1;          ⇒大域変数
                  システム動作中は常に存在する
                  main関数とsub関数の両方から利用可能
void main(void)
{
  sub( );
}

void sub(void)
{
int c;            ⇒局所変数
int d=2;          ⇒局所変数
                  sub関数が動作中の時のみ存在する
                  sub関数内でのみ利用可能，main関数からは利用できない
}
```

かります.

　組み込みシステムの場合，大域変数の初期値には以下の2点に注意を払わなければなりません.

・初期値が0なら記述してはならない

・値を変更しないならconst型修飾子を指定する

今回の例ならば**リスト7**が適切な大域変数の宣言です.

リスト7　適切な大域変数の宣言（Appendix 4のリスト1から抜粋）

```
const unsigned char answer[] = {
  1, 3, 6, 10, 15, 21, 28, 36, 45, 55 };
```

<鹿取　祐二>

Appendix 3

関数群を呼び出しながら構造化プログラミング

チームで開発！
「引数」と「返却値」の正しい使い方

　第9章までに私が紹介してきたプログラムは，"main"という関数です．このmain関数1つでも，30～40行のシンプルなシステムなら対応できます．ここでは，複数の関数を呼び出しながら，構造化されたプログラムを作るときに利用する，関数に渡す「引数」と，関数からの応答である「返却値」の使い方を説明します．

1 関数呼び出しの文法

● 関数には引数と返却値を記述できる

　関数を呼び出す際には，呼び出す関数に対して情報を与えることができます．呼ばれた関数も呼び出し元の関数に対して情報を返すことができます．C言語では前者を引数，後者を返却値またはリターン値と呼んでいます．

　紹介済みの文法では引数がなく，関数呼び出しは以下に示すとおり小括弧（カッコ）内には何も記述しませんでした．この記述の場合，呼び出す関数には何も情報を与えていないことになります．

　　関数名( );

● 実引数は小括弧内にカンマで区切って記述する

　呼び出す関数に対して演算の基の値となる情報を渡したい場合は，次のように小括弧内に「,」で区切って引数を記述します．

　　関数名(引数 [,...]);

　引数の個数は文法上の制約がなく無限に記述できますが，開発環境ごとには限界が定められており，性能を考えると2個か3個程度に抑えておくことをお勧めします．

　関数呼び出しに記述された引数のことを実引数と呼び，実引数には式が記述できます．式とは変数や定数およびそれらを演算子で結合したものです．変数や定数を単独で記述する必要はなく，演算式が記述できます．そうすると指定された関数に制御が移り，目的の関数には小括弧内に記述した引数が渡されます．また引数の渡し方はコピー渡しです．呼び出し元に記述された式の評価結果がコピーされて目的の関数に渡されます．

● 仮引数は小括弧内にカンマで区切って宣言する

呼ばれた関数では，以下のように渡された引数を格納する変数の宣言を小括弧内に記述します．

【書式1】引数の宣言

```
関数名 ( 引数の宣言 [,...] )
```

引数の宣言は通常の変数宣言とほぼ同じです．大きな違いは，たとえ同じ型の引数であったとしても分けて宣言しなければならないことです．呼び出し元に記述されている順番に合わせて，それを受け取る引数を1つずつ宣言します．呼ばれた関数の小括弧内に記述されている引数は仮引数と呼ばれます．関数が呼び出されたとき，目的の仮引数の中には呼び出し元に記述された実引数の評価結果が格納されています．

● 返却値はreturn文で記述する

呼び出された関数では，仮引数以外に必要な変数を宣言し，それらや仮引数の変数を使って自由な処理を記述してかまいません．そして処理終了後，呼び出し元の関数に対して演算結果を返すのであれば以下に示すreturnという制御文を使います．

【書式2】1個だけ値を返すreturn文

```
return [ 式 ];
```

return文は呼び出し元の関数に対して1個だけ値を返す働きがあり，この値のことを返却値またはリターン値と呼びます．C言語では引数は無限に記述できますが，返却値は最大でも1個しか記述できません．

なお関数の中括弧内にreturn文は何ヶ所記述してもかまいません．ただしreturn文に出会った時点で後続の処理は無視され，呼び出し元の関数に戻ってしまうので注意してください．

● 関数呼び出しの評価結果＝返却値

呼び出し元の関数では，return文によって返された返却値をどのように利用してもかまいません．C言語では関数呼び出しも演算と考えているので，下記の式における右辺の関数呼び出しの評価結果は返却値の値となります．次のように他の変数に代入してもかまいませんし，返却値に対して直接ほかの演算を行ってもかまいません．

```
変数 = 関数 ( 引数 [,...] );
```

● 呼び出す関数はプロトタイプ宣言が必要

最後に使用する関数は，あらかじめ宣言を行う必要があります．通常の場合，宣言は関数の外側に記述し，引数や返却値の型を明確に記述したプロトタイプ宣言が使用されます．プロトタイ

プ宣言において，引数の変数名は省略可能です．引数や返却値そのものが存在しない場合は，すでに紹介済みのvoid型を使います．

【書式3】プロトタイプ宣言

```
[ 型 ] 関数名 ( 型 [ 変数名 ] [ ,型 [ 変数名 ] ] );
```

2 関数呼び出しの例

　関数呼び出しを使った実際の例として，1からnまでの整数値の総和を求めるプログラムを考えてみます．関数は呼び出し元のmain関数と総和の計算を行うsum関数の2つで構成し，main関数からはnを引数としてsum関数を呼び出し，sum関数は計算結果の総和を返却値としてmain関数に返すものとします．

● 繰り返し文を使って総和を求める

　単純に繰り返し文で求めると**リスト1(a)**のようになります．1行目はsum関数のプロトタイプ宣言です．sum関数はint型の引数を1個持ち，返却値でint型を返す関数として宣言します．6行目がsum関数の呼び出しです．1から実引数の10までの総和を求め，結果を大域変数のtotalに複合代入で格納します．関数呼び出しの結果は関数値となるので複合代入などの演算を行っても問題ありません．

　sum関数の本体が9行目以降です．sum関数は実引数の値をint型の仮引数であるnで受け取り，ループ・カウンタのiを1からnまで変化させて，そのループ・カウンタの値を変数workに足し込んで総和を求めます．for文が終了すると総和は変数workに格納されているので，16行目ではそれをreturn文で呼び出し元の関数に返します．なお返却値であるworkはint型の変数です．したがって9行目における関数名の前の型はintとなります．

　リスト1(a)の関数呼び出しは，式が記述できる引数や返却値に対して定数値や変数をそのまま記述しており単純です．同様に総和の求め方も単純です．問題文どおりのプログラムでわかりやすいのですが，何のテクニックも使っていないので性能的には多少の難点があります．特にnの値が大きくなると繰り返しの回数が多くなり，実行時間が長くなるのが致命的です．これを改良したのが**リスト1(b)**のプログラムです．

● 公式を使って求める

　リスト1(b)では公式を利用しました．1からnまでの総和は「n*(n-1)/2」で求められるので1/2には右シフト演算子の「>>1」を使い，11行目のように記述しました．返却値を記述するreturn文には式が記述できるので，**リスト1(b)**のように記載しても何も問題はありません．

またリスト1(b)であればnの値に左右されず実行時間は常に一定なのが特長です．関数内の局所変数も不要なのでリスト1(a)よりは優れています．

リスト1　関数呼び出しを使って1からnまでの整数値の総和を求めるプログラム

```
 1  int sum(int);           ← sum 関数のプロトタイプ宣言
 2  int total = 0;
 3
 4  void main(void)
 5  {
 6      total += sum( 10 );  ← sum 関数の呼び出し
 7  }
 8
 9  int sum(int n)           ← 引数を n で受け取り，ループ・カウンタの i を
10  {                           1 から n まで変化させて，ループ・カウンタ
11  int i, work = 0;            の値を変数 work に足し込んで総和を求める
12
13      for( i=1 ; i<=n ; i++ )
14          work += i;
15
16      return work;         ← 総和の値を呼び出し元の関数に返す
17  }
```

(a) 1からnまでの総和（for文）

```
 1  int sum(int);
 2  int total = 0;
 3
 4  void main(void)
 5  {
 6      total += sum( 10 );
 7  }
 8
 9  int sum(int n)
10  {
11      return  n * ( n + 1 ) >> 1;
12  }
```

(b) 1からnまでの総和（公式）

< 鹿取　祐二 >

Appendix 4

画像用や通信用のディジタル・データを上手に格納する

大量のデータを効率よく扱う配列の使い方

　通信機器，画像処理装置，測定器などは，たくさんのディジタル・データが次々とマイコンに入力されます．このような装置のマイコンは大量のデータを効率よく処理しなければなりません．

　C言語には大量のデータの取り扱いに適した変数が用意されており，「配列」といいます．配列は他の高級言語にも存在しています．C言語では，同じ型の変数の集合体を配列として扱います．第9章までに紹介した基本変数はいずれも，「配列」と宣言することが可能です．配列の正しい取り扱い方を説明します．

　配列は，組み込み系システム，特に通信系や画像処理系のように大量のデータを扱うようなアプリケーションでは頻繁に使われます．

● 配列の宣言方法

　同じ型の変数を複数個並べて1つのまとまりとして扱います．宣言は「[ ]」の大括弧を使います．

【書式1】 配列の宣言

```
型　配列名 [ 要素数 ] ;
```

　「[ ]」の大括弧で要素数（必要な変数の個数）を指定する以外は，他の変数宣言と同じです．[ ]内に指定した要素数分，配列の記憶場所を準備してくれます．文法上は要素数の限界はなく無限なのですが，実際にはメモリ領域のサイズに依存します．

● 配列の初期設定

　配列も宣言と同時に初期値を指定できますが，要素が複数あるために初期値は「{ }」内に「,」で区切って指定します．要素数よりも初期値の数が多い場合はエラーとなります．逆に要素数よりも初期値の数が少ない場合，初期値の指定がない要素は自動的に0となります．また初期値は最低でも1個は記述しなければならず，初期値の設定が行われている配列は[ ]内の要素数を省略できます．

```
型　配列名 [ 要素数 ] = { 初期値 [,...] } ;
```

● 配列をテーブル・データとして使う例

　リスト1は配列をテーブル・データとして活用した例です．1からnまでの総和を求めるプログラムに配列を適用してみます．nは最大でも10にしか変化しないことを前提とし，1からnまでの総和をあらかじめ配列answerの初期値に設定しました．演算をほとんど行わないので

実行時間的には一番優れています．ただしnの値が大きくなると配列の要素数も大きくなるため，使用メモリ量が増大するのが欠点です．

リスト1　1からnまでの総和（テーブル）

```
 1    int sum(int);
 2    int total = 0;
 3
 4    void main(void)
 5    {
 6        total += sum( 10 );
 7    }
 8
 9    unsigned char answer[] = {
10       1, 3, 6, 10, 15, 21, 28, 36, 45, 55 };
11
12    int sum(int n)
13    {
14        return  answer[n-1];
15    }
```

● 配列を扱うときの注意事項

[ ]内に記述する要素番号を指定します．これを「添字（そえじ）」と言い，図1のように0から始まります．宣言時に要素数を10個と指定すれば，要素の添字は0～9までで，要素数と同じ値の10番目は存在しません．添字が範囲を超えた場合の振る舞いは不定で，コンパイル・エラーとはならず実行時に不正な動作を起こします．添字の範囲に関しては十分に注意する必要があります．

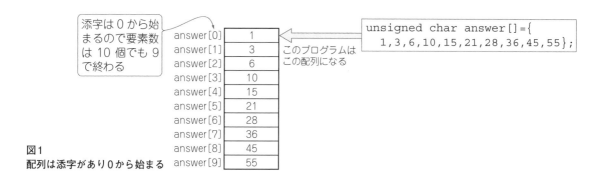

図1
配列は添字があり0から始まる

● 配列の添字には整数型の式が使える

添字には整数型の変数，正確には演算結果が整数型となる式が使えます．参照される要素は添字に指定した整数型の値が示す要素です．リスト1の例ならばnが1なら0番目，nが2なら1番目，nが10なら9番目となります．

＜鹿取　祐二＞

第11章

インストールからトラブルシュートまで

プログラミング開発ツール CS+の使い方

[1] RL78マイコンのプログラミングの開発ツール

　マイコンのプログラムを作るためには，C言語などで作成したソース・プログラムを下記のように変換＆修正する必要があります．

　　(1) マイコンが実行できる機械語に変換すること

　　　　(コンパイル，アセンブル，リンクなど総称してビルドという)

　　(2) プログラムの不具合を見つけて修正するデバッグすること

　　　　(パソコン上でのシミュレーションまたはMCUを実際に動かすエミュレーション)

これらの一連の開発作業を行えるのがプログラミング開発ツール(IDE：Integrated Development Environment)です．C-Firstボードのソフトウェア開発に使用できる代表的なプログラミング開発ツールを**表1**に示します．

表1　C-Firstボードのソフトウェア開発に使用できる代表的なプログラミング開発ツール

品　名	CS+	e2 studio	Embedded Workbench for RL78	Web コンパイラ	IDE for GR
メーカ名	ルネサス	ルネサス	IAR システムズ	がじぇるね	がじぇるね
コンパイラ名	CC-RL	CC-RL，GNU RL78	IAR コンパイラ	GNU RL78	GNU RL78
評価版の制約	リンク・サイズ：64K バイト	CC-RLはリンク・サイズ：64K バイト	使用期限：30日以内またはコード・サイズ：32K バイト	―	―
シミュレータ	あり	あり	あり	―	―
エミュレータ	ルネサス：E1，E2-Lite，EZ (C-Firstボード搭載) エミュレータ 北斗電子：USBOCE			シリアル書き込みのみ e2 studioへのポーティング可能	シリアル書き込みのみ
特徴	周辺機能，スタートアップのコード生成機能があり，実行時間計測，パフォーマンス解析など充実したデバッグ機能がある		サポートCPUコアが豊富	Arduino準拠ライブラリが利用可能 (準備中)	

(注) ルネサス：ルネサス エレクトロニクスの略称

● RL78 の代表的な IDE とコンパイラ

　RL78 マイコン用の代表的なコンパイラには 3 種類あります．ルネサス エレクトロニクス CC-RL コンパイラと IAR コンパイラ，GNU GCC です．またプログラミング開発ツール（IDE）には，同社の CS＋と IAR Embedded Workbench for RL78，Eclipse ベースの e2 studio があります．それぞれのコンパイラは出力コードに違いはありますが，初心者は IDE の使い勝手のほうが気になると思いますので，まず IDE の特徴を紹介しましょう．

　本書では Arduino 互換ライブラリが使える「がじぇっとるねさす」の Web コンパイラと IDE for GR の紹介は割愛します．

▶ CS＋［CC-RL コンパイラ（無償評価版あり）］

　CS＋はルネサス エレクトロニクスの開発環境です．CC-RL コンパイラの評価版とともに入手／インストールできます．デバッグは，シミュレータまたは C-First ボードに搭載された EZ エミュレータも利用できます．入手先は次のとおりです．

https://www.renesas.com/ja-jp/products/software-tools/tools/ide/csplus.html

　原稿執筆時点での最新バージョンは，V6.00.00 です．

　CS＋には，スタートアップ・コードやデバイス・ドライバを GUI で作成するコード生成機能があるので，RL78 マイコンのハードウェア・マニュアルを詳しく読まなくてもアプリケーションの作成ができます．

▶ e2 studio［CC-RL コンパイラ（無償評価版あり）または GNU GCC］

　e2 studio もルネサス エレクトロニクスの開発環境です．オープンソースの IDE である Eclipse をベースに同社独自のコード解析やデバッグ機能が追加されており，より使いやすくなっています．使用できるデバッガやコード生成機能は CS＋と同じです．入手先は次のとおりです．

https://www.renesas.com/ja-jp/products/software-tools/tools/ide/e2studio.html

　原稿執筆時点での最新バージョンは V6.0.0 です．

▶ EW RL78［IAR コンパイラ（無償評価版あり）］

　IAR システムズは，開発用ソフトウェアの専業メーカで，組み込みシステムにおいてはそのコンパイル結果やデバッグ機能などの優秀さが世界的によく知られています．また，サポートしているマイコン・コアの種類も多く，RL78 以外にも ARM やルネサス エレクトロニクスの主要なマイコンのすべてが含まれています．そのためコンパイラからソース・コードを移行することも考慮されています．原稿執筆時点での最新バージョンは V2.21 です．

● RL78 マイコンの代表的なデバッガと内蔵フラッシュ・メモリへの書き込みツール

　プログラムをデバッグするツールとしてシミュレータとエミュレータがあります．C-First で利用できるツールを紹介します．

▶代表的なエミュレータ

　RL78マイコンには，デバッグ機能が内蔵されているので，E1，E2エミュレータLiteなどのオンチップ・デバッギング・エミュレータを接続できます．C-Firstボードには，EZエミュレータが搭載されています（**写真1**）．

　写真2に示すE1エミュレータとE2エミュレータLiteのデバッグ機能は同じです．RL78/G14で使用した場合は2,000点のソフトウェア・ブレーク・ポイントを設定でき，実行中もメモリを参照/変更できます．異なるのは電源供給機能で，E2エミュレータLiteは3.3Vのみです．

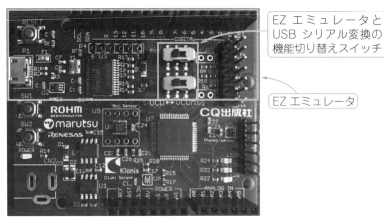

写真1
C-FirstボードにはEZエミュレータが搭載されているが，E1エミュレータやE2エミュレータLiteも接続して利用できる

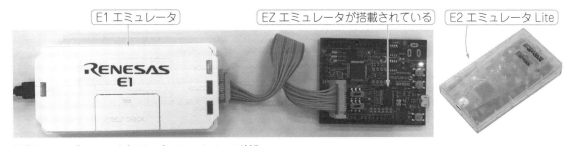

写真2　E1エミュレータとE2エミュレータLiteの外観
E1エミュレータとE2エミュレータLiteのデバッグ機能は同じである．違いは使用できる電源電圧で，E2エミュレータLiteは3.3Vのみ．

▶書き込みツール

　エミュレータでデバッグしたプログラムは，内蔵フラッシュ・メモリへ書き込まれているので，エミュレータを切り離す（SW3とSW4をV_{COM}側にスライドする）と自立して動作します．自立動作には電源をもう一度入れ直すか，RESETスイッチを押し下げます．C-Firstボードの内蔵フラッシュ・メモリへ書き込むには，**表2**の方法があります．

▶シミュレータ

　シミュレータを使うと，C-Firstボードがなくてもプログラムが実行されるようすを確認できます．マイコンに内蔵されている周辺機能はレジスタの書き込みまで確認でき，実行時間はタイ

表2 RL78/G14マイコンへの書き込み方法

C-Firstのコネクタ	パソコン側ソフト	SW$_3$	SW$_4$	JP1 または JP3	JP2
P1（USB，EZエミュレータ）	CS+	OCD側	OCD側	ショート	オープン
P1（USB，シリアル）	Renesas Flash Programmer	VCOM側	VCOM側	ショート	オープン
P2（E1またはE2エミュレータLite）	CS+ または Renesas Flash Programmer	VCOM側	VCOM側	ショート	オープン
CN1（FTDI，推奨AE-TTL-232R）接続図参照，基板加工必要	Renesas Flash Programmer または KURUMI WRITER	OCD側	OCD側	オープン	ショート

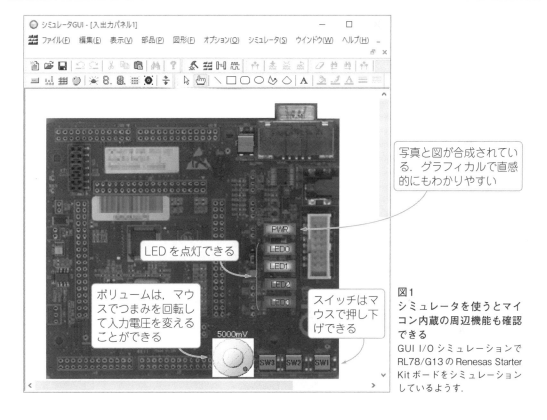

図1 シミュレータを使うとマイコン内蔵の周辺機能も確認できる
GUI I/Oシミュレーションで RL78/G13のRenesas Starter Kitボードをシミュレーションしているようす．

マ機能で計測できます．残念ながらRL78/G14はシミュレーションできませんが，RL78/G13またはG10はすべての内蔵機能をシミュレーションできます（図1）．

[2] プログラミング開発ツール CS+のインストールと使い方

1 CS+の開発環境の構築

CS+のインストール方法と使い方を解説します．開発環境は常に新機能が追加されたり，不

具合が修正されたりすることも多いので，できるだけ最新のバージョンを使うようにしましょう．

▶手順1　MyRenesas 登録

まずユーザ登録をしましょう．ユーザ登録をしておくとニュースや新機能の連絡が届きます．

ルネサス エレクトロニクスのトップ・ページ（https://www.renesas.com/ja-jp/）の右上にある「ログイン」をクリックします（図2）．そして図3，図4の順に手続きを進めます．

仮登録するとメールが届くので，さらに本登録へと進みます．

図2　MyRenesas 登録手順…ログインをクリック
ログインはルネサス エレクトロニクスのトップ・ページにある．

図3　MyRenesas 登録手順…登録の流れ
ステップ1からステップ4の手順に従って登録を完了する.

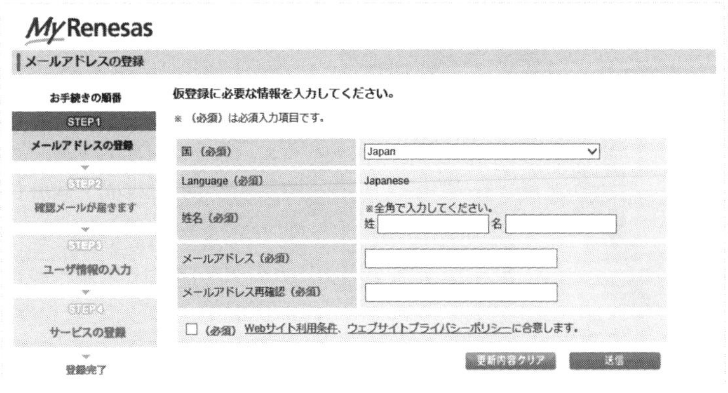

図4　MyRenesas 登 録 手 順…メール・アドレスの登録
メール・アドレスを送信するとメールが送られてくるので本登録に進む．

▶手順2　インストール

Webサイトからダウンロードしてインストールする方法を説明します．ルネサス エレクトロニクスのトップ・ページから「製品情報」→「開発環境」→「開発ツール」を選択します（図5）．

図6の左側にあるメニューから，「開発環境」→「統合開発環境（IDE）」→「統合開発環境 CS+」を選択し，右下にある「ダウンロード」を選択します．

図7の「カテゴリ」の「無償評価版」にチェックを入れて「検索」します．

図8の「【無償評価版】統合開発環境 CS + for CC V6.00.00（一括ダウンロード版）」を選択します．このとき間違えて「CS+ for CA, CC」を使わないようにしてください．仕様が異なるため，

図5
CS＋のダウンロード①…ルネサス エレクトロニクスのトップ・ページ
「製品情報」「開発環境」「開発ツール」を選択する.

図6
CS＋のダウンロード手順…統合開発環境の選択画面
「開発環境」「統合開発環境(IDE)」「統合開発環境CS＋」を選択し,右下にある「ダウンロード」を選択する.

図7
CS＋のダウンロード②…カテゴリの選択
無償評価版にチェックを入れて検索する.

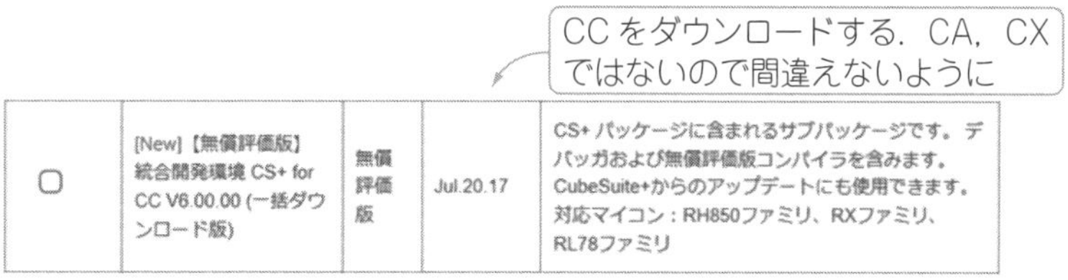

図8
CS＋のダウンロード③…製品名の指定
無償評価版の統合開発環境 CS＋ for CC V6.00.00(一括ダウンロード版)を選択する.

図9　CS＋のダウンロード手順…ダウンロードをクリック

本書のサンプル・プログラムは動作しません.

システムの要件などを確認して図9の「ダウンロード」ボタンをクリックします.ここで,MyRenesasのログインが必要になります(図10).

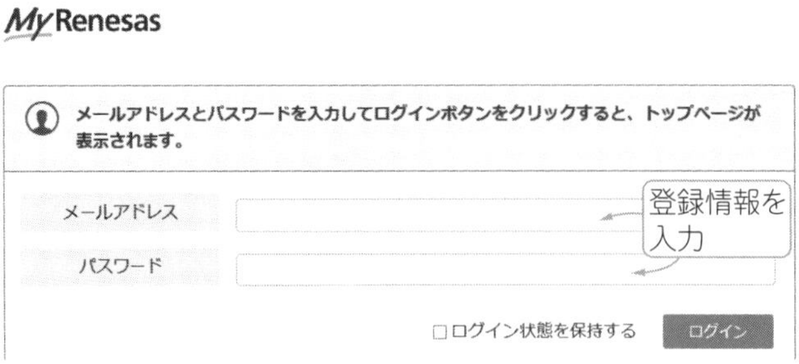

図10 CS＋のダウンロード④…登録情報の入力
メール・アドレスとパスワードを入力する．

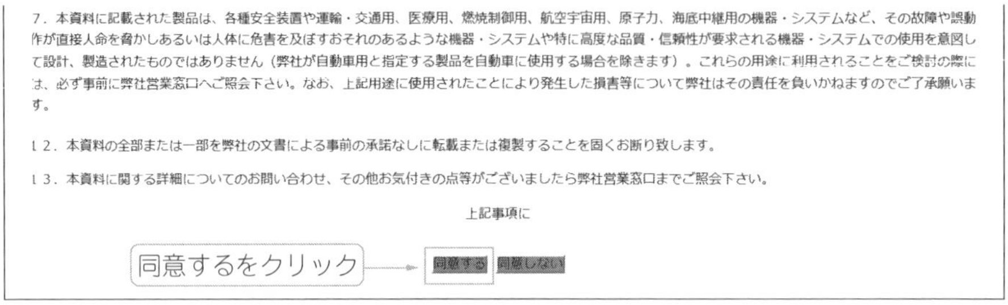

図11 CS＋のダウンロード⑤…注意事項の確認
同意するをクリックするとダウンロードが始まる．

図12 CS＋のパッケージのファイル名

さらに図11に示す注意事項に同意すると，ダウンロードが始まります．図12がダウンロードされたパッケージです．

ダウンロードしたパッケージには，RL78マイコン以外にRXマイコンとRH850マイコンのコンパイラも一緒にセットされています．一気に3種類のマイコンのコンパイラがダウンロードされたので，RL78マイコンに飽きたらRXマイコンを使ってみるのもよいと思います．なお，無償評価版のため商用には利用できません．また，表3に示す使用条件があります．

表4はインストールするパソコンの動作条件です．インストールは標準で行います．図13に示すボタンを押してください．管理者権限を必要とする場面がありますので，管理者ではない場合はあらかじめパスワードを確認しておいてください．Windows 10であれば問題なくインストールできます．

▶手順3　スイッチとLEDで動作確認

CS＋を使って，C-Firstボードにある押しボタン・スイッチとLEDを使うプログラムを作成して動作を確認しましょう．

Windows 10の場合は，「すべてのアプリ」→「R」→「Renesas Electronics CS+」に「CS+ for CC（RL78, RX, RH850）」でインストールされます．よく使うので右クリックして「スタート画面にピン留めする」をしておきましょう．CS＋のツールメニューから「プラグイン管理」を開き，

トランジスタ技術SPECIAL

No.163
ハードを動かすメカニズム理解！
ネットワーク＆カメラまで

ラズパイI/O制御
図解 完全マスタ

B5判 192ページ　定価：2,400円＋税

本書はラズパイを使ったI/O制御について図解入りで解説します．ハードウェアもソフトウェアも単機能の部品として小さく作り，次にその部品を組み合わせて複雑なI/O制御を実現できるのがラズパイのメリットです．最終的には，カメラやネットワークから実用的なプログラミングまで解説します．

シリーズの各巻も好評発売中！

No.167
はじめの一歩！ OPアンプ回路設計

No.166
実験でつかむ 電子回路と数学

No.165
モータ大図鑑 メカニズムの研究

No.162
エレクトロニクス設計便利帳101

No.161
測る 量る 計る 回路＆テクニック集

No.160
アナログ回路入門！ サウンド＆オーディオ回路集

No.158
はじめてのノイズと回路のテクニック

No.157
プリント基板設計 実用テクニック集

No.156
設計のためのLTspice回路解析101選

No.155
宇宙ロケット開発入門

No.154
達人への道 電子回路のツボ

No.153
ずっと使える電子回路テクニック101選

No.152
クルマ／ロボットの位置推定技術

No.148
回路図の描き方から始めるプリント基板設計＆製作入門
特別付録 DVD-ROM

No.147
シミュレーションDVDで早わかり！ 電子回路教科書
特別付録 DVD-ROM

No.145
私のサイエンス・ラボ！ テスタ／オシロ／USBアナライザ入門

No.143
ベスト・アンサ150！ 電子回路設計ノウハウ全集

No.142
KiCad×LTspiceで始める本格プリント基板設計[DVD付き]
特別付録 DVD-ROM

No.141
バーチャル学習！ パソコン回路塾[LTspice CD付き]
特別付録 CD-ROM

No.138
オームの法則から！ 絵ときの電子回路 超入門

No.137
今すぐ作れる！ 今すぐ動く！ 実用アナログ回路事典250

No.136
電気の単位から！ 回路図の見方・読み方・描き方

CQ出版社　　　　　　　　　　　　　https://shop.cqpub.co.jp/

手を動かして試しながら技術を身に付ける！

トライアルシリーズ

定番STM32で始める IoT実験教室

白坂 一郎，永原 柊 ほか 著

B5判 176ページ
定価：2,640円

　32ビット・マイコンの定番である「STM32」マイコンを使って，アナログ入出力やディジタル入出力，割り込み，タイマといったマイコンの基本機能の使い方や，センサ値を読み込んでWi-Fi経由でクラウドに送るといったIoTプログラミングを，実験しながら習得します．

　開発ツールは，STマイクロエレクトロニクスが無償配布している「STM32CubeIDE」を使用します．ダウンロードやインストール，使い方の手順をステップ・バイ・ステップで解説しているので，初めて使う人も安心です．

 本書で紹介したソース・コードを公開中！

本書の実験に使える基板を販売中！

IoTプログラミング学習ボード ARM-First

マイコン，Wi-Fiモジュールのほか各種センサやマイクを搭載！

価格：8,800円
[直接販売商品]

アカデミック価格
対象商品

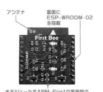

本キットに含まれるもの：
・STM32F405搭載 マイコン基板「ARM-First」
・ESP-WROOM-02搭載 Wi-Fiモジュール「First Bee」
・実装用部品（スペーサ，ピンなど）
・USBケーブル（A-microB）

アカデミック価格とは，教育・学習や研究目的の学校，学生向けに設けた割引サービスです．詳しくは各対象商品のWebページにてご確認ください．

本書と基板のセットも！

定番STM32で始める IoT実験教室 特別版

価格：11,440円
JAN9784789847995

アカデミック価格
対象商品

 「特別版」に含まれるもの：
・解説書『定番STM32で始める IoT実験教室』
・左記のキット「IoTプログラミング学習ボードARM-First」の内容物

CQ出版社

お求めは全国の書店またはCQ出版WebShopまで！

https://shop.cqpub.co.jp　　E-mail: shop@cqpub.co.jp
〒112-8619 東京都文京区 4-29-14 CQ出版株式会社 営業部 TEL：03-5395-2141

表3 CS＋の使用条件

対象 MCU	試用期間	試用期間後の制限（61 日目以降）
RH850 ファミリ	初めて評価版ソフトウェア・ツールをインストールした後，最初にビルドを行った日から 60 日間．機能に制限はありません	リンク・サイズが 256K バイト以内に制限され，professional 版の機能が使用できなくなる
RX ファミリ		リンク・サイズが 128K バイト以内に制限され，professional 版の機能が使用できなくなる
RL78 ファミリ		リンク・サイズが 64K バイト以内に制限され，professional 版の機能が使用できなくなる

表4 CS＋の動作条件

項　目	内　容
ホスト・コンピュータ	IBM PC 互換機
OS	Windows 7，Windows Vista，Windows 8.1，Windows 10
メモリ容量	最低 1G バイト（Windows 10 および 64 ビット版の Windows は 2G バイト），2G バイト以上を推奨
ハード・ディスク容量	空き容量 1G バイト以上
ディスプレイ	1024×768 以上の解像度，65,536 色以上
I/O 装置	DVD ドライブ（インターネットから取得する場合は不要）
そのほか	マウスなどのポインティング・デバイス，.NET Framework 4.5.2 ＋言語パック，Microsoft Visual C++ 2010 SP1 ランタイム・ライブラリ，Internet Explorer 9 以上

図13　CS＋のインストール
「CS＋のセットアップを開始する」ボタンを押してインストールを開始する．

すべてチェックしてコード生成機能を追加して利用できるようにします．

　図14に示す GO ボタンを押して，新しいプロジェクトを作成します．次に図15の画面で RL78/G14（R5F104LE）のプロジェクトを作成します．図16はプロジェクトを新規に作成した直後の状態です．

次にマイコンの動作には欠かせないスタートアップとデバイス・ドライバを，GUIを使って自動で作成します．

CS+の左にあるプロジェクト・ツリーにある「コード生成（設計ツール）」の「クロック発生回路」をダブルクリックして図17の画面で周辺機能の端子割り当てを行います．次にコード生成のポートを選択してウインドウを開き，図18の画面で動作周波数が32MHzであることを確認します．

C-Firstボード上のLEDとスイッチを利用できるようにします．LED0はP17，LED1はP55，LED2はP01に接続されています（図19）．これらの端子は出力に設定します．SW1はP75，SW2はP73に接続されています（図20）．これらの端子は入力に設定します．このときにマイコン内部のプルアップ抵抗をONにします．そうしないとスイッチの読み取りができません．

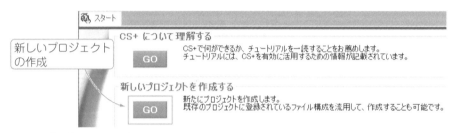

図14 プロジェクトの作成
GOボタンを押して，新しいプロジェクトを作成する．

図15
プロジェクト名の入力とMCUの選択
RL78/G14（R5F104LE）のプロジェクトを作成する．

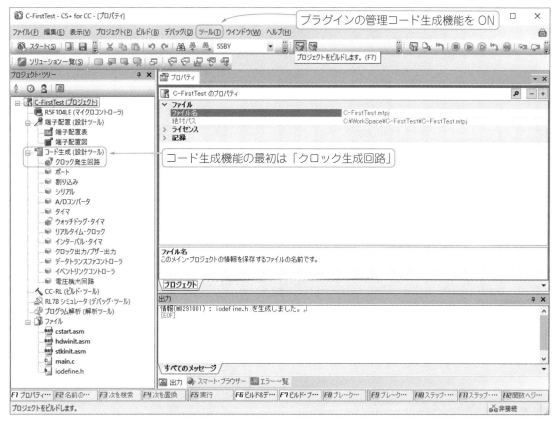

図16　新規プロジェクトの初期画面

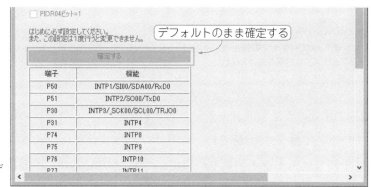

図17
周辺機能の端子割り当て
端子の接続先を選択する(デフォルトのままでOK).

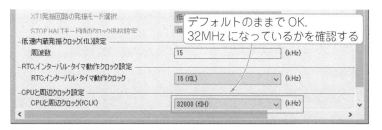

図18　CPUと周辺機能のクロック周波数を設定
動作周波数が高速オンチップ・オシレータで32MHzであることを確認する.

図19 ポート0，ポート1，ポート5の出力設定（ポート5の例）
LED0 は P17 に，LED1 は P55 に，LED2 は P01 に接続されている．

図20 ポート7の入力設定
SW1 は P75 に，SW2 は P73 に接続されている．

図21 ウォッチドッグ・タイマの停止
ウォッチドッグ・タイマは使用しないを選択．

図22 自動生成されたコード
生成されたコードがプロジェクト・ツリーのウィンドウに追加される．

なお，コード生成のウォッチドッグ・タイマを選択して，システムの監視を行うウォッチドッグ・タイマを停止しておきます（図21）．

以上でデバイス・ドライバ周りの設定ができたので，コードを生成します．コード生成ボタンで自動生成すると，図22のように生成されたコードがプロジェクト・ツリーの「ファイル」の「コード生成」フォルダに追加されます．

スイッチから読み取ったデータを LED に出力する動作を，無限に繰り返すプログラムを作ります．main 関数に作るので r_main.c ファイルを開き，main 関数にソース・プログラムを追加します（図23，図24）．

これでプログラムの準備は終了です．次にデバッグ・ツールを C-First ボードの EZ エミュレータに変更します（図25）．

EZ エミュレータは，RL78 に小さなモニタ・プログラムを置いて動作します．そのためユーザ・

図23 main関数にプログラムを追加
入出力するコードを追加する前のソース・プログラム．

図24
追加した後のプログラム
r_main.c ファイルを開き，main 関数に
ソース・プログラムを追加する．

プログラムでは利用できないリソースがあるので，その領域を避けるようにコンパイラ（実際はリンカ）に設定します．CC-RL ビルド・ツールをダブルクリックしてプロパティを開き，リンク・オプションのタグを選択，デバイスにある「デバッグ・モニタ領域を設定する」を「はい」に変更します（図26）．

以上で準備が整ったので図27の画面でプログラムをビルドし，C-First ボードで実行しましょう．C-First ボードをパソコンの USB に接続してからデバッグからビルド＆デバッグ・ツールへダウンロードを選択します．パソコンによっては，C-First ボードの認識に時間がかかる場合があるので少し早めに USB に接続しておくのがよいでしょう．

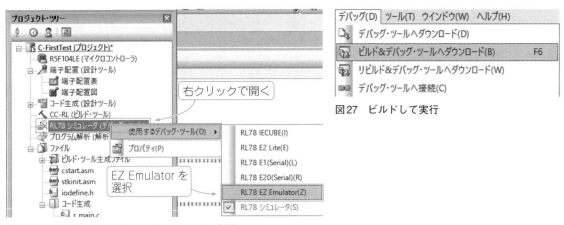

図25　デバッグ・ツールをEZエミュレータに変更
プロジェクト・ツリーから使用するデバッグ・ツールを選択する.

図27　ビルドして実行

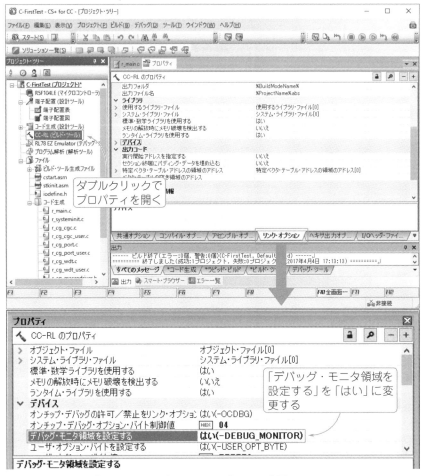

図26　リンク・オプションをEZエミュレータに合わせて変更
「デバッグ・モニタ領域を設定する」を「はい」に変更する.

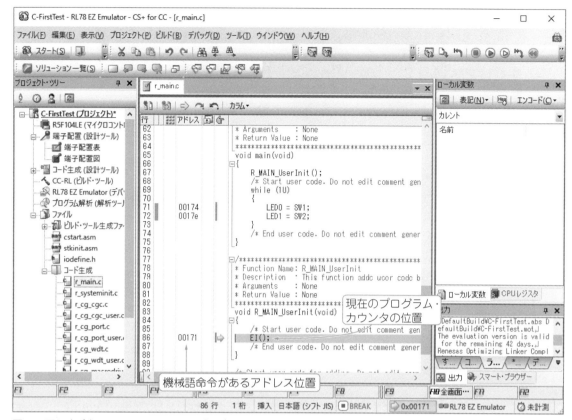

図28 正しくダウンロードされたときのプロジェクト画面
EZエミュレータでC-Firstボードにプログラムがダウンロードされて実行する前の状態.

　正しくダウンロードできたら，**図28**のように表示が変化します．デバッグから実行を選択するとプログラムの実行が始まります．

　ダウンロードできない場合，C-Firstボードがパソコンに認識されていないことがあります．Windowsのコントロール・パネルを開き，デバイスマネージャを確認します．「ほかのデバイス」に「不明なデバイス」があるので，ドライバの更新メニューでDVDにあるUSBドライバを設定します．認識されると図29にある「Renesas Virtual UART(COMxx)」と表示されます．

　そこでC-Firstボードのスイッチを押してください，LEDの点灯/消灯が変化すれば成功です．開発環境のインストールは無事に完了です．

● 動かないとき

うまくいかない場合は，次の確認をしてください．

(1) ビルド・エラーがある

　　入力したコードを，目を凝らしてよく見ましょう．どこかが違っています．特にゼロとオーは区別しにくいし，小文字のエルと1も間違えやすいです．

(2) エミュレータがつながらない

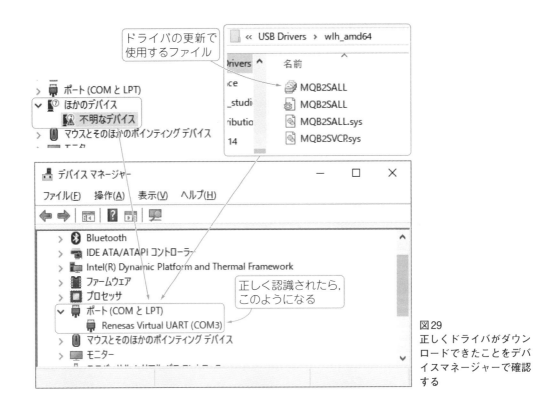

図29
正しくドライバがダウンロードできたことをデバイスマネージャーで確認する

　C-Firstボードのスイッチ（SW3とSW4）が，2つともOCD（On Chip Debugger）の方向になっているか確認します．

(3) ダウンロードできない

　リンク・オプションの設定変更や，デバイスにあるデバッグ・モニタの領域を確保したかを確認します．

(4) 実行できたがLEDが変化しない

　・スイッチを押してみるとスイッチに合わせて動きます．

　・プログラムに誤り（入力ミス）がないことを確認します．

　・デバッグ・ツールの設定がシミュレータになっていないことを確認します．

　隣に友達がいたら，一緒に確認してもらいましょう．「私はこのように作業を行った」と手順を相手に説明します．するとなぜかミスが見つかりやすいのです．これはピア・レビューと言われる手法で，正しくソフトウェアが動作するように間違いを見つけ出して作成する方法です．

2 CS＋の使いこなし方

● サンプル・プログラムの準備

▶コード・ジェネレータでmainから作成

　C-Firstボード専用のサンプル・プログラムは，CQ出版社のWebサイトからダウンロードで

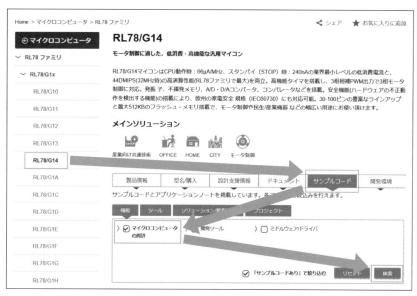

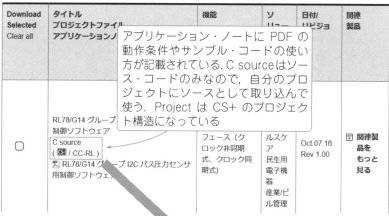

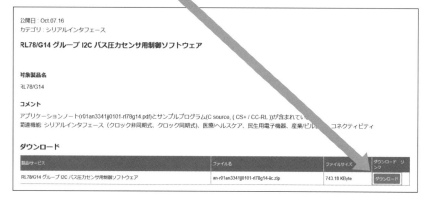

図30
サンプル・プログラムのダウンロード
矢印で示した手順に従って，検索・ダウンロードを行う．

きます．また，参考になるサンプル・プログラムは図30に示すルネサス エレクトロニクスのWebサイトからもダウンロードできます（ダウンロードにはMyRenesasの認証が必要です）．

C-Firstボード専用のサンプル・プログラムは，かふぇるねのRL78 Forumにアップロードされています．URLは https://japan.renesasrulz.com/cafe_rene/f/forum18 です．

コラム1　サンプル・プログラムの容量とMCUの型番変更

　サンプル・プログラムは，アプリケーション・ノートにROM/RAMサイズが記載されています．C-Firstボードに搭載されているMCUはROMが64Kバイトなので，それを超える容量になるサンプル・プログラムは使えません．また，プロジェクトでダウンロードしたものでも，MCUの型番が異なっている場合があります．そのときは図AのようにMCUの型番を変更します．

＜藤澤 幸穂＞

図A
MCUの型番の変更
プロジェクト・ツリーからMCUの型番を選択し，右クリックでマイクロコントローラの変更を選択．

▶周辺機能のコード生成機能でらくちん

　CS+にあるコード生成ツールには，2つの機能があります．1つは図31に示すスタートアップ・コードの作成です．これは周辺機能に関係ないため，新規プロジェクトの作成時に自動的に作られています．

　もう1つは周辺機能のデバイス・ドライバの生成です（図32）．すぐにタイマを使ってみたいというようなときに便利です．生成されたコードの例を図33に示します．

　生成されたコードは周辺機能によって差はありますが，基本は次のとおりです．

```
    void R_周辺機能名_Create (void)         // 初期化，動作は停止
    void R_周辺機能名_Start (void)          // 動作開始
    void R_周辺機能名_Stop (void)           // 動作停止
    static void __near r_周辺機能名_interrupt (void)   // 割り込み処理
```

　なお，リスト1の「void R_周辺機能名_Create(void)」は，main関数の前で実行済みです．

　周辺機能はスタートしていないので，必要なタイミングでリスト2のvoid R_周辺機能名_Start(void)を呼び出します．

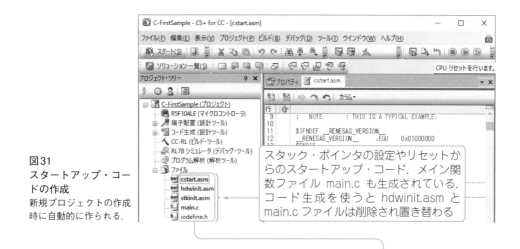

図31 スタートアップ・コードの作成
新規プロジェクトの作成時に自動的に作られる．

図32 周辺機能のデバイス・ドライバのコード生成

図33 プロジェクト・ツリーに表示された生成されたコードの例

▶知って得するコンパイル・オプション

　最適化とは不思議な言葉ですが，プログラミングではよく使います．マイコンの開発環境ではC言語で作成されたソース・コードが機械語に翻訳されます．このとき，ソース・コードに使われなかった変数が含まれていたら，このソース・コードを翻訳するとどうなると思いますか？

　このとき2つの対処方法があります．1つはソース・コードには書いてあるのでたとえ使わなくても忠実に機械語にしておく方法で，もう1つはあっさり削除してしまう方法です．どちらも正しく動作します．この削除してしまうことがコンパイラの最適化です．最適化した結果，コー

リスト1　コード生成した周辺機能の初期化（main関数の前に実行済み）

```
;-----------------------------------------------------------------
;    RESET vector
;-----------------------------------------------------------------
_start     .VECTOR      0


;-----------------------------------------------------------------
;    startup
;-----------------------------------------------------------------
.SECTION .text, TEXT
_start:           ← ここからリセット・スタートする
    ;-------------------------------------------------
    ; hardware initialization
    ;-------------------------------------------------
    CALL    !!_hdwinit    ← ここで，コード生成で指定した内蔵周辺機能の
                             初期化，hdwinit の呼び出し
中略    RAMの初期化など

    ;-------------------------------------------------
    ; call main function
    ;-------------------------------------------------
    CALL    !!_main              ; main();

    ;-------------------------------------------------
    ; call exit function
    ;-------------------------------------------------
    CLRW    AX                   ; exit(0)
_exit:
    BR      $_exit
```

(a) ファイル cstart.asm

```c
void hdwinit(void)
{
    DI();
    R_Systeminit();    ← ここで void R_周辺機器名_Create(void) の
                          呼び出し
}

void R_Systeminit(void)
{
    PIOR0 = 0x00U;
    PIOR1 = 0x00U;
    R_CGC_Create();
    R_PORT_Create();
    R_ADC_Create();
    R_TAU0_Create();
    IAWCTL = 0x00U;
}
```

(b) ファイル r_systeminit.c

リスト2　必要なタイミングでvoid R_周辺機能名_Start(void)を呼び出す

```
void main(void)
{
    R_MAIN_UserInit();
    /* Start user code. Do not edit comment generated here */
    while (1U)     ← この無限ループ内にユーザのプログラムを記述
    {              必要に応じて,
        ;          Void R_周辺機能名_Start(void)
    }              Void R_周辺機能名_Stop(void)
    /* End user code. Do not edit comment generated here */
}

void R_MAIN_UserInit(void)
{
    /* Start user code. Do not edit comment generated here */
    EI();     ← ここでvoid R_周辺機器名_Start(void)の呼び出し
    /* End user code. Do not edit comment generated here */
}
```

ド・サイズが小さくなります．このほかにも実行時間を短縮するようにregister修飾子がなくてもCPU内部のレジスタに変数を割り当てるなどを行います．

CC-RLコンパイラは，初期状態で最適化がOFFになっています．最適化させるには**図34**のように最適化オプションをONにします．

最適化を試すには，メモリ・サイズと実行時間の比較をする必要があります．比較するには，ソリューション一覧メニューのBldOptmボタンを使います．そこで，**リスト3**に示す整数演算の単純なプログラムで比較してみます．

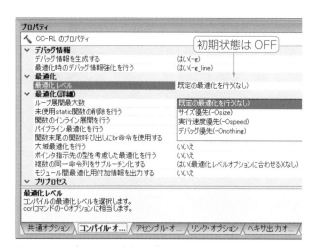

図34　コンパイラの最適化オプション
最適化レベルが初期状態はOFFになっているので，「既定の最適化を行う」を選択する．

リスト3　単純な整数演算のプログラム

```
const int x=20;
short y;
int z;
void R_MAIN_UserInit(void);
void main(void)
{
    int a=100;
    int b,c;

    c = a/x;
    b = c+z;
    y = z*c+a;
}
```

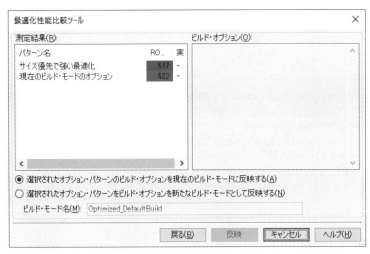

図35
ROMサイズの比較結果
リスト2のプログラムは，最適化により622バイトから617バイトと5バイト削減されている．

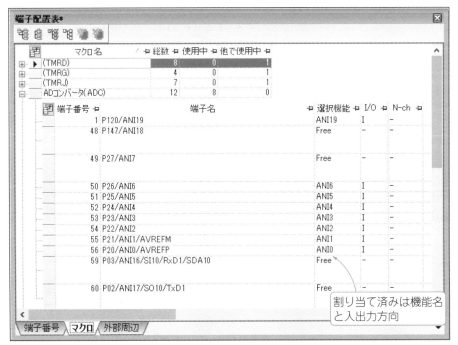

図36　リソース割り当て結果のドキュメント生成
プロジェクト・ツリーから端子配置を選択してコード生成を反映させたところ．

　最適化比較ツール「ROMサイズに関するオプション・パターンを試す」をチェックして「開始」ボタンで実行すると，このプログラムでは622バイトから617バイトと5バイト削減されます．プログラム・サイズが大きいほど効果が現れます（図35）．

● 設計ドキュメントも出力できる
▶端子配置を自動でドキュメント化
　端子はいくつかの周辺機能で兼用されているので，どの機能の端子としてリソース割り当てを

図37 レポート機能
ソリューション一覧からReportボタンをクリックし，関数や変数の構造，呼び出し回数などを記録させる．

したかをドキュメントに残す必要があります．そこでプロジェクト・ツリーから端子配置を選択してコード生成を反映します（図36）．

関数や変数の構造，呼び出し回数などもレポートできます．ソリューション一覧からReportボタンをクリックします．出力できる情報は，デバッグ・ツールで参照できるものです．参考までに，図37に関数コール・グラフを示します．

● 実行性能の計測

デバッグ・ツールで実行させることで，時間を計測できます（図38）．また，シミュレータでは計測開始／終了を指定できます（図39）．E1/E2 Lite/EZエミュレータでは，実行開始時から停止するまでの時間です．表示はCS +の右下です． ＜藤澤 幸穂＞

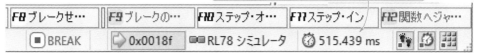

図38 計測時間の表示
デバッグ・ツールで実行させることにより，時間を計測できる．

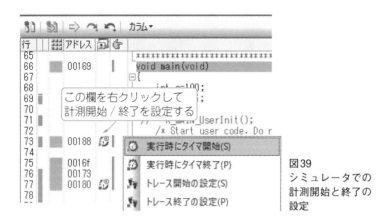

図39
シミュレータでの
計測開始と終了の
設定

コラム2　プログラミング開発ツールCS+を筆者がオススメする3つの理由

　RL78マイコンを使った勉強には，本書でも使っているプログラミング開発ツールCS+をお勧めします．理由は3つ．
　　①インストールで間違いなくRL78の環境がインストールされる
　　②ビルド・デバッグの操作がわかりやすい
　　③機能がまとまっていて多すぎない
　CS+はインストーラにRL78マイコンのコンパイラ，デバッガなどすべてが含まれていますので，インストール時に選択を誤って動作しないという心配がありません．ビルドからデバッグまでの操作が1アクション（メニュー選択またはアイコンクリック）で行えます．また重要なのが機能が多すぎないことです．CS+はデバッガと一緒に開発されていて，使いやすく機能がまとまっています．メニューやボタンが多すぎると操作に迷い，開発環境の操作を覚えているのか，RL78マイコンを勉強しているのかわからなくなってしまいます．

　CS+はデバッガやその他の支援ツールをルネサス エレクトロニクスが統一的に開発して提供していますから，機能がまとまっていて使いやすくなっています．初学者の勉強から開発まで幅広く使えるプログラミング開発ツールです．

　図Bに示すように，CS+はルネサス エレクトロニクスのコンパイラ，デバッガのみが使える統合開発環境（IDE）です．e2 studioはオープンソースのeclipseに同社独自の機能を追加したIDEです．同社のコンパイラ／デバッガ以外にGNUのGCCやJavaなども使えます．もちろん他のC/C++コンパイラやJavaなどの言語を同じ環境で学び，使うならeclipseベースのe2 studioをお勧めします．

　　　　　　　　　　　　　　　　　　　　　　　　　　　　　　　　　　　　＜藤澤 幸穂＞

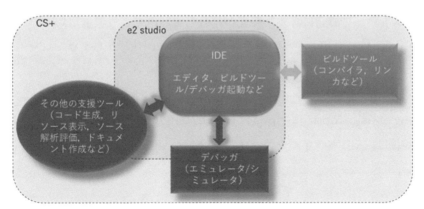

図B　プログラミング開発ツールCS+の良さは，ルネサス エレクトロニクスがIDEとデバッガの両方を提供していることで機能がまとまっていて使いやすい

第12章
LEDチカチカから加速度センサの読み取りまで
いざ！はじめてのCプログラミング

[1] 開発環境のセットアップ

■ マイコン基板と開発環境が整ったら

本書ではRL78/G14（型番はR5F104LEAFB）というマイコンが載った基板C-First（**写真1**）をC言語で実際に動かします．

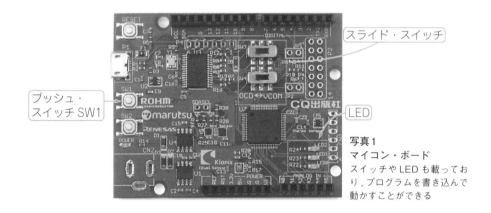

写真1
マイコン・ボード
スイッチやLEDも載っており，プログラムを書き込んで動かすことができる

開発環境（ソフトウェア開発に必要な要素が統合して利用できる環境）はルネサス エレクトロニクスの「CS+」（**図1**）を利用します．無償評価版は以下のURLからダウンロードできるので，お使いのパソコンにイントールしてください．
▶【無償評価版】統合開発環境 CS+ for CC V6.00.00（一括ダウンロード版）
https://www.renesas.com/ja-jp/software/D4000427.html

インストール後は，USBドライバを第2章で紹介したURLよりダウンロードして，インストールしてください．

● 準備1　プロジェクト作成

完了後はCS+を起動し，**図2**に示す「新しいプロジェクトを作成する」の［GO］ボタンを押してプロジェクトを生成しましょう．プロジェクトとは，マイコンにプログラムが入るまでに作られるソース・ファイルやヘッダ・ファイルなどの入れ物（フォルダ）です．

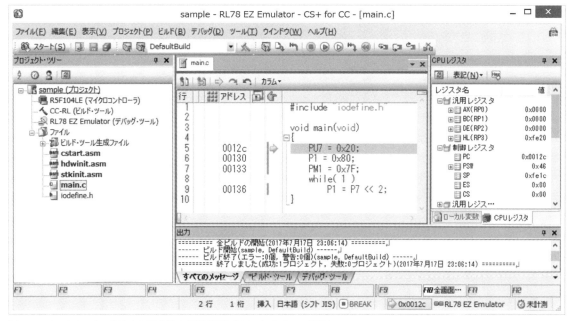

図1 マイコンにプログラムを書き込む開発環境「CS+」のトップ画面

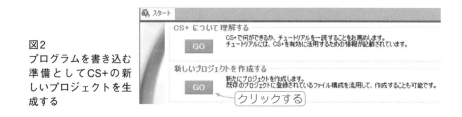

図2 プログラムを書き込む準備としてCS+の新しいプロジェクトを生成する

プロジェクト生成のダイアログ(図3)が表示されたら[マイクロコントローラ]は[RL78],[使用するマイクロコントローラ]は[RL78/G14(ROM:64KB)]の中の[R5F104LE(64pin)],[プロジェクトの種類]は[アプリケーション(CC-RL)]を選択してください.[プロジェクト名]と[作成場所]は自由です.好きな名前と作成場所を入力してかまいません.その後,作成ボタンをクリックしてプロジェクトを生成してください.

● 準備2　main関数の修正

プロジェクトを生成後はmain関数を修正します.CS+の画面左側のプロジェクト・ツリーにある[main.c]をダブルクリックしてください.main関数のあるmain.cの内容が右側のエディタ・パネルに表示されるはずです.

● 準備3　コーディング

すでに存在するリストはすべて削除し,代わりにリスト1のようなプログラムを書いてください(コーディングと呼ぶ).動作確認が目的なのでプログラムの詳しい説明は省略します.こ

図3 プロジェクト生成のダイアログ画面で必要な項目を選択もしくは記入する

図4 プログラムを打ち込むためにmain.cのソース・ファイルを編集する

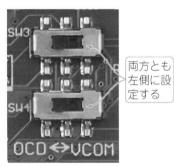

写真2 デバッグ機能を使いたいときはC-First上のスライド・スイッチ2つをOCDに設定する

のプログラムを実行すると，マイコン・ボードのSW1（スイッチ）に連動してLED0が点灯/消灯します．

● 準備4　マイコン・ボードのジャンパ設定

マイコン・ボードに搭載されているデバッグ機能（プログラムの誤りを見つけて修正すること）を使う設定をします．

マイコン・ボードのSW3とSW4の2つのスライド・スイッチを左側にスライドさせます（写真2）．その後，USBケーブルでパソコンに接続してください．

リスト1 スイッチと連動してLEDが点灯するプログラム

```
#include "iodefine.h"

void main(void)
{
    PU7 = 0x20;
    P1 = 0x80;
    PM1 = 0x7f;
    while(1)
        P1 = P7 << 2;
}
```

□は半角スペース，
↵は改行，
→はタブ
を表している

● 準備5　開発環境CS+の設定
▶デバイスのカテゴリ

プロジェクト・ツリーの「CC-RL（ビルド・ツール）」をダブルクリックして，CC-RLのプロパティである「オプション・メニュー」を表示します．「リンク・オプション」のタブ「デバイス」のカテゴリを図5に示す設定に変更してください．図5の「オンチップ・デバッグ」の設定はRL78/G14に搭載されているデバッグ機能を利用するためのものです．「ユーザ・オプション・バイト」の設定はRL78/G14のモードと動作周波数，正常に動いているか監視する機能（ウォッチドッグ・タイマ）などの設定であり，図5の設定により動作周波数は32MHz，ウォッチドッグ・タイマは停止状態で使うことになります．

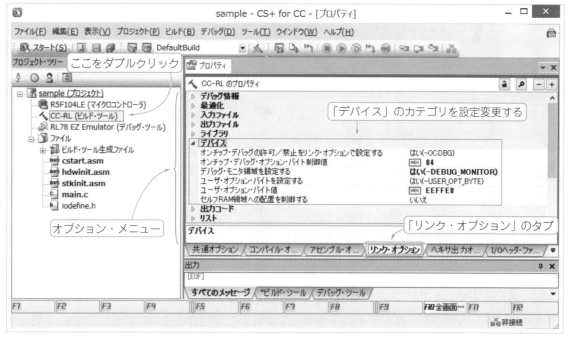

図5　「デバイス」カテゴリの項目を設定する

▶デバッグ・ツール

デバッグ・ツールを設定します．プロジェクトの生成時，デバッグ・ツールはシミュレータが選択されています．このままではデバッグ機能が利用できないので，図6に示すようにプロジェクト・ツリーの「RL78 シミュレータ(デバッグ・ツール)」を右クリックして，「使用するデバッグ・ツール」から「RL78 EZ Emulator」を選びます．

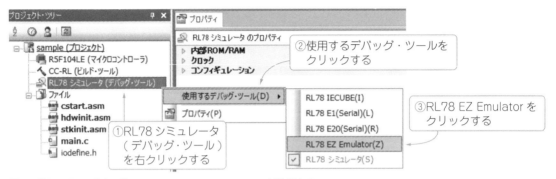

図6　使用したいデバッグ・ツールのRL78 EZ Emulatorを選択する

● 準備6　ロード・モジュールの作成

あとはプログラムをビルドして実行できるプログラム形式(ロード・モジュール)を作成し(図7)，それをRL78/G14のフラッシュ・メモリにダウンロードし(図8)，実行するだけです．

さっそくデバッグ・メニューから「ビルド&デバッグ・ツールにダウンロード」コマンドを実行してみてください．これによりプログラムはRL78/G14の理解できる機械語，すなわちロード・モジュールに翻訳され，自動的にRL78/G14の内蔵フラッシュ・メモリへダウンロードされます．

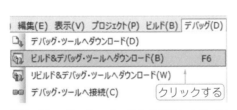

図7　「ターゲット・ボードとの接続」カテゴリの項目を設定する

図8　「ビルド&デバッグ・ツールにダウンロード」を選択する

● 準備7　プログラムの実行

CS+の画面は図9に示すようになります．マイコンは，あるアドレスに格納されている命令を読み出し，実行します．このプログラムの左側に表示されているのが，命令が格納されているアドレスです．黄色のバーは，マイコンが実行しようとしている命令の位置を示しています．今回の例では，RL78/G14は0012c番地から順番に命令を読み出して実行することを意味しています．

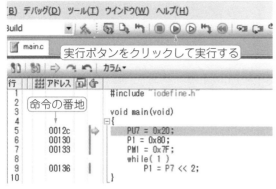

図9 プログラムの実行は緑色の実行ボタンをクリックする

図10 プログラム停止は赤い停止ボタンをクリックする

　それではプログラムを実行しましょう．実行は図9に示す緑色の［実行］ボタン（またはデバッグ・メニューの「実行」コマンド）で行えます．実行したらC-FirstボードのSW1を押して，SW1を押している間，LED0が点灯するかどうか確認してください．

　プログラムの停止は図10に示す赤い［停止］ボタン（またはデバッグ・メニューの「停止」コマンド）で行えます．停止すると，次にプログラムが実行する命令に黄色のバーが表示されます．

　以上が「SWに連動してLEDが点灯するプログラム」を作成する前準備でした．手順に従ってC-Firstボードの動作確認を行ってみましょう．　　　　　　　　　　　　　　　＜鹿取 祐二＞

[2] 出力機能のプログラム
LEDを点灯/消灯する

　C-FirstボードのLEDを点灯/消灯します（LEDがチカチカ光るので通称Lチカと呼ばれる）．しかし，なぜその操作でLEDが点灯/消灯するのか理解していないと，応用できません．そこで本節はマイコン内部で何が起こっているのか理解することを目的に解説します．

　まずプログラムを作らずにデバッガを使って手動でLEDの点灯/消灯を行います．その後，そのデバッガでの操作をプログラムで行います．

　C-Firstボードにはユーザが操作できる3つのLEDが搭載されています．ここではLED0を対象としています．

● 手動でLEDを点灯/消灯する

　デバッガを使って手動でマイコンを操作するだけで，プログラムを作らなくてもLEDを点灯/消灯できます．最初なので順を追って操作を説明します．

▶手順1　プロジェクト作成（led0）

新規プロジェクトを作成します．ここでは led0 というプロジェクト名で作成しました．

▶手順2　使用するデバッグ・ツールを選択（RL78 EZ Emulator）

C-First ボードを操作するために，使用するデバッグ・ツールを選択します．

▶手順3　CS+ のメニューから「デバッグ」→「デバッグ・ツールへ接続」

プログラムを作成していませんが，デバッグ・ツールに接続します．接続が終わればデバッガからマイコンの内部状態を参照したり，操作したりできます．

▶手順4　SFR ウィンドウを表示

デバッガのメニューから「表示」→「SFR」を実行すると，図 11（a）のようなウィンドウが表示されます．SFR は Special Function Register の頭文字で，ペリフェラルを制御するレジスタを意味します．このウィンドウでレジスタに値を設定すると，LED を ON/OFF できます．ここで操作するレジスタは PM1 レジスタと P1 レジスタです．

▶手順5　2進数表示

ここではわかりやすいように P1 レジスタと PM1 レジスタの値を 2 進数で表示しています．SFR ウィンドウの値を選んだ状態で「表記」から「2 進数」を選びます［図 11（b）］．

▶手順6　PM1 レジスタに 1 をセットする

PM1 レジスタの最上位ビットを 1 にすると LED は消灯します．その状態では P1 レジスタの最上位ビットは操作できません［図 11（c）］．

▶手順7　PM1 レジスタに 0，P1 レジスタに 0 をセットする

PM1 レジスタの最上位ビットを 0 にして［図 11（d）］，P1 レジスタの最上位ビットを 0 にすると［図 11（e）］，LED が点灯します．

▶手順8　PM1 レジスタに 0，P1 レジスタに 1 をセットする

PM1 レジスタの最上位ビットを 0 にした状態で P1 レジスタの最上位ビットを 1 にすると LED が消灯します［図 11（f）］．

● まとめ

以上のレジスタ操作を表 1 にまとめます．このように PM1 レジスタと P1 レジスタを操作す

(a) SFR ウィンドウ

(b) 表示を2進数にする

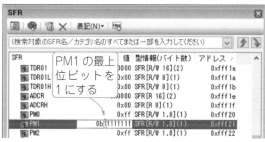

(c) PM1 レジスタの最上位ビットを1（入力）にすると LED は消灯する

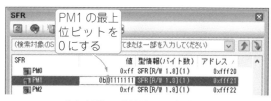

(d) LED の ON/OFF のために，PM1 レジスタの最上位ビットを0（出力）にする

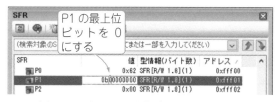

(e) P1 レジスタの最上位ビットを0にすると LED は点灯する

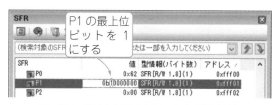

(f) P1 レジスタの最上位ビットを1にすると LED は消灯する

図11 手動でLEDを点灯/消灯する

れば，LED0 を点灯/消灯できます．このレジスタ操作をプログラムで行うことができれば，プログラムから LED を点灯/消灯させることができます．LED を消灯する設定は2通りあります．細かく言うと，この2つは異なるのですが，C-First ボード上の LED を点滅させる程度であればどちらの設定を使ってもかまいません．

表1 LED0を点灯/消灯する設定

レジスタの操作		LED0 の状態
PM1 レジスタの操作	P1 レジスタの操作	
最上位ビットに1をセット	P1 レジスタの値は無関係	消灯
最上位ビットに0をセット	最上位ビットに0をセット	点灯
	最上位ビットに1をセット	消灯

● レジスタ設定とマイコン内部状態

レジスタ操作でLEDをON/OFFできることはわかりました．この操作を行ったとき，マイコン内部でどのようなことが起こっているのかを図12で説明します．

▶ PM1レジスタ…入力か出力を決める

LEDはマイコンのディジタル信号の入出力を行うポートに接続されています．ただし入力と出力を同時に行うことはできず，ポートからディジタル信号を出力するのか，あるいは入力するのかを選択する必要があります．

PM1レジスタはこの選択をするレジスタです．レジスタのそれぞれのビットがポートの1つずつに対応します．C-FirstボードのRL78/G14では，このレジスタのビットを1にすると対応するポートは入力になり，0にすると対応するポートは出力になります．

▶ P1レジスタ…入出力の値を保持する

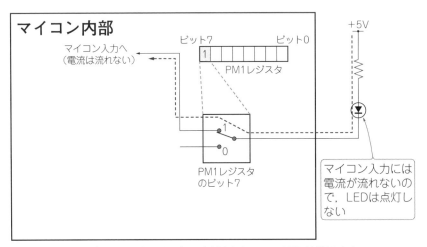

（a）ポートを入力にすると電流が流れないのでLEDは消灯する

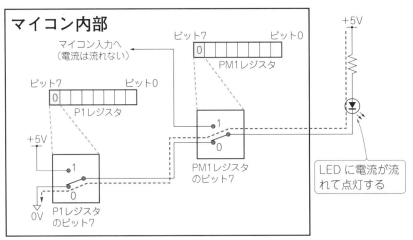

（b）ポートからLowを出力するとLEDに電流が流れて点灯する

図12 レジスタ操作を行ったときのマイコン内部とLED点灯/消灯のようす

このレジスタは，ポートから入出力する値を保持するレジスタです．ポートが出力の場合，このレジスタにセットした値が対応するポートから出力されます．C-First ボードは，レジスタに 0 をセットするとポートからは Low (0V) が出力され，レジスタに 1 をセットするとポートからは High (5V) が出力されます．

一方，ポートが入力の場合，このレジスタにはポートから入力された値が入ります．

▶ PM1 レジスタに 1 をセットする… LED の消灯

それではデバッガで行ったそれぞれの操作のマイコン内部の動作を解説します．

まず PM1 レジスタの最上位ビットに 1 をセットすると LED が消灯しました．このとき，P1 レジスタの最上位ビットは操作できませんでした．

ポートが入力になった場合，そのポートには電流が流れません．一方，LED は電流が流れると点灯する素子です．したがって，LED がつながっているポートが入力になると電流が流れな

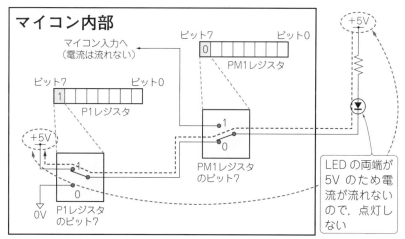

(c) ポートから High を出力すると LED に電流が流れず消灯する

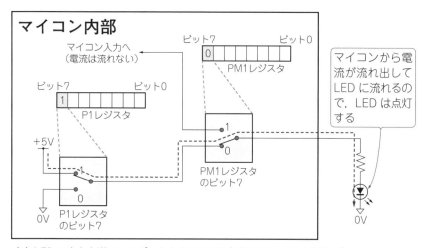

(d) LED の向きを逆にしてポートから High を出力すると LED に電流が流れて点灯する

いので，つながったLEDは消灯します．つまりPM1レジスタに1を設定してポートを入力にするとLEDは消灯します［**図12(a)**］．

またポートを入力に設定したのでP1レジスタにはポートから入力された値が入り，デバッガから書き換えることはできません．

▶ PM1レジスタに0，P1レジスタに0/1をセットする… LEDのON/OFF

PM1レジスタに0をセットするとポートは出力になります．この場合，P1レジスタの値でLEDをON/OFFできます．

C-Firstボードは，ポートからLow（0V）を出力するとLEDが点灯します．つまりP1レジスタに0をセットするとLEDが点灯し［**図12(b)**］，1をセットするとLEDは消灯します［**図12(c)**］．

なお図12(c)からわかるように，ポートを出力に設定しても電流がマイコンから流れ出るとは限りません．逆にLEDからマイコンに電流が流れ込んでいます．ポートの入出力は外部の状態をマイコン内に取り込むのか，マイコンから外部の状態を制御するのかを意味するのであって，電流が流れる方向を言っているわけではありません．

● プログラムの作成

プログラムでLED0をON/OFFするには，さきほどの2つのレジスタPM1とP1をプログラムで操作します．ここではPM1レジスタに0をセットして，P1レジスタに0と1で交互にセットすることでLEDをON/OFFさせます．

図13にソース・コードの生成の設定を示します．この画面で「出力」はPM1レジスタへの初期値の設定，チェック・ボックス「1」はP1レジスタへの初期値の設定に対応します．チェック・ボックス「1」をチェックしていないので，P1レジスタには0を設定する指示になります．

作成するプログラムを**リスト2**に示します．ビットごとに0や1をセットする方法として，P1レジスタのビット7（最上位ビット）に1をセットするには，`P1_bit.no7 = 1`のように記述します．この書き方は，プログラムの先頭でインクルードしているヘッダ・ファイル`iodefine.`

コラム1　LEDの向きが反対の場合

LEDのつなぎ方として，図12(d)のようにLEDの方向を逆にして0Vにつなぐ方法もあります．この場合，マイコンから電流が流れ出せばLEDが点灯します．レジスタの設定でいうとPM1レジスタに0，P1レジスタに1をセットするとLEDが点灯し，**表1**の説明とは異なります．

また，別の種類のマイコンの場合，PM1レジスタに相当するレジスタに0をセットするとポートが入力になってLEDが消灯するものもあります．

このようにマイコンの種類や外部に接続する回路によって，レジスタにセットする値を考える必要があります．**表1**を暗記しても使える知識にはなりません．　　　　　　　　　　＜永原 柊＞

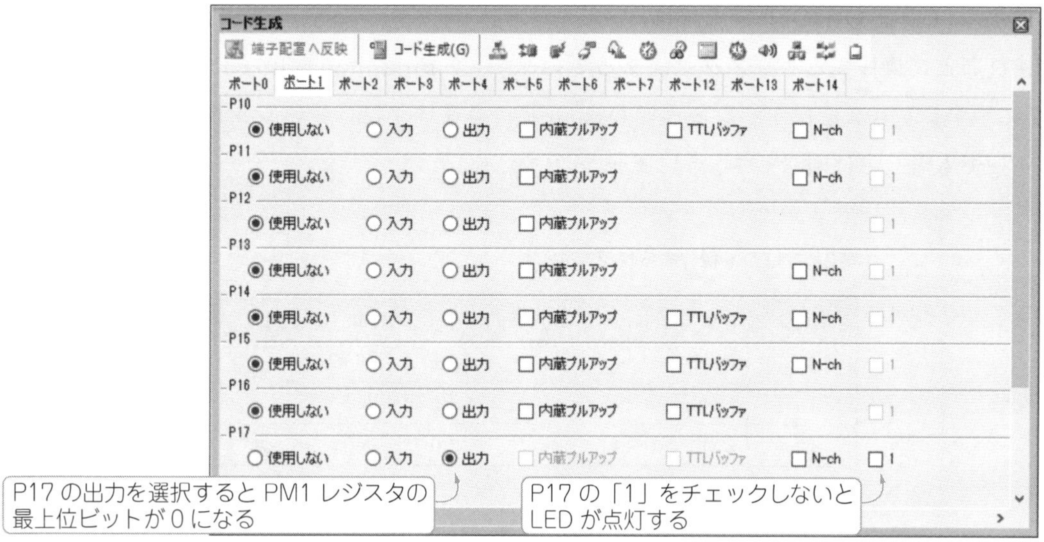

P17の出力を選択するとPM1レジスタの最上位ビットが0になる

P17の「1」をチェックしないとLEDが点灯する

図13 ソース・コード生成のための設定

リスト2 LED0を点灯/消灯するプログラム

```
void main(void)
{
    R_MAIN_UserInit();
    /* Start user code. Do not edit comment generated here */
    P1_bit.no7 = 1;                      /* LED0 消灯 */         LED0の設定

    while (1U)                                                    繰り返し処理
    {
        volatile long i;

        P1_bit.no7 ^= 1;        /* LED0を反転 */                LED0のON/OFF
        for (i = 0; i < 600000; i++) ;      /* 時間待ち */
    }
    /* End user code. Do not edit comment generated here */
}
```

hで定義されています．

プログラムは高速に動くので単にLEDを操作するだけでは，目には見えない早さで光のON/OFFを繰り返すことになります．そこで時間待ちを行ってLEDの点灯/消灯が目に見える早さにしています．

なおこのプログラムの最初で P1_bit.no7 に1を代入してLEDを消灯しています．図13の「1」のチェック・ボックスにチェックしておくと，初期化の段階で P1_bit.no7 に1が代入されるのでこの行は不要になります．

● ほかの LED を ON/OFF するには

　LED ごとに操作するレジスタは決まっています．C-First ボード上の3つの LED はそれぞれ表2に示すレジスタを操作することで ON/OFF できます．操作するレジスタが異なるだけでどの LED でも考え方は同じです．

表2　各LEDを操作するレジスタ

LED	PMレジスタ（入出力方向）	Pレジスタ（ポート出力値）
LED0	PM1 ビット7	P1 ビット7
LED1	PM5 ビット5	P5 ビット5
LED2	PM0 ビット1	P0 ビット1

演習問題 C

■ LED プログラムの書き方

※ CS+のコード生成機能を使った解答は巻末にあります．

［演習問題1］
LED が一瞬点灯してしばらく消灯という動作を繰り返すプログラムを作りなさい．点灯／消灯する時間は各自で決めること．

［演習問題2］
LED0 から LED2 の3個の LED を点灯／消灯するプログラムを作りなさい．点灯／消灯のパターンは各自で決めること．

［演習問題3］
表1に示した2通りの消灯方法を確認するプログラムを作りなさい．

[3] 入力機能のプログラム
スイッチを読み取る

　C-First ボードに載っているスイッチを使ってマイコンへの入力を試してみます．前節と同様の狙いで，マイコン内部の動作を理解します．

　まずデバッガでレジスタの使い方を理解した後，プログラムを作成します．

■ C-First のスイッチ回路

スイッチの状態をポートから読み取るには，ポートを入力にする必要があります．前節のように，PM レジスタに 1 をセットすると入力に切り替わります．その状態で P レジスタを読み取れば，ポートの状態も読み取れるはずです．

● どこにもつながっていないとスイッチの状態を読み取れない

ただし C-First の場合はもう 1 つ設定が必要です．図 14 に示すように，スイッチを押すとポートの電圧は 0V になるので，Low が入力されて P レジスタを読み取ると 0 が読めます．

しかしスイッチを押していない状態では，ポートがどこにもつながっていないので，ポートの電圧が不定になります．この状態で P レジスタを読むと，0 から 1 のどちらかが読めるはずですが，どちらになるかわかりません．またマイコンの入力端子に手を近づけると，読み取れる値が変わる場合もあります．

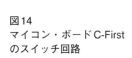
図 14
マイコン・ボード C-First
のスイッチ回路

● マイコン内蔵のプルアップ抵抗機能を有効にする

このように，そのままではスイッチが使い物にならないので対策が必要です．

そこでマイコンに内蔵されたプルアップ機能を使います．PU レジスタに 1 をセットすると，マイコンに内蔵されたプルアップ抵抗が有効になります［図 15（a）］．SW を押すと，この状態でもポートの電圧は 0V になります［図 15（b）］．

一方スイッチを押さない場合，ポートの電圧はプルアップ抵抗により 5V になるので，ポートには High（1）が入力されます［図 15（c）］．

このようにプルアップ抵抗を有効にすることにより，ポートの入力値から，スイッチが押されたかどうか判断できるようになります．

なお世の中には外付けのプルアップ抵抗が最初から実装されているボードもあります．そのような場合は，内蔵プルアップ抵抗を有効にする必要はありません．要するにスイッチを押したときと押していないときで，それぞれポートの入力電圧を確定させることが重要です．

● デバッガで SW1 の状態を読み取る

ではデバッガで SW1 の状態を読み取ってみましょう．LED のときと同様にプロジェクトを

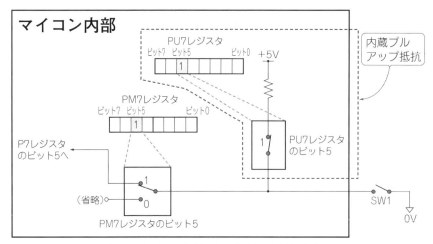

（a）マイコン内蔵プルアップ抵抗を有効にする

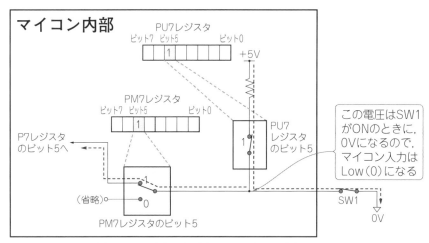

（b）スイッチを押した場合は図14と同じ動きになる

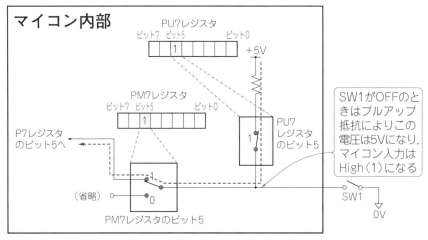

（c）スイッチを離した場合はプルアップ抵抗で電圧が確定する

図15　マイコン内蔵プルアップ抵抗

作ってデバッグ・ツールに接続します．

▶ PM レジスタに 1 をセットする

SW1 がつながるポートに対応する，PM7 レジスタのビット 5 に 1 をセットします．これでポートは入力になります．

▶ その状態で P レジスタを読み出してみる

ポートを入力に設定しただけの状態でポートの値を読み出してみます．P7 レジスタのビット 5 にその値が入っています．SW1 を押すと値が 0 になるはずですが，SW1 を押していない状態では値が 0 になるか 1 になるかわかりません．

なお SW1 を操作してポートの値が変わったときでも，SFR ウィンドウの表示はリアルタイムには更新されません．SFR ウィンドウの最新の情報に［更新］ボタンを押して表示を更新してください（図 16）．

図16
SFRウィンドウの表示を最新の情報に更新するボタン

▶ PU レジスタに 1 をセット

次にプルアップを有効にするために PU7 レジスタのビット 5 に 1 をセットします．

▶ P レジスタを読み出してみる

再度 P7 レジスタのビット 5 を読み出してみると，今度はスイッチの ON/OFF に合わせて 0/1 が読めるはずです．

● SW1 の状態をプログラムで読み取る

それではデバッガでの操作をプログラムで実現してみます．ただし今度は SFR ウィンドウで表示するわけにはいかないので，LED を使ってスイッチの ON/OFF を表現します．ここでは SW1 が押されたら LED0 を点灯し，SW1 が押されていなければ LED0 を消灯することにします．

デバッガで操作したように，PM7 レジスタを入力，PU7 レジスタをプルアップに設定すると，P7 レジスタでスイッチが押されたかどうか判断できます．

スイッチ入力のためのポート設定を図 17 に示します．LED 出力の設定は同じなので省略します．

作成したプログラムをリスト 3 に示します．PM レジスタや PU レジスタの設定は，生成されたソース・コード内で自動的に行われるのでここには現れません．メイン・ルーチンのループ内でスイッチの状態を参照し，スイッチが押されていれば LED を点灯，押されていなければ LED を消灯します．

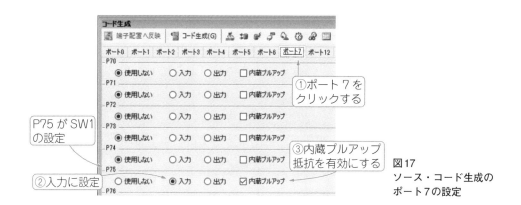

図17 ソース・コード生成のポート7の設定

リスト3 SW1を読み取るプログラム

```
void main(void)
{
    R_MAIN_UserInit();
    /* Start user code. Do not edit comment generated here */
    while (1U)
    {
        if (P7_bit.no5 == 0)    /* SW1 が押されていたら */
            P1_bit.no7 = 0;     /* LED0を点灯 */
        else                    /* SW1 が押されていなければ */
            P1_bit.no7 = 1;     /* LED0を消灯 */
    }
    /* End user code. Do not edit comment generated here */
}
```

メインの処理
SW1のON/OFF判定
LED0をON
LED0をOFF

● ほかのSWを読み取るには

C-Firstボード上には，2個のユーザ・スイッチSW1とSW2があります．この2つを読み取るためのレジスタを表3にまとめます．どちらのスイッチも操作するレジスタのビットが異なるだけで，同じ考えで読み取ることができます．

SW	PMレジスタ（入出力方向）	PUレジスタ（プルアップ）	Pレジスタ（ポート入力値）
SW1	PM7 ビット5	PU7 ビット5	P7 ビット5
SW2	PM7 ビット3	PU7 ビット3	P7 ビット3

表3 ボード上の2つのスイッチを読み取るためのレジスタ

● まとめ

レジスタを操作するとポートにつながったスイッチの状態を読み取ることができます．C-Firstボードの場合はスイッチが押されていないときのポートの電圧が不定になるので，マイコン内蔵プルアップ抵抗を有効にします．プルアップ抵抗の操作もレジスタの設定で操作できます．

演習問題 D

■ スイッチを使ったプログラムの書き方

※ 解答は巻末にあります．

［演習問題 1］
スイッチを離したときに LED が点灯し，スイッチを押すと消灯するプログラムを作りなさい．

［演習問題 2］
2つのスイッチを押したときに LED が点灯し，それ以外のときは消灯するプログラムを作りなさい．

［演習問題 3］
SW1 と SW2 が両方とも押されたら LED1 が点灯し，SW1 だけが押されたら LED2 が点灯し，それ以外の場合は LED1，LED2 が共に消灯するプログラムを作りなさい．

[4] 入力機能と出力機能の連携プログラム
スイッチが押されたら LED を点灯 / 消灯する

ここまで C-First ボード上にある LED やスイッチを使ってきました．C-First ボードには回路や電子部品を外付けできるように拡張端子が用意されています．ブレッドボードを外付けして拡張してみましょう．

● ブレッドボードを用意する

ブレッドボードを用意します．どのようなブレッドボードを使ってもよいのですが，C-First ボードは AVR マイコンを搭載したマイコン・ボード Arduino と同じ形なので，ここでは Arduino 向けに市販されているアクリル板とセットになったものを使いました．もちろんブレッドボードではなく，ユニバーサル基板にはんだ付けしてもかまいません．

● 作成する LED とスイッチの回路

作成する回路はこれまで説明してきたのと同じ，LED とスイッチを使ったものです．せっかくなので C-First ボードとは違った，マイコンから High を出力すると LED が点灯する回路にします．LED は C-First ボードの D6（P1_0）に，スイッチは D3（P1_6）に接続しました．図 18 に回路図を示します．誤解のないようにブレッドボード上のスイッチを SW101，LED を LED101

とします.

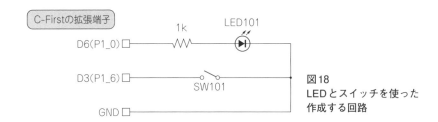

図18
LEDとスイッチを使った
作成する回路

● ブレッドボード上の部品をC-Firstボードと接続する

図18の回路を実際にブレッドボード上へ作成して,C-Firstと接続します.

C-Firstボードの電源を切った状態で配線してください.

簡単な回路ですが,注意深く作業してください.LEDはダイオードの一種なので,電流が流れる方向を考えましょう.

電源を入れたとき,変な音や匂い,異常な発熱などがないか注意してください.**写真3**に配線のようすを示します.

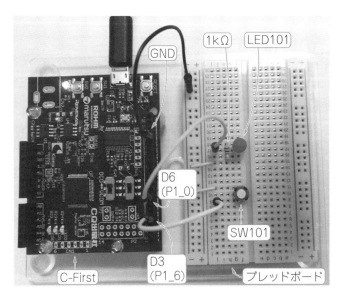

写真3
スイッチを教えてLEDを光らせる回路をブレッドボード上に組んでC-Firstに外付けした

● プログラムの作成

ブレッドボード上のスイッチを読み取って,スイッチが押されている間だけブレッドボード上のLEDを点灯するプログラムを作ります.マイコン内部の動きは理解できているので,「2 LED点灯/消灯プログラム」と同じ手順でソース・コードを生成しました.

ポートに関するソース・コード生成の設定を**図19**に示します.また作成したプログラムを**リスト4**に示します.

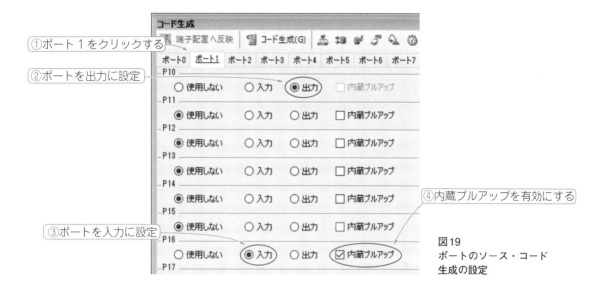

図19
ポートのソース・コード生成の設定

リスト4　LEDが点灯するプログラム

```
void main(void)
{
    R_MAIN_UserInit();
    /* Start user code. Do not edit comment generated here */
    while (1U)
    {
        if (P1_bit.no6 == 0)   /* 外付けスイッチが押されていたら */
          P1_bit.no0 = 1;      /* 外付けLEDを点灯する */
        else
          P1_bit.no0 = 0;      /* 外付けLEDを消灯する */
    }
    /* End user code. Do not edit comment generated here */
}
```

　今回作成した回路では，マイコンからHighを出力するとLEDが点灯します．スイッチが押されると0が読めるのは同じですが，それをそのままLEDのポートに代入するとうまくいきません．せっかくなので，どのようにうまくいかないかも含めて実験してみてください．

● まとめ

　これまで作ってきたプログラムと同じような内容で，マイコン・ボードの外部の部品も操作できることが確認できました．マイコンから見ると，操作する部品がマイコン・ボード上にあっても外にあっても違いはないということです．

演習問題 E

■ 入力機能と出力機能のプログラムの書き方
※ 解答は巻末にあります．

［演習問題 1］
スイッチ入力にマイコン内蔵プルアップ抵抗を使わず，プルアップ抵抗を外付けした回路を作りなさい．

［演習問題 2］
スイッチを押すとマイコンに High が入力され，離すと Low が入力される回路を作りなさい．

[5] タイマ・プログラム
時間を測る機能

　マイコンの最重要ペリフェラルの「タイマ」はさまざまな使い方ができます．この節では基本である時間を計る機能として使います．

● タイマの使い方いろいろ
　タイマの具体的な説明に入る前に，マイコンのタイマはどのように利用されるのか，代表的な使い方の一部を次に紹介します．タイマという名前からは想像しにくいかもしれません．

- 一定時間を 1 回だけ計る
- 一定時間ごとに繰り返し割り込みを発生させる
- 発生したイベントの回数を測る
- 一定時間内に発生したイベントの回数を測る
- 発生したイベント間の時間を測る
- 2 つの入力間の位相差を測る
- 一定周期で High，Low の比率を決めて出力する
- High，Low の時間を決めて出力する
- ほかにもいろいろ

　マイコンによっては時間を計る機能をタイマと呼び，回数を測る機能や出力する機能はそう呼ばないものもあります．ここでは C-First に搭載されたマイコンに合わせて，全部をタイマの機能と考えます．

● タイマの種類

このようにタイマに求められる機能は多様です．C-First のマイコンでは，次に示すタイマが用意されており，さまざまな要求に対応できるようになっています．

- 12 ビット・インターバル・タイマ：一定時間を計るタイマ
- タイマ・アレイ・ユニット：さまざまな使い方ができる汎用タイマ
- タイマ RJ：回数測定など入力機能を強化した汎用タイマ
- タイマ RD：出力機能を強化した汎用タイマ
- タイマ RG：位相差入力機能を強化した汎用タイマ

また C-First の RL78/G14 マイコンには，この汎用的なタイマ以外にも次に示す特定用途向けのタイマがあります．

- リアルタイム・クロック：時計やカレンダとして用いるタイマ
- ウォッチドッグ・タイマ：プログラムの異常動作を検出するタイマ

● 一定時間を計る 12 ビット・インターバル・タイマ

それでは C-First のマイコンにある多数のタイマのうち，最も基本的な 12 ビット・インターバル・タイマの働きを見てみましょう．

インターバル・タイマは，あらかじめ設定した一定時間を繰り返し測定する機能です．ここでは一定時間が経過したことを割り込みで通知しています．

12 ビット・インターバル・タイマの概略ブロック図を図20 に，動作の概要を図21 に示します．

12 ビット・インターバル・タイマを動作させると，クロックに合わせて 12 ビット・カウンタをカウントアップしていき，12 ビット・カウンタの値が比較値と一致したとき割り込みを発生させます．このとき 12 ビット・カウンタは 0 に戻ります．

クロックとして 15kHz の低速オンチップ・オシレータを使うと，$1 \div 15000 \fallingdotseq 66.7\mu s$（マイクロ秒）ごとにカウントアップします．たとえば 10ms（ミリ秒，$10,000\mu s$）ごとに割り込みを発生させたい場合，$66.7\mu s \times 150 = 10000\mu s$ なので，比較値に 150 を設定します．

● プログラムの作成

それでは 300ms ごとに LED を ON/OFF するプログラムを作って動かしてみます．12 ビット・インターバル・タイマで 300ms を計ってもよいのですが，ここでは先ほど計算したように 10ms ごとに割り込みを発生させます．その割り込み処理ルーチンが 30 回呼ばれたら 300ms 経過したことになるので LED を反転させます．

▶ソース・コードの生成

CS+ のソース・コード生成機能を使って，インターバル・タイマを使うソース・コードを生成します．

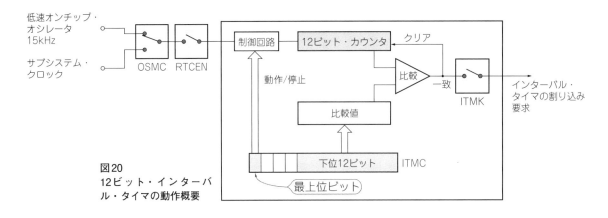

図20
12ビット・インターバル・タイマの動作概要

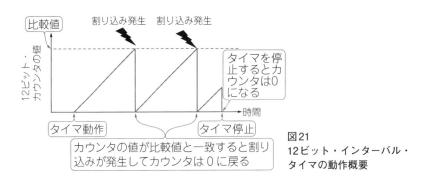

図21
12ビット・インターバル・タイマの動作概要

　図22に示す12ビット・インターバル・タイマのコード生成では，まず12ビット・インターバル・タイマを[使用する]を選びます．インターバル時間には10ms, 割り込み発生あり(インターバル信号検出という表記になっている)の設定でソース・コードを生成します．

図22
ソース・コード生成の
パラメータ

▶メイン・ルーチン

　生成したソース・コードをもとに，必要な処理を追加していきます．

　このプログラムは割り込み処理でLEDの制御を行うので，メイン・ルーチンでは12ビット・インターバル・タイマを開始させるだけです(リスト5)．生成されたソース・コードにR_IT_Start()という関数があり，これを呼び出せば12ビット・インターバル・タイマが動作開始します．

▶割り込み処理

　割り込み処理ルーチンは10msごとに呼び出されます．呼び出されるとカウンタの値を増やし

リスト5　12ビット・インターバル・タイマを開始させるメイン・ルーチン

```
void main(void)
{
    R_MAIN_UserInit();
    /* Start user code. Do not edit comment generated here */
    R_IT_Start(); /* インターバル・タイマ スタート */
    while (1U)
    {
        ;
    }
    /* End user code. Do not edit comment generated here */
}
```

この行を追加してインターバル・タイマを動作開始させる

ていき，一定の回数（ここでは30）になるとLEDの点灯/消灯を反転します．これにより10ms×30回＝300msごとにLEDの点灯/消灯が反転することになります．

生成されたソース・コードの中にr_cg_it_user.cというファイルがあります．このファイルのr_it_interrupt()という関数が割り込み処理ルーチンです．

割り込み処理ルーチンの内容を**リスト6**に示します．このプログラムでは，割り込み処理ルーチンが呼び出された回数を数えるカウンタとして，ローカル変数nを使っています．普通のローカル変数であれば関数を実行している間だけ値を保持するので，こういう割り込み処理ルーチンが何回呼び出されたかというような用途には使えません．

このプログラムでは記憶クラスstaticを指定しているので，割り込み処理ルーチンを終了しても値が保持され，カウンタとして機能します．

● 動作を確認する

このプログラムを実行してみると，LEDが点灯/消灯することが確認できます．

せっかくタイマを使ったのだから，300msごとに点灯/消灯していることを確認してみましょ

リスト6　10msごとに呼び出される割り込み処理ルーチン

```
static void __near r_it_interrupt(void)
{
    /* Start user code. Do not edit comment generated here */
    static int n = 0;

    if (++n >= 30) {            /* 10ms×30 = 300msごとに処理する */
        P1_bit.no7 ^= 1;        /* LED0を反転 */
        n = 0;
    }
    /* End user code. Do not edit comment generated here */
}
```

割り込み処理ルーチンが何回呼び出されたか数えるカウンタ

う．オシロスコープを使うと正確に測定できますが，次のような簡易な方法でも（だいたい）確認できます．

LEDの点灯と消灯を合わせて1周期とすると，点灯と消灯がそれぞれ300msなので1周期は600msになるはずです．たとえば10周期に要する時間をストップウォッチで計ると6秒になっているはずです．このことから1周期は600msであり，300msごとに点灯/消灯していることが確認できます．さらに言えば，10msごとに割り込みが発生していることもわかります．

● まとめ

12ビット・インターバル・タイマを使って，10msを正確に計ることができました．

インターバル・タイマは，一定間隔で繰り返し時間を計るのが主な目的のタイマです．10msを1回だけ計るといった用途には，インターバル・タイマを1回だけ動かすということでもよいのですが，次の節で使うタイマ・アレイ・ユニットなどの汎用タイマのほうが向いています．

コラム2　static記憶クラスの役割

リスト6の割り込み処理ルーチン（割り込み関数）には，`static`記憶クラスというものが2カ所に使用されています．1つは関数定義における関数の返す型の手前，もう1つは関数内の変数宣言における型の手前に記述されています．

記憶クラスとは，変数名や関数名などの識別子に対して指定するもので，その性質や名前の有効範囲を変更します．

▶割り込み処理ルーチンの関数名に使われている「いんぺい」の意味での`static`

あるソース・ファイルに定義された関数や大域変数は，他のソース・ファイル内の関数から呼び出したり利用したりできます．**リストA**に示すように，他のソース・ファイル内に宣言された大域変数を利用する場合は，`extern`記憶クラスを使って，目的の大域変数の実体が他のソース・ファイルで宣言されていることをコンパイラに知らせておけば利用できます．

ただし，**リストB**に示すように，関数や大域変数に対して`static`記憶クラスが指定されると話が変わります．`static`が指定された関数や大域変数はいんぺいされ，それが定義または宣言されているソース・ファイル内でのみ有効となり，他のソース・ファイル内からは利用できな

くなります.

▶割り込み処理ルーチン内の局所変数に使われている「静的」の意味でのstatic

リスト6の割り込み処理ルーチン内にある変数nは，割り込み処理ルーチンが呼び出された回数を記憶しなければなりません．しかし，局所変数は宣言されている関数が呼び出されるたびに記憶場所が準備されます．初期値の設定も呼び出されるたびに行われ，関数が終了すると記憶場所が解放されてしまいます．つまり，単なる局所変数では自身が呼ばれた回数を管理することができません．

そこで登場するのがstaticです．局所変数にstaticを指定すると，名前の有効範囲は変わりません（関数内だけで使用可能）が，その性質は大域変数と同じものが与えられます．宣言された関数の実行には関係なく，ある固定的な記憶場所がプログラムの作成段階で与えられ，初期値の設定もプログラムの実行時に1度だけ行われるようになります．このstaticの特性により，リスト6は正常に動作します．

▶ staticの乱用に注意

単なる局所変数とstaticを指定した局所変数の性能を比較した場合，単なる局所変数のほうが使用メモリ量も実行速度もはるかに優れています．staticを使えば使うほど性能は劣化します．リスト6のように，staticを指定しないと実現できない処理内容や変数に対してのみ使用するように心がけましょう． ＜鹿取 祐二＞

リストA 他のソース・ファイル内に宣言された大域変数を利用するときはextern記憶クラスを使う
目的の大域変数の実体が他のソース・ファイルで宣言されていることをコンパイラに知らせておく

ソース・ファイル	ソース・ファイル
| ```c
int   abc;

void main(void)
{
   abc = 1;
}
``` | ```c
extern   int   abc;

void sub(void)
{
   abc = 100;
}
``` |

リストB 関数や大域変数に対してstatic記憶クラスが指定されると関数や大域変数がいんぺいされる
定義または宣言されているソース・ファイル内でのみ有効となり，他のソース・ファイル内からは利用できない

（名前がいんぺいされる）　　　　　　　　　　（externで宣言しても利用できない）

ソース・ファイル	ソース・ファイル
| ```c
static   int   abc;

void main(void)
{
   abc = 1;
}
``` | ```c
extern   int   abc;

void sub(void)
{
   abc = 100;
}
``` |

演習問題 F

■ タイマを使ったプログラムの書き方

※ 解答は巻末にあります．

［演習問題 1］

インターバル・タイマを用いて，5秒間 LED0 が点滅し，次の5秒間は LED0 が消灯することを繰り返すプログラムを作りなさい．

LED の点滅はインターバル・タイマ割り込みで行っても，プログラムによる時間待ちで行ってもよい．

［演習問題 2］

1秒ごと，10秒ごと，1分ごとにそれぞれ LED0，LED1，LED2 が点滅するプログラムを作りなさい．

[6] 外部イベントを計測するプログラム
タイマ機能を使って回数を数える

　何か出来事が起こった回数を数える機能として，タイマをイベント・カウンタとして使ってみます．

　マイコン・ボードの外部に接続したスイッチが10回押されたら，割り込みを発生して LED の点灯 / 消灯を反転する，という動作のプログラムを作ります．

　その程度であればわざわざタイマを使わなくても，プログラムでも簡単にできます．しかしタイマ機能を使えば，初期設定を行うだけでタイマが自動的にカウント処理を行う，という点が重要です．

　タイマをうまく設定しておけば，CPU がまったく無関係なプログラムを実行している間も並行してカウント処理を行うことも，プログラムでは反応できないほど高速に発生したイベントを数えることもできます．

● スイッチの押された回数を数えて LED の点灯 / 消灯をする回路

　C-First ボードの拡張端子 D3 (P1-6) にスイッチを接続して，そのスイッチが10回押されたら LED0 の点灯 / 消灯状態を反転します．

　またカウント状態をリセットできるように，C-First の SW1 が押されたらカウント状態をクリアして，LED0 を消灯します．

ブレッドボード上に作成する回路図を**図23**に示します．また作成したようすを**写真4**に示します．誤解のないようにブレッドボード上のスイッチをSW101とします．前節でも同じようにブレッドボード上にスイッチを置きました．違いはスイッチを1回押したとき，複数回押されたように誤認識される現象（チャタリング）を除去する回路が付いている点です．

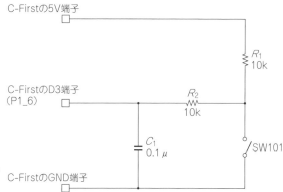

図23
チャタリングを除去する回路を組み込んだ
スイッチが10回押されたらLED0の点灯／
消灯状態が反転する回路

写真4
スイッチをC-Firstに
外付けした

● タイマ（外部イベント・カウンタ）概要

使用するマイコンのタイマ・アレイ・ユニットは多目的の汎用タイマであり，使い方もさまざまです．ここでは外部のイベント・カウンタとして使います．

C-Firstボードに搭載されたマイコンに内蔵されるタイマ・アレイ・ユニットは，図24に示すように4つのチャネルからなります．1つ1つのチャネルがそれぞれタイマとして動きます．また複数のチャネルを組み合わせて，複雑な機能を実現することもできます．

外部イベント・カウンタは1つのチャネルで実現できる機能です．各チャネルは，それぞれ別々

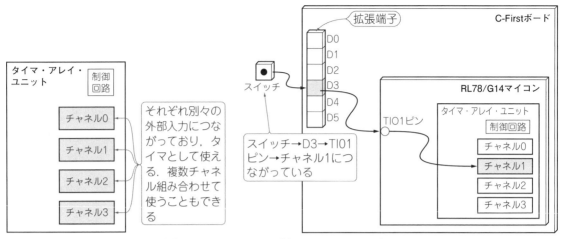

図24 タイマ・アレイ・ユニット全体像

図25 外部スイッチからチャネル1までのつながり

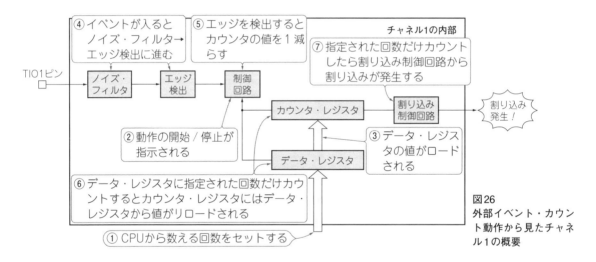

図26 外部イベント・カウント動作から見たチャネル1の概要

の外部入力につながっています．今回使用する拡張端子 D3 は，マイコンの TI01 ピンにつながり，このピンはタイマ・アレイ・ユニットのチャネル1に接続されます（**図25**）．

外部イベント・カウンタの視点でチャネル1の内部を整理すると，**図26**のようになります．タイマがそれ以外の動作モードの場合，違った見え方になります．

▶動作1　まず CPU から数える回数をデータ・レジスタにセットした後，カウント動作の開始が指示されます．開始が指示されると，データ・レジスタの値がカウンタ・レジスタにロードされます．

▶動作2　その状態で TI01 からイベントが入ると，ノイズ・フィルタを通ってエッジ検出に進みます．今回作るものでは，スイッチを押したときに入力電圧が High から Low に下がるので，立ち下がりエッジになります．

▶動作3　制御回路はエッジを検出すると，カウンタの値を1減らします．データ・レジスタに指定された回数だけカウントすると，カウンタ・レジスタにはデータ・レジスタから値がリロー

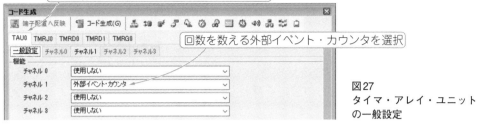

図27 タイマ・アレイ・ユニットの一般設定

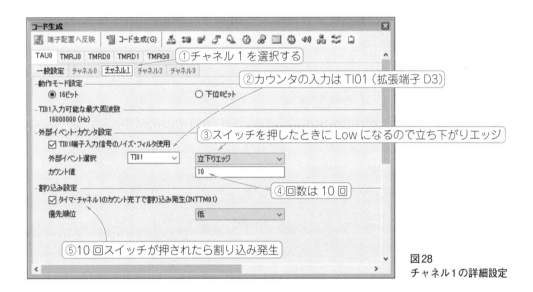

図28 チャネル1の詳細設定

ドされます．

▶動作4　また，指定された回数だけカウントした場合，割り込み制御回路から割り込みが発生します．

● プログラムの作成

それでは外部イベント・カウント動作を行うプログラムを作成します．ここでもソース・コードの生成を利用します．

▶ソース・コードの生成

タイマ・アレイ・ユニットTAU0の設定画面で，図27のようにチャネル1の選択肢から外部イベント・カウンタを選択します．これでチャネル1の詳細設定が可能になります．

次にチャネル1の設定画面を開くと，図28のように外部イベント・カウンタとしての設定画面になっています．まず外部イベント選択でTI01を選びます．説明してきませんでしたが，TI01以外の入力も選択できます．

また，スイッチを押したときに立ち下がりエッジが発生するので，選択肢から立ち下がりエッジを選びます．

カウント値にはスイッチを押す回数である10を指定します．念のため，ノイズ・フィルタを有効にしています．スイッチが10回押された場合，割り込みが発生するように指定します．

SW1とLED0の設定も行って，ソース・コードを生成します．ちなみに，TI01ピンは入力になるのですが，ポートの入出力設定は不要です．TI01と同じピンを使うポートP1_6の設定画面を見ると，図28のように入出力の設定を行わないよう警告マークが出ています（図29）．

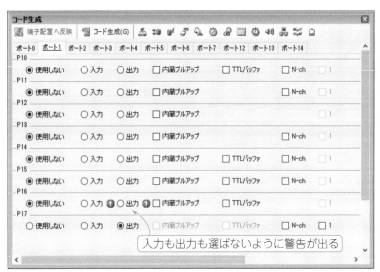

図29
イベント入力ピンの
入出力設定は不要

▶メイン・ルーチン

メイン・ルーチンのプログラムを**リスト7**に示します．初期化ではLEDを消灯してタイマを起動しています．

リスト7　LEDを消灯してタイマを起動するメイン・ルーチン

```c
void main(void)
{
    R_MAIN_UserInit();
    /* Start user code. Do not edit comment generated here */
    P1_bit.no7 = 1;          /* LED0 を消灯 */
    R_TAU0_Channel1_Start(); /* タイマ動作開始 */
    while (1U)
    {
        if (P7_bit.no5 == 0) {/* SW1 が押されていたら */
            P1_bit.no7 = 1;   /* LED0 を消灯 */
            TS0 |= 0x0002;    /* カウンタのスタート */
        }
    }
    /* End user code. Do not edit comment generated here */
}
```

あとは，SW1 を押したときにカウント動作をリセットする処理を行っています．

カウント動作のリセットは，タイマのスタート・トリガ・ビットである TS01 を 1 にすることで行います．これにより数える回数の初期値が格納されているデータ・レジスタの内容がカウンタ・レジスタにリロードされるので，数える回数が 10 回に戻ります．

▶割り込み処理

一方の割り込み処理ルーチンを**リスト 8** に示します．LED0 を反転しているだけです．カウンタがイベントの回数を数える処理をするので，これ以外にやることがありません．

なおスイッチが 10 回押されたとき，カウンタの値を初期化する処理もタイマ内部で自動的に行われています．

リスト8　LED0を反転する割り込み処理ルーチン

```
static void __near r_tau0_channel1_interrupt(void)
{
    /* Start user code. Do not edit comment generated here */
    P1_bit.no7 ^= 1;
    /* End user code. Do not edit comment generated here */
}
```

● 動作を確認する

実際に動かしてみると，外付けスイッチを 10 回押すと LED が点灯し，さらに 10 回押すと消灯することが確認できます．

また，外付けスイッチを数回押しても，SW1 を押すと外付けスイッチが押された回数がクリアされるので，さらに 10 回押すまで LED は反転しません．

このように単純な処理とはいえカウンタが自動的に行うことで，プログラムは非常に単純になることがわかります．

演習問題 G

■ カウンタを使ったプログラムの書き方

※ 解答は巻末にあります．

[演習問題1]

スイッチが 3 回押されたら LED1 を反転させるプログラムを作りなさい．

[演習問題2]

5秒間LED0が点滅し，次の5秒間はLED0が消灯する処理を実行しながら，並行して，LED0が点滅している間にスイッチが3回押されたらLED1を反転するプログラムを作りなさい．

[7] PWM出力プログラム
ディジタル値の超高速なON/OFFでアナログ値を作る

ONかOFFのディジタル値しか出力できないマイコンで，PWM出力という機能を応用して中間的なアナログ値を擬似的に出力します．

● ON/OFFを高速に繰り返すPWM

これまで取り上げたLEDを点灯/消灯するプログラムでは，LEDは完全な点灯状態か完全な消灯状態しかなく，20％くらいの明るさでほんやり点灯するといったことができませんでした．これはポートの出力がONかOFFのディジタルなのでやむを得ないことです．

しかし，もし点灯と消灯を高速に切り替えることができるのなら，点灯時間を20％で消灯時間を80％にすれば，人間の目には擬似的に20％の明るさに見えそうです（人の目はリニアに感じないので正確ではない）．

PWM出力は，HighとLowの比率を変えてディジタル出力を行う機能です．この機能を応用すると，擬似的なアナログ信号を出力できます（図30）．

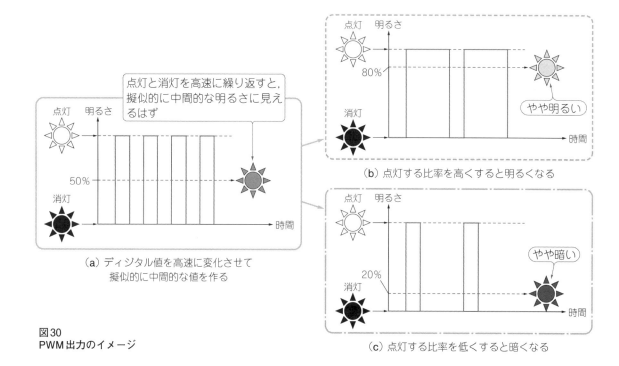

図30
PWM出力のイメージ

点灯する時間と消灯する時間の比率を，同じにすると中間的な明るさになり［図30（a）］，点灯する時間を長くするとやや明るく［図30（b）］，点灯する時間を短くするとやや暗く［図30（c）］なります．

● PWM出力機能の使い方

マイコンに内蔵されたタイマを使って，PWM出力を行います．使用するタイマの種類によってPWM出力を行う方法が異なるのですが，ここではタイマ・アレイ・ユニットを使うことにします．

タイマ・アレイ・ユニットでPWM出力を実現するには，4つあるチャネルのうち2つを組み合わせます（図31）．

まずマスタ・チャネルはタイマで一定間隔を計り，スレーブ・チャネルに動作開始を指示します［図31（a）］．スレーブ・チャネルは，マスタ・チャネルから動作開始を指示されると，タイマでHighを出力する時間を計り，その時間経過後はLowを出力します．この2つのチャネルを組み合わせると，図31（b）のようにPWM出力が得られます．

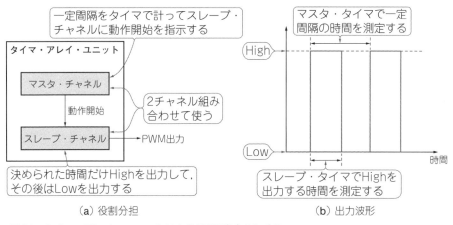

図31 タイマ・アレイ・ユニットによるPWM出力のしくみ

● プログラムの作成

▶作成するプログラム

タイマ・アレイ・ユニットのチャネル2のPWM出力がLED0につながっているので，LED0の明るさを徐々に明るくするプログラムを作ります．

▶一般設定

ソース・コードを生成するために以下の設定をします．まず一般設定の設定です（図32）．

タイマ・アレイ・ユニットTAU0の一般設定画面で，チャネル0の機能としてPWM出力（マスタ）を選択します．これは図31のマスタ・チャネルを意味します．

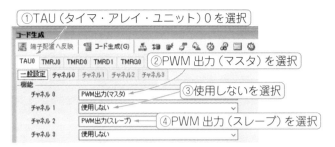

図32 タイマ・アレイ・ユニットの一般設定

チャネル0の設定をすると，自動的にチャネル1がPWM出力（スレーブ）になります．しかし，ここではチャネル1を使わないので，[使用しない]に変えます．

チャネル2にLED0がつながっているので，このチャネルをPWM出力（スレーブ）にします．なお，PWM出力（スレーブ）にできるチャネルは一つだけなので，先にチャネル1を[使用しない]にしておく必要があります．

▶マスタ・チャネル

マスタ・チャネルを設定します（図33）．

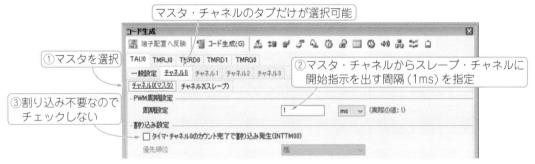

図33 マスタ・チャネルの設定

チャネル0タブを選択すると，マスタとスレーブの設定が可能になります．チャネル2をスレーブにしましたが，設定はチャネル0のスレーブで行います．まずマスタ・チャネルからスレーブ・チャネルに開始指示を出す間隔として，ここでは1msを設定しました．マスタ・チャネルの割り込みは不要です．

▶スレーブ・チャネル

スレーブ・チャネルを設定します（図34）．図31ではスレーブ・チャネルがまずタイマで指定された時間だけHighを出力して，残りはLowを出力するように書きました．実際には逆にLow, Highの順番で出力することもあります．このタイマで指定された時間だけ出力する部分を，ここではアクティブと呼びます．

デューティには，マスタが指示する間隔に対して，アクティブになる時間の割り合いを設定し

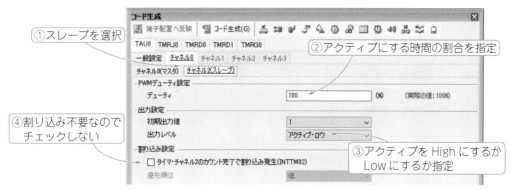

図34 スレーブ・チャネルの設定

ます．100％にするとずっとアクティブになります．この値は後でプログラムにより書き換えるので，ここでは何でもかまいません．

出力レベルには，アクティブがHighかLowかを指定します．PWM出力がつながるLED0はLowにすると点灯するので，ここではアクティブ・ロウを選んでいます．初期出力値はLEDを消灯するために1にしています．スレーブ・チャネルでも割り込みは使いません．

なおLED0を使うのですが，ポート（P1_7）ではなくPWM出力（TO02）から使います．ポートP1_7の設定を見ると，**図35**のように警告マークが出ていて設定不要であることを示しています．

以上の設定でソース・コードを生成します．

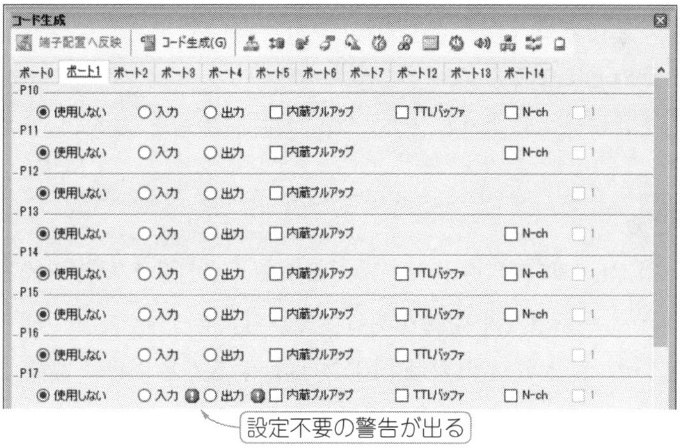

図35 LED0のポートの設定は不要

▶メイン・ルーチン

リスト9にPWM出力のメイン・ルーチンを示します．

まずR_TAU0_Channel0_Start()関数を呼び出して，タイマを起動しています．このタイマはPWM出力用に設定されているので，設定された値を使ってPWM出力を開始します．

リスト9　PWM出力のメイン・ルーチン

```
void main(void)
{
    R_MAIN_UserInit();
    /* Start user code. Do not edit comment generated here */
    R_TAU0_Channel0_Start();        /* タイマ・スタート */

    while (1U)
    {
        unsigned int n;
        volatile long    i;

        for (n = 10; n <= 0x7D00; n += 0x200) {         /* PWMで明るさを変える */
            TDR02 = n - 1;                  /* LED点灯比率をセット */
            for (i = 0; i < 50000; i++);/* 時間待ち */
        }
    }
    /* End user code. Do not edit comment generated here */
}
```

次にforループで値を大きくしながら，TDR02レジスタに値を設定しています．これはスレーブ・チャネルがアクティブを出力する時間です．ソース・コード生成の設定で，アクティブ・ロウを指定したので，この値を大きくするとLowを出力する時間が長くなります．LED0はLowで点灯するので，この値が大きくなるとLEDが点灯する時間が長くなって明るくなります．この値を小さくするとその逆になります．

最後にPWM出力を目に見えるようにするために，時間待ちを設けています．

● 動作の確認とまとめ

動かしてみると，LED0が暗い状態からだんだん明るく点灯する動作を繰り返します．このようにPWM出力を使うと，LEDを中間的な明るさで点灯できます．

誤解しないでほしいのは，PWM出力はLEDを点灯するためだけの機能ではない，ということです．C-Firstのようにアナログ信号を出力する機能のないマイコンはよくあります．PWM出力の一つの応用例として，そのようなマイコンでも擬似的にアナログ信号を出力できます．

ほかに実験しやすい例として，ラジコンのRCサーボ・モータの制御などにもPWM出力が用いられます．これは擬似的なアナログ信号は関係なくて，タイミングを正確に制御する必要がある例です．

逆にセンサの中にはPWM出力をするものがあり，マイコンはその信号を受け取ってセンサの出力値を読み取ることになります．

演習問題 H

■ PWM を使ったプログラムの書き方
※ 解答は巻末にあります．

[演習問題 1]
PWM は周期が高速でなくなると，ON/OFF が目に見えるようになる．本文ではマスタ・チャネルの周期設定を 1ms にしたが，これを 10ms，100ms などに変え，何 ms あたりで ON/OFF が見えるようになるか観察しなさい．

[演習問題 2]
1秒ごとに，PWM で点灯する LED の明るさが変わるプログラムを作りなさい．

[8] A-D 変換プログラム
アナログ信号を取り込む

表4に示すように，これまでポートを使ってディジタル信号の入出力，PWM出力を使って擬似的なアナログ信号の出力を行いました．この節ではA-D変換を使ってアナログ信号の入力を行います．

表4 信号の種類と入出力方向に応じたマイコンの機能

		入出力の方向	
		出力	入力
信号の種類	ディジタル	ポート（LEDの節）	ポート（スイッチの節）
	アナログ	PWM出力（PWMの節）	A-D変換（本節）

● アナログ信号をディジタル信号に変える A-D 変換機能

A-D 変換は，入力されたアナログ信号を複数ビットのディジタル値に変換する処理です．図36にこの変換結果のイメージを示します．

入力を1ビットのディジタル値に変換すると，もちろん0か1の単純なディジタル値になります．2ビットのディジタル値に変換すると00から11までの4段階で表現でき，3ビットのディジタル値に変換すると000から111までの8段階で表現できます．このようにディジタル値のビット数が増えると，アナログ値を高い分解能で表現できます．

多くのマイコンに搭載された A-D 変換機能では，8ビットから16ビットの間のディジタル値に変換できるものが多いようです．中には24ビットのディジタル値に変換できる超高分解能の

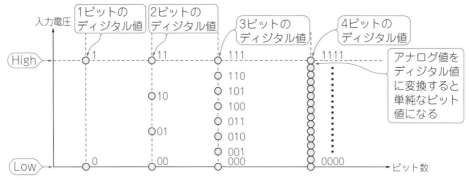

図36 A-D変換結果のイメージ

マイコンもあります．

● RL78/G14 は 8 ビットか 10 ビットに変換できる

　C-First ボードに搭載された RL78 マイコンでは，アナログ入力を 8 ビットか 10 ビットのディジタル値に変換できます．もちろん 10 ビットのほうが分解能が高くなります．理想的には入力信号の電圧が 0V から 5V の範囲であれば，8 ビットのディジタル値に変換した場合は約 0.02V の分解能になり，10 ビットのディジタル値に変換した場合は約 0.005V の分解能になります．

　一方，A-D 変換処理に要する時間は少ないビット数のほうが早いので，8 ビットのほうが高速になります．必要な分解能と変換速度から，8 ビットと 10 ビットのどちらを使うかを決めます．

● プログラムの作成

　C-First ボードには照度センサが搭載されています．このセンサは明るさをアナログ値で出力するので，その値を A-D 変換で読み取ります．明るいときほど電圧は高くなり，A-D 変換の結果は大きくなります．

　読み取った値に応じて，LED0 の点灯のしかたを変えます．明るい場合は LED0 を長く点灯し，暗い場合は LED0 を短く点灯します．

　LED0 の点灯には，前節で学習した PWM 出力を使います．マスタ・チャネルの時間を長くするとこういう使い方もできるというサンプルにもなると思います．

● 照度センサの動かし方

　C-First ボードには，アナログ値を出力するセンサとして照度センサと温度センサの 2 つが搭載されています．ここでは動作確認の行いやすい，照度センサ BH1620FVC を使うことにします．

　このセンサは，暗い状態から明るい状態まで幅広い照度を測定するため，照度センサのゲインを 3 段階から選ぶことができます．ゲインを大きくすると（H ゲイン）暗い状態を高精度に測定でき，ゲインを小さくすると（L ゲイン）明るい状態を高精度に測定できます．M ゲインはその

コラム3　照度センサ以外をA-D変換するには

　C-Firstのマイコンには，アナログ入力としてANI0～ANI7とANI16～ANI19の合計12チャネルが用意されています．各チャネルを**表A**に示すように接続しています．照度センサはANI6につながっています．C-Firstに搭載されたもう1つのセンサである温度センサはANI19につながっています．

　それ以外にも，ANI0からANI5はそのまま拡張端子のA0からA5につながっています．ちょっと意外かもしれませんが，ANI16とANI17はそれぞれD8，D7につながっています．D7とD8はディジタル入出力端子ですが，設定を変えればアナログ入力端子としても使えます．アナログ入力端子がA0～A5では足りないときなどにも活用できるでしょう．

　なお温度センサについては**コラム4**でその出力をA-D変換で読み取るプログラムは同じく後述の演習問題で取り上げています．

＜永原 柊＞

表A　マイコンのアナログ入力チャネルの接続先…照度センサはANI6，温度センサはANI19

マイコンのアナログ入力チャネル	ANI0	ANI1	ANI2	ANI3	ANI4	ANI5	ANI6	ANI7	ANI16	ANI17	ANI18	ANI19
接続先	A0	A1	A2	A3	A4	A5	照度センサ	未接続	D8	D7	未接続	温度センサ

中間です．

　ただし，ゲインを大きくした場合にはある程度以上明るい状態を区別できなくなり，逆にゲインを小さくした場合にはある程度より暗い状態を区別できなくなります．

　測定する明るさによってゲインを選択することになります．**表5**に示すように，C-Firstではポートを使ってこの選択を行います．照度センサの設定はこれだけです．

表5　ゲインの選択

GC2 (P0_5)	GC1 (P0_6)	動作
0	0	シャットダウン
0	1	Hゲイン・モード
1	0	Mゲイン・モード
1	1	Lゲイン・モード

● プログラムの作成

　作成するプログラムは，インターバル・タイマにより1秒ごとに割り込みを発生させ，そのタイミングでA-D変換を行い，A-D変換結果からPWMの値を計算します．

コラム4　温度センサ BD1020HFV

　本文では取り上げませんでしたが，C-First はほかにもアナログ値を出力するセンサとして温度センサ BD1020HFV（**写真A**，ローム製）を搭載しています．

　BD1020HFV は動作時の消費電流が $4\mu A$ と低く，30℃における誤差が最大でも ±1.5℃と高精度です．

　IC 自身で温度を検出し，**図A**に示すように温度に応じたリニアな電圧を出力するよう工場出荷時に調整されています．したがって A-D 変換で IC の出力電圧を読み取ると，そのまま温度に換算できます．

　C-First では，この温度センサ BD1020HFV は A-D 変換の ANI19 に接続されています．A-D 変換のソース・コード生成で，変換開始チャネル設定を ANI19 にすれば，この温度センサを読み取るソース・コードを生成できます．

<　永原 柊　>

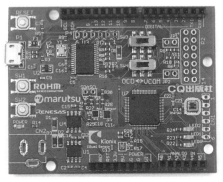
（a）ボード全体像

（b）温度センサ BD1020HFV

写真A　温度センサ BD1020HFV の外観と搭載位置

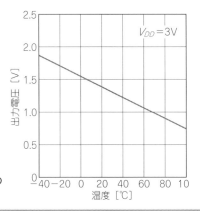

図A
温度センサ BD1020HFV の
温度と出力電圧特性

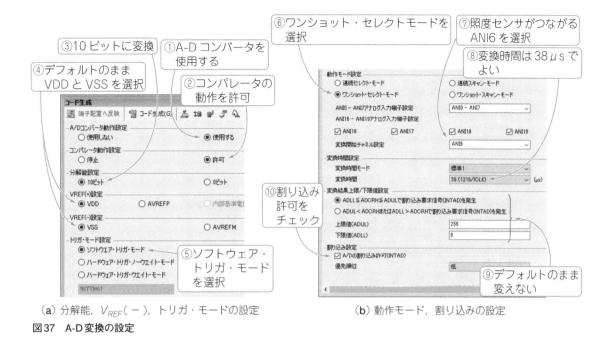

(a) 分解能，$V_{REF}(-)$，トリガ・モードの設定　　　(b) 動作モード，割り込みの設定

図37　A-D変換の設定

▶ソース・コードの生成

　A-D変換のソース・コードを生成するには，いろいろなパラメータを設定する必要があります（**図37**）．まずA-Dコンバータを［使用する］を選択します．コンパレータは，動作を［許可］します．ここで作るプログラムでは精度は必要ないのですが，せっかくなので10ビットへの変換を指定します．変換するアナログ入力電圧の範囲を指定するV_{REF}設定はデフォルトのままV_{DD}とV_{SS}にします．トリガ・モードは，プログラムで指示するので［ソフトウェア・トリガ・モード］です．動作モード設定は，1つの入力を1回だけA-D変換する，［ワンショット・セレクト・モード］を選びます．また入力は変換開始チャネル設定で指定します．ここでは照度センサがつながっている［ANI6］を選択します．A-D変換はポートの入力と違って，一瞬でディジタル値に変換できません．変換時間設定では，どれだけの時間をかけて変換するか設定します．ここではデフォルトの［38］µsを選択しています．変換結果の上限下限の設定は，A-D変換結果が想定外になったとき割り込みを発生させる設定です．今回は使わないのでデフォルト値のままにします．割り込みでLED点灯時間の設定を行うので，割り込みを許可します．

● PWM出力の設定

　A-D変換結果を，PWM出力を使ってLEDの点灯時間で表します．なおPWM出力について前節で説明しているので，ここではまだ記述していないものだけ紹介します．

　PWM出力のマスタ・チャネルで，スレーブ・チャネルに開始指示を出す間隔を指定しますが，その値を1秒（1000ms）にしています［**図38(a)**］．スレーブ・チャネルの設定はPWMのときと同じです［**図38(b)**］．

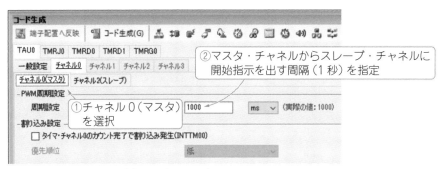

(a) マスタ・チャネル

(b) スレーブ・チャネル

図38
PWM出力の設定

● ポートの設定

ゲイン設定GC1,GC2がそれぞれポートP0_6,P0_5につながっているので,両方のポートを出力に設定します.

▶メイン・ルーチン

作成するプログラムのメイン・ルーチンを**リスト10**に示します.まず照度センサのゲインを設定します.ここではMゲインを選びました.次に,R_IT_Start()関数を呼び出して,インターバル・タイマを開始します.さらに,生成されたR_TAU0_Channel0_Start()関数を呼び出してPWM出力を開始します.

あとは1秒ごとにインターバル・タイマによってsec_flag変数が1になるので,R_ADC_Start()関数を呼び出してA-D変換を開始します.なおプログラム実行開始時はすぐにA-D変換を開始したいので,sec_flag変数の初期値は1にしています.

▶インターバル・タイマ割り込み処理

インターバル・タイマからは100msごとに,**リスト11**に示す割り込み処理ルーチンを呼び出します.この処理は生成されたr_cg_it_user.cファイルに記述します.

割り込み処理ルーチンでは,割り込みが10回ごと,つまり1秒経過するたびにそのことを示すsec_flag変数に1をセットします.この変数はメイン・ルーチンで参照していて,A-D変換を開始するトリガになります.

リスト10　A-D変換のメイン・ルーチン

```
void main(void)
{
    R_MAIN_UserInit();
    /* Start user code. Do not edit comment generated here */
    P0_bit.no6 = 0;     /* 照度センサをM-Gainモード（GC1=0）に設定 */
    P0_bit.no5 = 1;     /* 照度センサをM-Gainモード（GC2=1）に設定 */

    sec_flag = 1;       /* 初回はすぐにA-D変換を実施する */
    R_IT_Start();       /* インターバル・タイマ動作開始 */
    R_TAU0_Channel0_Start();   /* PWM動作開始 */

    while (1U)
    {
        if (sec_flag == 1) {   /* 1秒経過したら */
            sec_flag = 0;
            R_ADC_Start();     /* A-D変換開始 */
        }
    }
    /* End user code. Do not edit comment generated here */
}
```

リスト11　インターバル・タイマの割り込み処理ルーチン

```
static void __near r_it_interrupt(void)
{
    /* Start user code. Do not edit comment generated here */
    /* この割り込み処理は100ミリ秒ごとに呼び出される */
    static int count = 0;

    if (++count >= 10) {/* 1秒（100ミリ秒×10回）経過したら */
        count = 0;                /* カウンタ・クリア */
        sec_flag = 1;             /* メイン・ルーチンに1秒経過を通知 */
    }
    /* End user code. Do not edit comment generated here */
}
```

▶ A-D変換割り込み処理

生成されたr_cg_adc_user.cファイルに，**リスト12**に示す割り込み処理ルーチンを記述します．

初回のA-D変換値の精度は低いことがあるので1回目の変換値を捨てています．

次にA-D変換値を読み出します．16ビットのADCRレジスタに左詰めで変換値が格納されています．ここでは変換結果が10ビットなので，右に6ビット分シフトして変換値を取得してい

リスト12　A-D変換の割り込み処理ルーチン

```
    static void __near r_adc_interrupt(void)
    {
        /* Start user code. Do not edit comment generated here */
        static int first_flag = 1;
        int ad_val;

        /* 初回のA-D変換結果は捨てる */
        if (first_flag == 1) {
            first_flag = 0;
            return;
        }

        ad_val = ADCR >> 6;                 /* A-D変換結果を読み出す */
        TDR02 = 0xf400L * ad_val / 1023;
        /* A-D変換結果をタイマの値に変換 */
        /* End user code. Do not edit comment generated here */
    }
```

ます．最後にA-D変換結果をLED点灯時間に変換して，TDR02レジスタに設定します．前節でも使ったように，このレジスタにはPWM出力のスレーブ・チャネルのアクティブ時間を設定します．

　プログラムを実行するとLED0が点滅します．照度センサに光が当たらないようにすると点灯時間が短くなり，光を当てると点灯時間が長くなります．

コラム5　接尾子（接尾語）···定数値の型を変えて桁あふれを防ぐ

　リスト12は定数値に対して接尾子（接尾語）というものが使われています．A-D変換結果の計算値として，TDR02への代入式における定数値「0xf400」に付けられているLです．その他，リスト10にあるwhile文の比較式として，1の定数値に付けられているUも接尾子です．

● まずは算術変換の規則を理解する

　数学は無限の値まで演算できますが，C言語はそうはいきません．変数や定数値には型が存在し，型が異なる場合の演算は型をそろえるための規則が存在します．

　①定数値は表現できる必要最低限の型で扱われる
　②演算結果は被演算数と同じ型で表現され，桁あふれがあっても無視される
　③異なる型で演算を行う場合は，より大きな値が表現できる型にそろえて演算が行われる

という規則があります．

● 定数値の型を変えて桁あふれを防ぐ接尾子

　それではリスト12のTDR02に対する代入式において，接尾子のLがなかったときを考えてみます．TDR02の代入式で最初に演算が行われるのは0xf400 * ad_valの部分です．定数値の0xf400は10進数に換算すると62464です．使用しているCC-RLコンパイラでは，int型は16ビットで−32768〜+32767までが表現可能であり，unsigned int型は0〜+65535までが表現可能です．そうすると①の規則により，0xf400の62464はint型では表現できないため，unsigned int型として扱われます．

　一方，変数ad_valは宣言からわかるようにint型です．unsigned int型とint型の異なる型で乗算を行うことになります．その場合は③の規則により，より大きな値が表現できるunsigned int型にそろえて演算が行われます．ad_valをunsigned int型に変換して演算を行い，その結果は②の規則によって，同じunsigned int型として表現されます．

　0xf400の62464は2倍した時点でunsigned int型の範囲を超えてしまいます．超えた場合は②の規則によってあふれた桁は捨てられてしまうため，ad_valが2以上になった時点で正しい値は求められません．これがC言語の演算の難しいところです．

　対策としては，もっと大きな値が表現できるlong型やunsigned long型で演算を行うのです．ここの例では，ad_valは負の値や0x03ff(1023)を超えることがありません．したがって，62464*1023=63900672まで扱える型として，約21億が表現できるlong型で演算すればよいのです．

　そこで登場するのが接尾子のLです．これは定数値をlong型で扱うことをコンパイラに指示するものです．この結果，0xf400Lはlong型となります．long型はad_valのint型より大きな値が表現できるため，ad_valはlong型に変換されて演算が行われ，結果も同じlong型で表現されます．この接尾子の働きによって正しい値を求めることが可能となります．

　接尾子は定数値の型の割り当てを変更する役割を持っています．Lはlong型，Uはunsigned int型またはunsigned long型，UとLを一緒に使えばunsigned long型で扱うことを意味します．LやUは小文字のlやuを使うことも可能です．

● リスト10の1Uの接尾子はなくても問題なし

　定数値の1のもともとの型であるint型からunsigned int型に変更しても何も変わりません．この部分は自動生成コードが作成したものであり，ルネサス エレクトロニクスでは，「定数値には必ず接尾子を指定し，型を明確にしましょう！」といった暗黙のルールが多分あるのではないかと思います．

<鹿取 祐二>

コラム6　照度センサ BH1620FVC

　本文で取り上げたように，C-First には照度センサ BH1620FVC（**写真 B**，ローム製）が搭載されています．

　BH1620FVC は 0lx から 100000 lx 以上までの照度を測定できる，電流出力タイプの小型のアナログ照度センサ IC です．明るさに比例して出力電流が増えます．またゲインは3段階から選択できます（**図 B**）．

　C-First では，このセンサの出力電流を $10\mathrm{k}\Omega$ の抵抗 R_{20} に流すことで電圧に変換し，それを A-D 変換で読み取っています．また室内の照明は電源周波数に応じたフリッカ（電圧の細かいちらつき）があるので，R_{20} と並列に C_{17} を入れることで，その影響を除去しています．

＜永原 柊＞

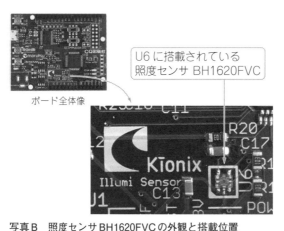

写真 B　照度センサ BH1620FVC の外観と搭載位置

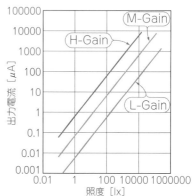

図 B　照度センサ BH1620FVC の照度と出力電流特性

演習問題 I

■ A-D 変換プログラムの書き方

※ 解答は巻末にあります．

[演習問題 1]
照度センサのゲインを変化させ，測定値がどうなるか観察しなさい．

[演習問題 2]
コラム 4 で説明した温度センサ BD1020HFV を使って温度を測り，温度に応じて LED の点灯時間が変わるプログラムを作りなさい．

なお，実行時に温度を変化させるときは，極端な高温，低温，水濡れなどにならないよう注意すること．

[9] I²C プログラム
シリアル通信 I²C を使う

C-First に搭載されている加速度センサを例に，I²C 通信を行うプログラムを作ります．

● マイコンとデバイス間で信号をやりとりするときに使う通信規格 I²C

マイコンにつながるセンサなどのデバイスが高機能化すると，接続に必要な信号線の数が増える傾向にあります．

たとえば前節で使った照度センサでは，ゲインの設定に 2 本，照度の出力に 1 本の信号線が必要です．高機能なセンサになると設定する情報がより多くなるので，必要な信号線はさらに増えてしまいます．

センサなどのデバイスの信号線が増えると，それにつながるマイコンのピンも必要になり，自由に使えるピンが減ったり，大型のマイコンが必要になったりします．

このような状況を解決するために，マイコンとデバイス間で信号を通信によるやりとりする方法が考えられました．通信を用いることで，ある一定の通信線により多数の信号をやりとりすることができます．I²C 通信はそのような通信の規格の 1 つです．

● マスタとスレーブに分かれてクロックとデータのやりとりをする

図 39 に I²C のシステム構成を示します．I²C の通信を行うマイコンやセンサなどは，ノードと呼ばれます．ノードは通信を開始できるマスタと，マスタからの指示で動作するスレーブに分

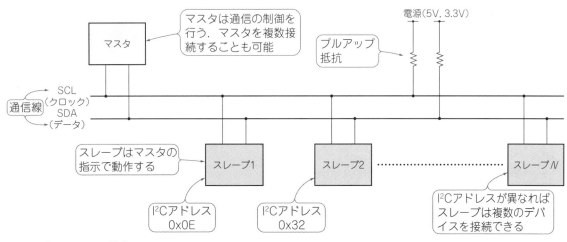

図39 I²Cのシステム構成

けられます．

　マスタになるノードと，スレーブになるノードが2本の通信線（SCLとSDA）でバス型接続されています．基本的にSCLはクロック，SDAはデータをやりとりする通信線です．マスタは通信の制御を行い，スレーブはマスタの指示で動作します．マスタはSCLにクロックを流し，マスタとスレーブはSDAを使って通信します．スレーブ側の動作が間に合わない場合には，スレーブはSCLを使ってマスタを待たせることもできます．

　マスタはI^2Cバス内に1つだけの場合が多いように思いますが，スレーブは1つの場合も複数の場合もあります．なお複数のマスタを1つのI^2Cバスに接続することもできます．

　マスタから個々のスレーブを区別するために，各スレーブにはそれぞれ異なるI^2Cのアドレスを割り振る必要があります．

● センサの使い方

　C-Firstボード上には，3軸加速度センサKXTJ3-1057（Kionix製）が搭載されています．このセンサはスレーブ・ノードで，そのI^2Cアドレスは0x0Eになっています．

▶センサを初期化する

　このセンサの制御レジスタは，レジスタ・アドレス0x1Bにあります．このレジスタの最上位ビット（b7）に0を書き込むと，センサはスタンバイ・モードになり動作を停止します．

　センサを初期化するには，まずセンサをスタンバイ・モードにして各種設定を行います．作成するプログラムもまずセンサをスタンバイ・モードにします．次にこのレジスタの上から2ビット目（b6）に1を書き込んで，高分解能モードを選択すると同時にb7に1を書き込んで，センサの動作を開始しています．

▶センサから加速度を読み出す

　一方，このセンサから加速度を読み取るには，センサが測定した加速度が格納されたレジスタを読み取る必要があります．たとえばX軸の加速度は，レジスタ・アドレス0x06に下位8ビット，0x07に上位8ビットが格納されています．

　つまりX軸の加速度の下位8ビットを読み取るには，次の手順を踏む必要があります（図40）．

- 手順1　マスタであるマイコンからI^2Cアドレス0x0Eを指示して，スレーブである3軸加速度センサを選択する
- 手順2　選択したセンサ内のレジスタ・アドレス0x06を指定する
- 手順3　指定したレジスタを読み取る

● プログラムの作成

　C-Firstボード上の3軸加速度センサを使ってX，Y，Z軸それぞれの加速度の大きさをLED

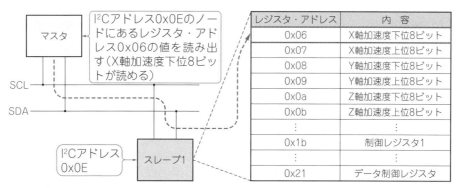

図40 I²C加速度センサにアクセスする

で表現します．X軸の加速度が大きい場合はLED0の点灯時間を長く，加速度が小さい場合は短くします．同様にY軸はLED1，Z軸はLED2で表現します．

LEDの点灯/消灯にPWM出力を用います．前節と同様に周期を1秒にして，LEDの点灯/消灯が目に見えるようにします．ただし前節とLEDの点灯/消灯の見た目は同じですが，PWM出力の実現方法は異なります．

前節で見たように，LED0はタイマ・アレイ・ユニットのPWM出力とつながっています．しかし，LED1とLED2はつながっていません．そこでタイマ・アレイ・ユニットを使うのではなく，インターバル・タイマとソフトウェアを使って3つのLEDのPWM出力を実現しています．

▶ソース・コードの生成

このプログラムでは，I²Cとインターバル・タイマ，ポートのソース・コードを生成しています．インターバル・タイマは10ms周期で割り込みが発生する設定にしました．また，ポートは3つのLEDにつながるポートを出力にしています．この2つは何度も説明しているので詳細は省略します．

▶I²Cの設定

I²Cは，コード生成のツリーにそのまま出てきません．I²Cのソース・コードを生成するには，コード生成のツリーからシリアルを選択します［**図41(a)**］．するとSAU0，SAU1，IICA0という3つのタブが現れるので，ここではIICA0を選択します．転送モードと設定という2つのタブが現れるので，転送モードを選択してシングル・マスタを選びます［**図41(b)**］．

もう一つの設定は**図41(c)**の画面になります．ほとんどデフォルトのままにします．唯一，一番下にある「コールバック拡張機能設定」の「マスタ送信/受信完了コールバック時にストップ・コンディションを生成」という長い名前のチェック・ボックスをクリアします．これでソース・コードを生成します．

▶メイン・ルーチン

I²C経由で3軸加速度センサの初期化を行います．その後，インターバル・タイマを10msに設定して起動します（**リスト13**）．あとは`exec_i2c`フラグを監視します．この値はインターバ

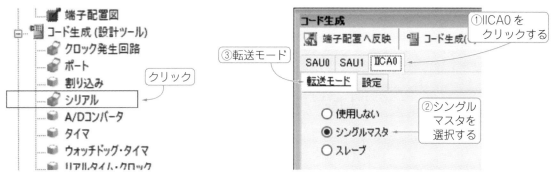

(a) コード生成ツリーからシリアルを選択する

(b) I²C コントローラ IICA0 の転送モードはシングルマスタ

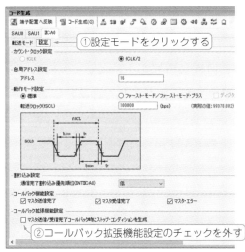

(c) IICA0 の設定ではストップ・コンディションを生成のチェックを外す

図41 I²Cの設定

図42 3軸加速度センサの初期化を行うI²C通信（一部）

ル・タイマにより1秒ごとに1になるので，acc_get_xyz()関数を呼び出します．この関数ではI²C通信を実行して3軸の加速度を読み出し，LEDの点灯時間に変換します．

リスト13　インターバル・タイマを10msに起動するメイン・ルーチン

```c
void main(void)
{
    R_MAIN_UserInit();
    /* Start user code. Do not edit comment generated here */
    acc_init();            /* 3軸加速度センサを初期化する */
    R_IT_Start();          /* インターバル・タイマをスタート */

    while (1U)
    {
        if (exec_i2c == 1) {   /* 加速度を取得するタイミングの場合 */
            exec_i2c = 0;      /* フラグをクリア */
            acc_get_xyz();     /* 加速度を取得してLED点灯時間に変換 */
        }
    }
    /* End user code. Do not edit comment generated here */
}
```

リスト14　3軸加速度センサの初期化

```c
int.i2c_flag;                  /* I2Cの送受信の完了を示すフラグ */
/* I2C経由で、3軸加速度センサに初期化を指示する */
void acc_init(void)
{
    acc_cmd(0x1b, 0);          /* 動作停止 */
    acc_cmd(0x1b, 0xc0);       /* 高分解能モードで動作開始 */
}

/* I2C経由で、3軸加速度センサに1バイトのコマンドを送る */
void acc_cmd(uint8_t ra, uint8_t dat)
{
    uint8_t    buf[16];

    buf[0] = ra;               /* 操作するレジスタアドレスを指定 */
    buf[1] = dat;              /* レジスタに書き込む値を指定 */
    i2c_flag = 0;
    R_IICA0_Master_Send(       /* 3軸加速度センサへI2C送信実行 */
        I2C_ACC_ADDR, buf, 2, 1);
    while (i2c_flag == 0) ;    /* 送信完了待ち．割り込み処理で
                                              i2c_flag = 1となる */
    R_IICA0_StopCondition();   /* I2C通信終了 */
    while (SPD0 == 0) ;        /* ストップ・コンディション検出待ち */
}
```

▶3軸加速度センサの初期化

3軸加速度センサの初期化はI^2C通信により行います．その処理内容をリスト14，その中にあるacc_cmd(0x1b, 0)関数呼び出しを行ったとき，I^2Cバス上で行われる通信の概要を図42に示します．

▶インターバル・タイマ割り込み処理ルーチン

インターバル・タイマは，10msごとにリスト15に示す割り込み処理ルーチンを呼び出します．ここでは次の2つのことを行っています．

リスト15　インターバル・タイマ割り込み処理ルーチン

```
static void __near r_it_interrupt(void)
{
    /* Start user code. Do not edit comment generated here */
    /* 10ミリ秒ごとに呼び出され、LED点灯時間と加速度取得タイミングを制御する */
    static int tick = 0;/* 何回呼び出されたかを示すカウンタ */

    P1_bit.no7 = (tick < led_acc[0]) ? 0 : 1;
      /* 各LEDを点灯するかどうか判断 */
    P5_bit.no5 = (tick < led_acc[1]) ? 0 : 1;
    P0_bit.no1 = (tick < led_acc[2]) ? 0 : 1;

    if (++tick >= MAX_TICK) { /* 1秒ごとに加速度を取得 */
        tick = 0;
        exec_i2c = 1;
    }
    /* End user code. Do not edit comment generated here */
}
```

コラム7　条件式…if文と似たような制御ができる演算子

リスト15には「?:」の条件式という演算子が使われています．条件式はif文と似たような制御を行うことが可能な演算子であり，3つの式を？と：で区切って記述します．

式1 ? 式2 : 式3

式1は条件判断を行う式を記述します．そして，式1の評価結果が真であれば式2，偽であれば式3が条件式全体の評価結果となります．つまり，条件式をif文で書き直すと次のようになります．

```
if( 式1 )
  式2;
else
  式3;
```

具体例として，変数aの絶対値を変数bに格納する処理をif文と条件式で記述すると次のようになります．

【if文】
```
if( a >= 0 )
  b = a;
else
  b = -a;
```

【条件式】
```
b = a >= 0 ? a : -a ;
```

>= の比較演算子，? : の条件式，= の代入の各演算子の優先順位は，ここに記載した順番と同じ順で評価されるため，ここでは特に演算子の順序を指定する小括弧は必要ありません．

▶ if文と条件式は使用できる場所が異なる

if文と条件式は似てはいますが，両者は異なる部分が多々あります．その一番の違いは，if文は「文」の仲間であり，条件式は「式」の仲間であることです．両者は使用できる場所が違います．変数aの絶対値が5と等しい間は繰り返しを行う処理をwhile文で実現する場合，条件式ならば次のように記述することができます．

```
while( 5 == (a >= 0 ? a : -a) )
  文;
```

しかしif文では記述できません．while文の小かっこ内には式は記述できますが，文は記述できないからです．同じ理由で次のような関数の実引数やreturn文の返却値には，条件式ならば記述できますが，if文は記述できません．

```
sub( a >= 0 ? a : -a );   // 引数で変数aの絶対値を渡す
return a >= 0 ? a : -a;   // 返却値として変数aの絶対値を返す
                          // これらは条件式だから記述できる
```

<鹿取 祐二>

● 加速度を取得するタイミングの決定

10msごとにtickの値を+1し続け，1秒になったらtickを0に戻すとともに，加速度を取得するためにI²C通信を実行することを指示するフラグexec_i2cに1をセットします．

exec_i2cフラグはメイン・ルーチンで監視していて，この値が1になればI²C通信により3軸加速度を読み出して，LED点灯時間に変換します．

● LEDのPWM点灯制御

このプログラムはソフトウェアでLEDのPWM制御を行っています．PWMといっても1秒周期なので，点滅が目で見えます．

10msごとに変数tickの値を+1していき，tickの値がLEDごとの点灯時間を示す値led_acc[]より小さい間はLEDを点灯します．

これでなぜPWM出力になるのか，図43に考え方を示します．

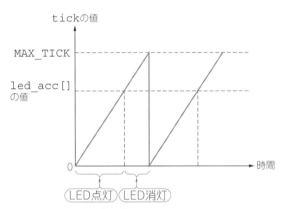

図43　PWM出力の考え方

変数tickの値は0からMAX_TICKまで10msごとに増加し，再び0に戻って増加を繰り返します．この値とled_acc[]の値を比較して，tickの値が小さい間だけLEDを点灯します．

led_acc[]を小さくすると点灯時間が短くなり，大きくすると点灯時間が長くなります．

▶3軸加速度の取得処理

リスト16に，3軸加速度センサから値を取得して，それをLED点灯時間に変換する処理を示します．リスト16(a)は，読み出した6バイトの値から3軸の加速度に変換し，絶対値をとってLED点灯時間に変換しています．リスト16(b)は，測定した加速度をI²C通信により読み出しています．なおリスト16(b)の処理を実現するには，生成されたソース・コードでは不十分だったので，生成されたR_IICA0_Master_Receiveという関数をもとにR_IICA0_Master_RestartRxという関数を作っています．変更点は，元の関数ではIICBSY0というフラグを参照している箇所をなくしただけです．

リスト16 3軸加速度センサから読み出してLED点灯時間に変換

```c
void acc_get_xyz(void)
{
    int i, accVal;
    uint8_t buf[16];

    /* レジスタ6番から加速度値を6バイト読み出す */
    acc_txrx(6, buf, 6);

    /* 加速度値からLED点灯時間に変換する */
    for(i = 0; i < 3; i++) {/* 3軸分処理する */
    /* 加速度の絶対値を計算 */
        accVal = abs(buf[i*2] | (buf[i*2+1] << 8));
        led_acc[i] = accVal >> 8;        /* 上位ビットだけを使う */
    }
}
```

(a) 加速度からLED点灯時間に変換

```c
int i2c_flag;                     /* I2Cの送受信の処理の完了を示すフラグ */
/* 3軸加速度センサの指定レジスタから指定バイト読み出す */
void acc_txrx(uint8_t ra, uint8_t buf[], int buflen)
{
    buf[0] = ra;            /* 読み出すレジスタアドレスを指定 */
    i2c_flag = 0;
    /* 3軸加速度センサへI2C送信実行 */
    R_IICA0_Master_Send(I2C_ACC_ADDR, buf, 1, 1);
    while (i2c_flag == 0) ; /* 送信完了待ち．割り込み処理でi2c_flag =
    1となる */

    i2c_flag = 0;
    /* 3軸加速度センサからI2C受信実行 */
    R_IICA0_Master_RestartRx(I2C_ACC_ADDR, buf, buflen, 1);
    while (i2c_flag == 0) ; /* 受信完了待ち */
    R_IICA0_StopCondition();/* I2C通信終了 */
    while (SPD0 == 0) ;        /* ストップ・コンディション検出待ち */
}
```

(b) 3軸加速度センサから加速度値を読み出す

リスト16(b)のI²C通信を行ったとき，I²Cバス上で行われる通信の概要を図44に示します．

● 動作の確認

C-Firstボードを水平な机の上に置いてプログラムを実行してみると，重力加速度が働いているので，Z軸の加速度が最も大きくなりLED2が長く点灯します．

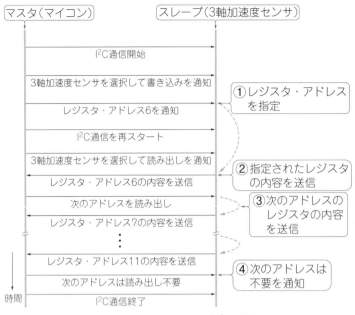

図44 3軸加速度センサから加速度を読み出す I²C 通信

C-First ボードの傾きを変えると，LED の点灯のようすが変わることを確認できます．

<永原 柊>

コラム8　3軸加速度センサ KXTJ3-1057

本文で取り上げたように，C-First には Kionix 社の3軸加速度センサ KXTJ3-1057（**写真 C**）が搭載されています．

● 特徴

KXTJ3-1057 は小型，低消費電力の加速度センサです．測定できる加速度の範囲を ±2g，±4g，±8g，±16g から選択できます．

測定値はディジタル値で出力します．データの分解能には 8 ビット，12 ビット，14 ビットの各モードがあります．マイコンとは I²C で接続します．

● 使い方

センサの設定，測定値の読み出しは，すべて I²C 経由でセンサのレジスタを操作することにより行います．

このセンサのレジスタ一覧を**表B**に示します．思いの他，多数のレジスタがあることがわかります．加速度を検出して割り込みを発生させたり，ふだんは省電力モードで動作して加速度を検出したときだけ高精度モードに移行したりできます．詳細はセンサのデータシートを参照してください．

＜永原 柊＞

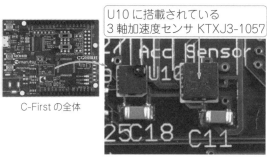

写真C　3軸加速度センサKXTJ3-1057の外観と搭載位置

表B　3軸加速度センサKXTJ3-1057のレジスタ一覧

レジスタ名	R/W	レジスタ・アドレス	説明
XOUT_L	R	0x06	X軸加速度下位バイト
XOUT_H	R	0x07	X軸加速度上位バイト
YOUT_L	R	0x08	Y軸加速度下位バイト
YOUT_H	R	0x09	Y軸加速度上位バイト
ZOUT_L	R	0x0A	Z軸加速度下位バイト
ZOUT_H	R	0x0B	Z軸加速度上位バイト
DCST_RESP	R	0x0C	通信テスト
WHO_AM_I	R	0x0F	デバイス識別用
INT_SOURCE1	R	0x16	割り込み要因1
INTSOURCE2	R	0x17	割り込み要因2
STATUS_REG	R	0x18	割り込み状態
INT_REL	R	0x1A	割り込みクリア
CTRL_REG1	R/W	0x1B	制御レジスタ1
CTRL_REG2	R/W	0x1D	制御レジスタ2
INT_CTRL_REG1	R/W	0x1E	割り込み制御レジスタ1
INT_CTRL_REG2	R/W	0x1F	割り込み制御レジスタ2
DATA_CTRL_REG	R/W	0x21	データ出力周期
WAKEUP_COUNTER	R/W	0x29	ウェイクアップ・カウンタ
NACOUNTER	R/W	0x2A	NAカウンタ
SELF_TEST	W	0x3A	自己診断
WAKEUP_THRESHOLD_H	R/W	0x6A	ウェイクアップ加速度H
WAKEUP_THRESHOLD_L	R/W	0x6B	ウェイクアップ加速度L

第13章

LED温度計から心拍計，ロボット…卒研/夏休み/宿題のテーマ探し

C言語で動かすマイコン活用製作

[1] 準備　機能を呼び出すI/Oライブラリ

■ RL78/G14マイコンのI/Oライブラリ（RL78IOlib）

　本章では，C-Firstボードを使って製作した応用例を紹介します．その際，C言語によるアプリケーション・プログラムを作成します．アプリケーションからハードウェアを動かすための機能「I/Oライブラリ」を作成しました[注1]．CS+の「コード生成機能」を使うと効率の良いプログラムを作れますが，使用するハードウェアの機能ごとにソースが細かく分かれてしまうのがわかりづらいので，コード生成機能は使用しませんでした．

　本章で作成したI/Oライブラリの関数を表1に示します．作成したI/Oライブラリ（RL78IOlib）は，定義した関数をアプリケーションから呼び出すことにより使用できます．制御できる機能はGPIO，A-D変換，PWM，UARTシリアル，I^2C，タイマ割り込み，データ・フラッシュです．

　マイコン内部の周辺機能は，それぞれの関数で一定の使い方を決めているので，プログラミングの自由度は下がりますが，マイコンのハードウェアの詳細な仕様を知らなくても上記の機能を使用できるようになっています．関数でコーディングされていること以外の使い方をする場合は，I/Oライブラリのソースを修正して使ってください．

■ 作成した関数の機能

　RL78IOlibで作成した関数の機能の詳細を次に示します．

● ディジタル入出力

▶ `void pinMode(ピン番号, モード指定)`

ピン番号：拡張コネクタ0～13（D0～D13），LED0～LED2，GCC1，GCC2（照度センサ感度切り替え）

モード指定：OUTPUT，INPUT　　OUTPUT→0　　INPUT→1でも可

▶ `void digitalWrite(ピン番号, 出力レベル)`

注1：I/OライブラリのAPI（Application Programming Interface）は，Arduinoのスケッチを参考にしました．

表1　作成したI/Oライブラリ関数

カテゴリ	関数名	機　能
ディジタル入出力	void pinMode(ピン番号, モード指定)	ディジタル・ピンの入出力を指定
	void digitalWrite(ピン番号, 出力レベル)	指定ピン番号に指定したレベルを出力
	char digitalRead(ピン番号)	指定ピン番号のレベルを読み取り
アナログ入出力	void analogWriteFrequency(周波数：Hz, タイマ番号)	指定タイマ番号のPWMの周波数を設定
	void analogWrite(ピン番号, PWMデューティ：0〜255)	指定ピン番号のPWMデューティを設定
	int analogRead(ピン番号)	指定ピン番号のアナログ電圧を読み取り
I²Cインターフェース（マスタのみ） （＊1）本来は通信相手がいない場合などのエラーに対応するため，リターン値で返すのが良い	void Wire_begin(void)	I²Cインターフェースの初期化を行う
	(＊1) void Wire_beginTransmission(スレーブ・アドレス：7ビット)	スレーブ・アドレス送信して，スレーブにマスタ送信（マスタ→スレーブ）を開始する
	(＊1) void Wire_send(送信データ：1バイト)	マスタ送信を開始したスレーブに1バイトのデータを送信
	void Wire_endTransmission(void)	マスタ送信を終了する
	(＊1) void Wire_requestFrom(スレーブ・アドレス, 受信バイト数)	スレーブ・アドレス送信して，スレーブから指定したバイト数を受け取るマスタ受信（マスタ←スレーブ）を開始する
	char Wire_read(void)	戻り値としてマスタ受信を開始したスレーブから受信した1バイトのデータを返す
	char Wire_available(void)	戻り値としてスレーブから受信する残りのバイト数を返す
シリアル・インターフェース	C言語の標準入出力を指定したシリアル・インターフェース（UART0またはUART2）にする	UART0（仮想COMなど），UART2をコンパイル・オプションで指定する
データ・フラッシュ・メモリのリード/ライト	EEPROM_write(バイト・アドレス, 書き込みデータ)	RL78/G14に内蔵されているデータ・フラッシュ・メモリの指定アドレスに1ワード分のデータを書き込む
	EEPROM_read(バイト・アドレス)	RL78/G14に内蔵されているデータ・フラッシュ・メモリの指定アドレスを1ワード分（16ビット）読み出す
タイマ割り込み	void timerint0(割り込み間隔：ms, 割り込みで実行する関数名)	指定した関数をインターバル実行する

ピン番号：拡張コネクタ 0 ～ 13（D0 ～ D13），LED0 ～ LED2，GCC1，GCC2（照度センサ感度切り替え）

出力レベル：High, Low　　High → 1　　Low → 0 でも可

▶ `char digitalRead`（ピン番号）

ピン番号：拡張コネクタ 0 ～ 13（D0 ～ D13），汎用スイッチ：SW1，SW2

戻り値として指定ピンの論理レベル（0，1）が返却される．

▶ `void analogWriteFrequency`（周波数：Hz，タイマ番号）

周波数：0.01 ～ 65535（Hz）

タイマ番号：0，1，2

　　　　　タイマ番号 0：対象 D3，D5，D9　　タイマ番号 1：対象 D6

　　　　　タイマ番号 2：対象 D4，LED0

▶ `void analogWrite`（ピン番号，PWM デューティ）

ピン番号：拡張コネクタ 3，5，6，7，9，10（D3，D5，D6，D7，D9，D10），LED0

PWM デューティ：0 ～ 255

▶ `int analogRead`（ピン番号）

ピン番号：拡張コネクタ 0 ～ 7（A0 ～ A7），ILLM（照度センサ），TEMP（温度センサ），
　　　　　RLTEMP（RL78/G14 温度センサ），RLREFV（RL78/G14 基準電圧：1.45V）

戻り値として A-D 変換された 10 ビットの値が返却される．

● I^2C インターフェース（マスタ処理のみ）

▶ `void Wire_begin(void)`

I^2C インターフェースの初期化を行う．

▶ `void Wire_beginTransmission`（スレーブ・アドレス：7 ビット）

スレーブ・アドレスを送信して，マスタ送信（マスタ→スレーブ）を開始する．

▶ `void Wire_send`（送信データ：1 バイト）

マスタ送信を開始したスレーブに 1 バイトのデータを送信する．この関数を連続して使用することで複数バイトの送信ができる．

▶ `void Wire_endTransmission(void)`

マスタ送信を終了する．

▶ `void Wire_requestFrom(` スレーブ・アドレス，受信バイト数)

スレーブ・アドレスを送信して，スレーブから指定したバイト数のデータを受け取る．マスタ受信（マスタ←スレーブ）を開始する．

▶ `char Wire_read(void)`

戻り値として，マスタ受信を開始したスレーブから受信した 1 バイトのデータを返す．この

関数を連続して使用することで複数バイトの受信ができる．
▶ char Wire_available(void)
戻り値として，スレーブから受信する残りのバイト数を返す．この値がゼロになることで，指定したバイトの受信が終了したことがわかる．

● シリアル・インターフェース

ボード上の USB から使用できる仮想 COM が，RL78/G14 マイコンの UART0 に接続されています．UART0 に USB 経由で Tera Term のようなターミナル・ソフトウェアを接続することで，C 言語の標準 I/O（printf や scanf など）の入出力をターミナル・ソフトで行えます．

また［コンパイル・オプション］→［プリプロセス］→［定義マクロ］により UART2 を指定することで，UART0 の代わりに UART2 を使用できます．C-First の拡張端子の D0（RXD），D1（TXD）を UART シリアルとして使用する場合は，この設定をします．転送レートは，115200bps 固定です．

● データ・フラッシュ・メモリのリード / ライト

RL78/G14 マイコンのデータ・フラッシュ・メモリは 4K バイトありますが，この関数ではその最初の 128 バイトのみのリード / ライトを行います．ウェア・レベリング（書き込み回数の平均化処理）は行っていません．データ・フラッシュ・メモリの書き換え可能回数は 100 万回以上と制限がありますが，今回のような学習用途には十分です．

RL78/G14 マイコンのデータ・フラッシュ・メモリのリード / ライトは，ハードウェア仕様が公開されていないので，ルネサス エレクトロニクスから提供されているライブラリ（データ・フラッシュ・ライブラリ Type04）を使っています．

▶ EEPROM_write（バイト・アドレス，書き込みデータ）
RL78/G14 マイコンに内蔵されているデータ・フラッシュ・メモリの指定アドレスに 1 ワード分のデータを書き込む．
▶ EEPROM_read（バイト・アドレス）
RL78/G14 マイコンに内蔵されているデータ・フラッシュ・メモリの指定アドレスを 1 ワード分（16 ビット）読み出す．

● タイマ割り込み

void timerint0（割り込み間隔：ms, 割り込みで実行する関数名）

割り込みを使ったプログラムを作成するときに使います．RL78/G14 マイコンの RJ タイマのインターバル割り込みを使用しています．インターバル割り込みで起動する関数を作成して「割り込みで実行する関数名」に指定することで，この関数を指定した時間ごとに起動します．割り込み間隔は 1ms 単位で指定できます．

インターバル割り込みは，通常の処理と並行して動く処理をしたい場合に使用します[注2]．

■ プロジェクトの設定方法

本章で作成したI/OライブラリRL78IOlibは，`RL78IOlib.c`と`RL78IOlib.h`の2つのファイルからできています．

RL78IOlibをCS+で使用するための設定方法は，`RL78IOlib.c`と`RL78IOlib.h`とデータ・フラッシュ・ライブラリTYPE04のファイルを適当なフォルダに置いて，CS+で作成するソフトウェアのプロジェクトを作成します．新規にプロジェクトを作成したら，下記の手順でプロジェクトの設定を行います．

(1) `RL78IOlib.c`，`RL78IOlib.h`，`pfdl.lib`の3つのファイルをプロジェクトに追加する（図1）．

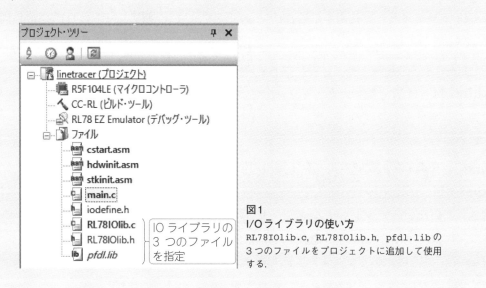

図1
I/Oライブラリの使い方
`RL78IOlib.c`, `RL78IOlib.h`, `pfdl.lib`の3つのファイルをプロジェクトに追加して使用する．

(2) プロジェクト・デバッガをEZエミュレータに変更する．
(3) プロジェクトのプロパティ（コンパイラ）の最適化レベルを「デバッグ優先」に設定する（図2）．
(4) プロジェクトのプロパティ（リンク）「デバイス」-「デバッグ・モニタ領域を設定する」を「はい」に設定する（図3）．
(5) プロジェクトのプロパティ（リンク）「デバイス」-「ユーザ・オプション・バイトを設定する」でCPUクロックを48MHzに設定する（オプション・バイト値：`EFFFF0`）（図3）．
(6) プロジェクトのcstart.asmのスタック・エリアの大きさを0x200→0x300に拡大する（図4）．
(7) main.cの先頭に「`#include "RL78IOlib.h"`」を追加する（図5）．

注2：割り込みで実行する関数や，その関数から呼び出される関数を通常処理からも呼び出す場合は，必ずリエントラント（再入可能）な作りにしてください．

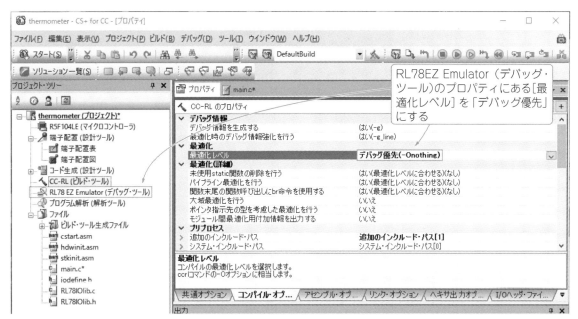

図2 最適化レベルの設定
最適化レベルを「デバッグ優先」に設定する.

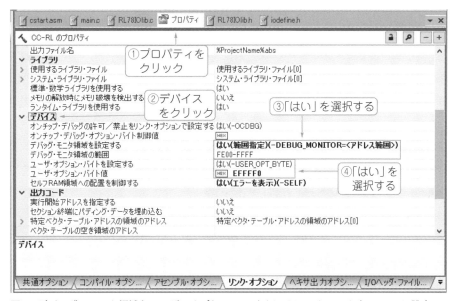

図3 デバッグ・モニタ領域とユーザ・オプション・バイトでCPUクロックを48MHzに設定

(8) シリアルI/Oを使用する場合は，main.cの先頭に「#include <stdio.h>」を追加する（図5）.

(9) 作成するmain()関数の処理の先頭で，RL78IOlibを初期化する関数rl78iolib_ini()を実行する（図5）.

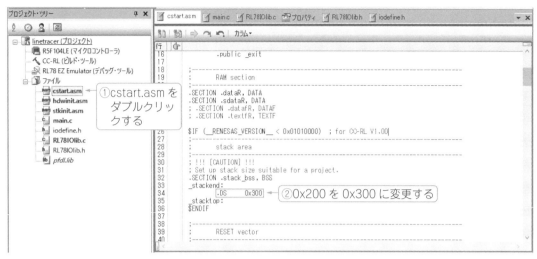

図4 cstart.asmのスタック・エリアの大きさを0x200→0x300に拡大

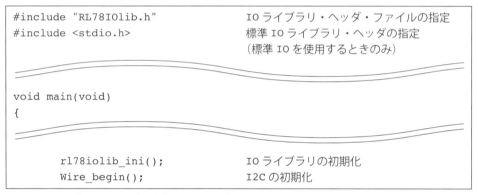

図5 I/Oライブラリ・ヘッダの指定とI/Oライブラリの初期化

[2] 製作① 7セグメントLED温度計

　Arduino用の「マルチファンクション・シールド」（写真1）の7セグメントLEDに，I/Oライブラリ RL78IOlibを使って気温を表示するアプリケーション（thermometer）を作ります．

● 7セグメントLED回路

　マルチファンクション・シールドの7セグメントLED回路は，図6の構成になっています．

　LED回路は，4桁のアノード・コモンの7セグメントLEDと2個の8ビット・シフト・レジスタの74HC595から構成されています．2個の74HC595で16ビットのシフト・レジスタを構成し，それぞれ16ビット・シフト・レジスタの0，1，2，3ビットに1桁目から4桁目のアノード端子を8～15ビットに，7セグメントLEDのA～DP端子を接続しています．シフト・レジスタは，A端子のデータをSHTCLKでシフトし，LATCLKでシフト・レジスタの値を出力端

写真1
7セグメントLED温度計の外観

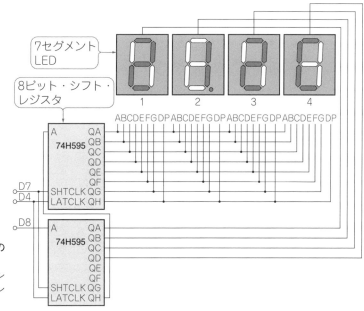

図6
マルチファンクション・シールドの
7セグメントLEDの回路構成
4桁のアノード・コモンの7セグメント LEDと2個の8ビット・シフト・レジスタ74HC595で構成されている．

子QA～QHにラッチ出力します．A，SHTCLK，LATCLKは，ディジタルD4，D7，D8を接続しています．

● 温度表示ソフトウェア

温度表示プログラムを図7のフローチャートおよび図8のCS+上のソース・プログラムを使って説明します．

最初に，I/Oライブラリを使用するため初期化をします．その後，while文の無限ループでI/OライブラリのanalogRead関数を使って温度センサの電圧を100ms間隔で読み取ります．内蔵の温度センサのピン番号は「TEMP」を使用します．次にそれをLEDに表示するために10

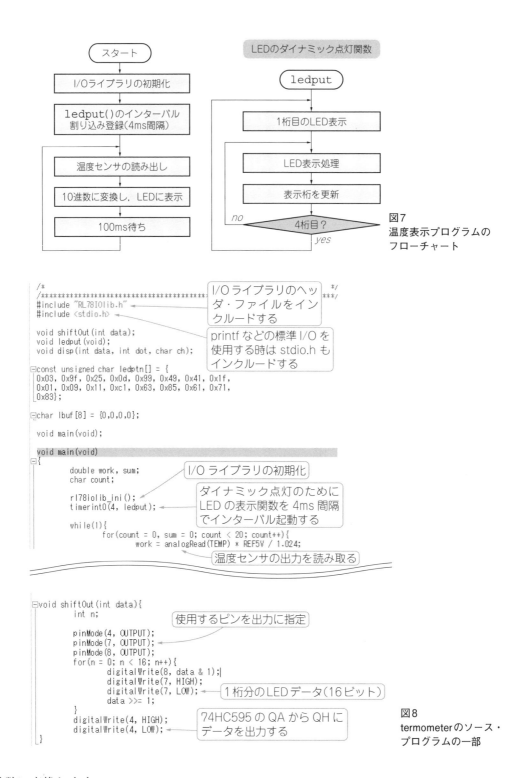

図7 温度表示プログラムのフローチャート

図8 termometerのソース・プログラムの一部

進数に変換します．

図6の回路に示したように，7セグメントLEDの7つのLEDセグメントは4桁分すべて共通に接続されており，それぞれの桁のアノードのどれかを選択して1桁分を表示する構成です．そこで4桁それぞれに異なる内容を表示するためには，表示する桁を1桁ずつ切り替えながら表示

する「ダイナミック点灯方式」を使用します．ダイナミック点灯は，4ms間隔のインターバル割り込みを使用して1桁ずつ表示します．インターバル実行されるledput関数は，I/Oライブラリのtimerint0関数を使用して登録します．

LED表示データや表示桁数の設定は，shiftOut関数を使用します．D4，D7，D8ピンをI/Oライブラリのpinmode関数で出力に設定してからI/OライブラリのdigitalWrite関数でD7, D8を使って74HC595に1ビットずつデータを書き込んでいきます．1桁分（16ビット）のデータと表示する桁の指定ができたら，D4で74HC595のQA〜QHに出力します．

[3] 製作② 気温データ・ロガーの製作

● 気温データ・ロガーの概要と仕様

写真2に製作する気温データ・ロガーに使用したリアルタイム・クロック・モジュールを，写真3に気温データ・ロガーを示します．気温や時刻をリアルタイムに表示できるようにI²CインターフェースのLCDモジュール（MI2CLCD-01）を使用しました．

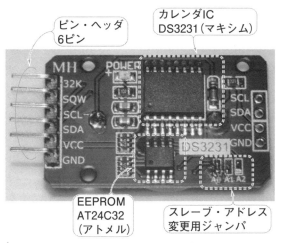
（a）表側にはカレンダICとEEPROMが搭載されている

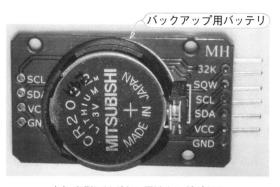
（b）裏側にはボタン電池ホルダがある

写真2 リアルタイム・クロック・モジュールの外観

▶ I²Cインターフェース

I²Cインターフェースは，さまざまな周辺機器の制御ができる便利なインターフェースです．今回使用したI²Cインターフェースのリアルタイム・クロック・モジュール（Easy Word Mall製）はリアルタイム・クロックにDS3231を使っており，モジュール基板の裏側にはボタン電池が入る電池ボックスまで付いています．また，データの保存用として4KバイトのI²CインターフェースのEEPROM（AT24C32）が載っており，気温データ・ロガーに必要な時刻の取得とロ

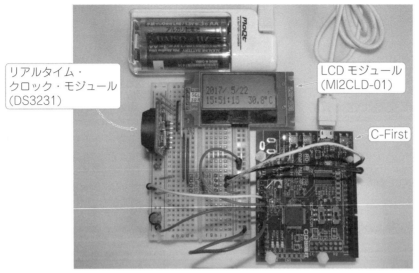

写真3
気温データ・ロガーの外観

グ・データの保持がこのモジュールだけでできます．DS3231とAT24C32は，I^2Cインターフェースで制御します．

▶温度センサ DS3231

当初，気温の測定は，7セグメント温度計と同じようにC-Firstボードに内蔵されている温度センサを使うことを考えました．しかし，DS3231には温度センサが内蔵されており，時刻データと同様にI^2Cインターフェースを使って気温データを読み出せます．この温度センサは，分解能は10ビット（0.25℃／ビット）で，マイナス温度は2の補数で出力されます．分解能はあまり高くありませんが，アナログ・センサでは出力電圧に実際の温度を対応させる補正が必要なのに対して，このセンサは補正なしで絶対値がわかります．

● I^2C インターフェースのモジュールをつなぐ

I^2C デバイスは，図9のようにI^2Cインターフェース上に並列に接続できます．さらにリアルタイム・クロック内部で，DS3231とAT24C32の2つのデバイスのI^2Cインターフェースが並列に接続されています．I^2Cインターフェースの2本の信号（SCL，SDA）は，複数の機器を

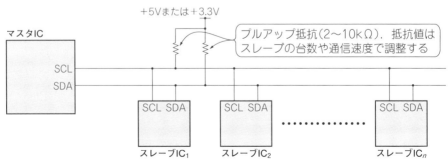

図9　I^2Cによる複数のデバイスの並列接続

並列に接続できます．

並列接続を可能とするために，2本の信号はそれぞれのデバイスをオープン・ドレインでドライブしています．このため2本の信号には終端のためのプルアップ抵抗が必要になりますが，C-Firstはボード内にプルアップ抵抗を内蔵しており，外付けの終端抵抗は不要です（ボード上のはんだジャンパをカットすることで，内蔵の終端抵抗を外すこともできる）．

▶レベル・コンバータ・モジュール

C-FirstボードのI²Cインターフェースは，Arduino互換の5Vインターフェースです．リアルタイム・クロックとLCDは3.3Vで使用するため，I²Cインターフェースを3.3Vインターフェースに変換する必要があります．5Vと3.3Vの電圧レベルを変換するには，図10の気温データ・ロガー回路に示すようにレベル・コンバータ・モジュールを使用しました．

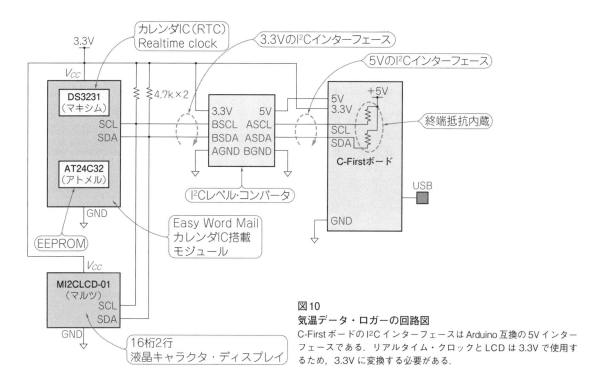

図10
気温データ・ロガーの回路図
C-FirstボードのI²CインターフェースはArduino互換の5Vインターフェースである．リアルタイム・クロックとLCDは3.3Vで使用するため，3.3Vに変換する必要がある．

▶リアルタイム・クロック・モジュール

リアルタイム・クロック・モジュールに搭載されたリアルタイム・クロック・デバイス（DS3231）のスレーブ・アドレスは，16進数で0x68です．EEPROM（AT24C32）のスレーブ・アドレスは，モジュール上にあるはんだジャンパ（A2，A1，A0）をショートすることで0x57〜0x50まで変えられます．初期状態は0x57になっています．LCDモジュールのスレーブ・アドレスは0x3eです．

▶Wire関数

時刻の設定，時刻や温度の読み出し，EEPROMのリード／ライト，LCDへの表示などは，

I/Oライブラリの Wire 関数を使います．DS3231，AT24C32，LCD の内部のレジスタ・マップをそれぞれ**表2**，**表3**，**表4**に示します．

■ 気温データ・ロガーのプログラム

　気温データ・ロガーのプログラムは大きく分けて，気温データ・ログ部と，仮想COMのUSBにつないだパソコンから操作するメニュー部の2つで構成されています．メニュー部からはユーティリティ（ログ間隔設定，時刻設定，ログ表示）を使用できます．

表4　LCDのレジスタ・マップ

命令	命令コード										内容	命令実行時間		
	RS	R/W	DB7	DB6	DB5	DB4	DB3	DB2	DB1	DB0		OSC=380kHz	OSC=540kHz	OSC=700kHz
Clear Display	0	0	0	0	0	0	0	0	0	1	DDRAM に 20H を書き，アドレス・カウンタに 00H をセットする	1.08ms	0.76ms	0.59ms
Return Home	0	0	0	0	0	0	0	0	1	×	アドレス・カウンタに 00H をセットし，オリジナル・ポジションにカーソルを戻す．DDRAM の内容は変化しない	1.08ms	0.76ms	0.59ms
Entry Mode Set	0	0	0	0	0	0	0	1	I/D	S	表示のシフト設定およびシフト方向の設定を行う	26.3μs	18.5μs	14.3μs
Display ON/OFF	0	0	0	0	0	0	1	D	C	B	D=1：表示全体を ON C=1：カーソルを ON B=1：カーソル・ポジションを ON	26.3μs	18.5μs	14.3μs
Function Set	0	0	0	0	1	DL	N	DH	0*	IS	DL：インターフェース・データは8/4ビット N：ライン数は2/1 DH：2倍高フォント IS：命令表選択	26.3μs	18.5μs	14.3μs
Set DDRAM address	0	0	1	AC6	AC5	AC4	AC3	AC2	AC1	AC0	アドレス・カウンタに DDRAM アドレスをセット	26.3μs	18.5μs	14.3μs
Read Busy Flag and address	0	1	BF	AC6	AC5	AC4	AC3	AC2	AC1	AC0	アドレス・カウンタおよびビジー・フラグの読み出し	0	0	0
Write data to RAM	1	0	D7	D6	D5	D4	D3	D2	D1	D0	内蔵 RAM にデータを書き込む	26.3μs	18.5μs	14.3μs
Read data from RAM	1	1	D7	D6	D5	D4	D3	D2	D1	D0	内蔵 RAM からデータを読み出す	26.3μs	18.5μs	14.3μs

（注）このビットはテスト命令用で，ほとんどの場合は0にセットする．

● 気温データ・ログ部

気温データ・ログ部を**図11**の概略フローチャートを使って説明します．

▶初期化とメイン・ループ

I/Oライブラリの初期化後，気温データ・ロガーのハードウェアを初期化するために，I²Cイン

表2 カレンダIC（DS3231）のレジスタ・マップ

コマンド	データ		機能
	7～4ビット	3～0ビット	
#00	10秒	秒	秒
#01	10分	分	分
#02	10時	時	時
#03	0	0～6	曜日
#04	10日	日	日
#05	10月	月	月
#06	10年	年	年
#11	気温データ		気温MSB
#12	気温データ	未使用	気温LSB

（注）気温がマイナスのときは2の補数で表示される．

表3 EEPROM（AT24C32）のレジスタ・マップ

コマンド	7～4ビット	3～0ビット	機能
1バイト目	アドレス上位		アドレスMSB
2バイト目	アドレス上位		アドレスLSB

（注）ビット7は未使用

	RS	R/W	Instruction table 0 (IS=0)										
Cursor or Display RAM	0	0	0	0	0	1	S/C	R/L	×	×	S/CとR/L：DDRAMデータを変更することなく，カーソル移動と表示シフト制御ビットおよび方向をセットする	26.3μs	18.5μs	14.3μs
Set CGRAM	0	0	0	1	AC5	AC4	AC3	AC2	AC1	AC0	アドレス・カウンタにCGRAMアドレスをセットする	26.3μs	18.5μs	14.3μs

	RS	R/W	Instruction table 1 (IS=1)										
Internal OSC frequency	0	0	0	0	0	1	BS	F2	F1	F0	BS=1：1/4bias，BS=0：1/5bias，F2～F0：FR周波数用に内部発振器の周波数を調整	26.3μs	18.5μs	14.3μs
Set ICON address	0	0	0	1	0	0	AC3	AC2	AC1	AC0	アドレス・カウンタにICONアドレスをセット	26.3μs	18.5μs	14.3μs
Power/ICON control/Contrast Set	0	0	0	1	0	1	Ion	Bon	C5	C4	Ion：ICON表示ON/OFF，Bon：ブースタ回路ON/OFFをセット，C5，C4：コントラストをセット（上位）	26.3μs	18.5μs	14.3μs
Follower control	0	0	0	1	1	0	Fon	Rab2	Rab1	Rab0	Fon：追従回路のON/OFFをセット，Rab2～Rab0：追従増幅比を選択	26.3μs	18.5μs	14.3μs
Contrast Set	0	0	0	1	1	1	C3	C2	C1	C0	コントラストをセット（下位）	26.3μs	18.5μs	14.3μs

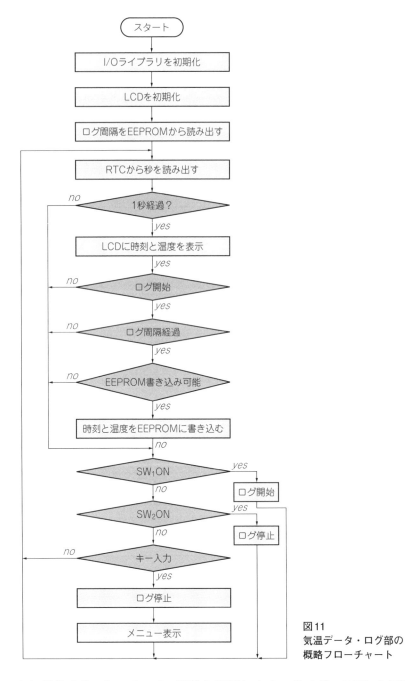

図11
気温データ・ログ部の
概略フローチャート

ターフェースを初期化する Wire_begin 関数を実行します．その後，LCD を初期化するために lcd_init() を実行します．

次に，リアルタイム・クロックから秒データを読み出し，1秒間が経過していたらリアルタイム・クロックから時刻データと温度データを読み出してLCDに表示します．ログの開始指示がされていれば，ログ処理をします．ログ処理は，設定した時間間隔で，リアルタイム・クロックから時刻と温度データを読み出し，年，月，日，時，分，秒の時刻データの6バイトと気温データの2バイト，合計8バイトを所定のフォーマットのレコード・データに加工します．

このレコードを順次 EEPROM の AT24C32 に書き込みます．AT24C32 の容量は 4K バイトで，512 レコードを記録できます．最初の 1 レコードは，ログ・データの終了アドレスとインターバル間隔の保存に使用するので，実際に記録できる容量は 511 レコードです．

▶ログの終了とデータの書き込み／読み出し

ログ・データの終了アドレスとインターバル間隔の書き込みと読み出しは，eprom_writedata 関数と eprom_readdata 関数を使います．時刻データと気温データは，それぞれ time_read 関数と temperature_get 関数を使ってリアルタイム・クロック・デバイスの DS3231 から読み出します．レコード・データは，eprom_wrire 関数で AT24C32 に書き込みます．

DS3231 から読み出した 10 ビットの温度データ・フォーマットを，**図 12** に示します．C 言語の int 型数値に変換して EEPROM に書き込みます．

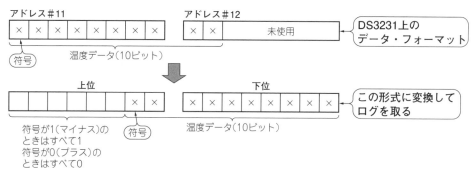

図12 カレンダIC（DS3231）から出力される温度データのフォーマット
DS3231 から読み出した 10 ビットの温度データを，C 言語の int 型数値に変換して EEPROM に書き込む．

1 レコードを書き込むタイミングは，時刻データから読み出した秒データをカウントして，インターバル間隔と比較して合致したときに書き込みます．

511 レコード分を書き終えたら，上書き防止のためログを終了するようにしました．

▶I^2C インターフェースによるデータ転送

I/O ライブラリの I^2C インターフェース関数で，データ転送をします．

ライト転送およびリード転送の通信手順を**図 13** に示します．

ライト転送先をスレーブ・アドレスで指定し，コマンド（スレーブのレジスタ・アドレス）を送信することでライト転送が行われます．このコマンドはリアルタイム・クロックでは 1 バイトですが，32K バイトの EEPROM は書き込みアドレスが 2 バイトになるので，MSB，LSB の順に 2 回に分けて送ります．リアルタイム・クロックや EEPROM のように，書き込みデータを複数続けて送信すると，レジスタ・アドレスを自動的にインクリメントして送信するオートインクリメント機能を持つデバイスが多くあります．転送の最後は，Wire_endTransmission 関数を実行します．

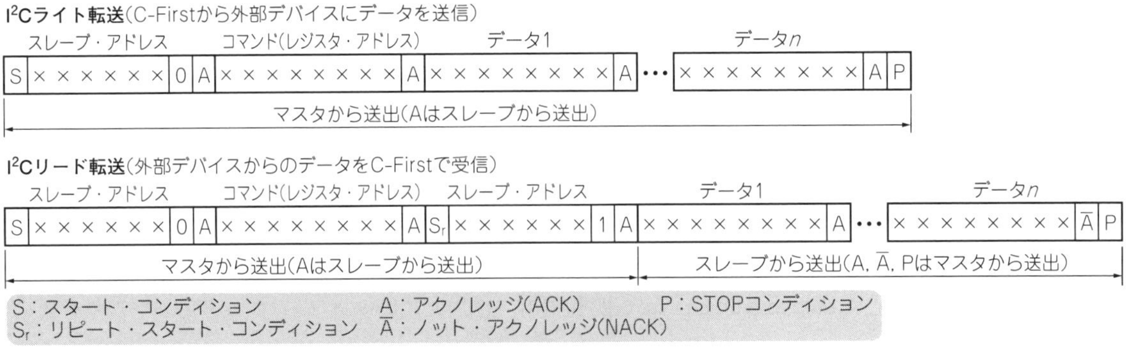

I²Cライト転送(C-Firstから外部デバイスにデータを送信)

```
スレーブ・アドレス    コマンド(レジスタ・アドレス)    データ1              データn
S ×××××× 0 A ×××××××× A ×××××××× A … ×××××××× A P
```
マスタから送出(Aはスレーブから送出)

I²Cリード転送(外部デバイスからのデータをC-Firstで受信)

```
スレーブ・アドレス    コマンド(レジスタ・アドレス)    スレーブ・アドレス     データ1              データn
S ×××××× 0 A ×××××××× A Sr ×××××× 1 A ×××××××× A … ×××××××× Ā P
```
マスタから送出(Aはスレーブから送出)　　スレーブから送出(A, Ā, Pはマスタから送出)

S：スタート・コンディション　　A：アクノレッジ(ACK)　　P：STOPコンディション
Sr：リピート・スタート・コンディション　　Ā：ノット・アクノレッジ(NACK)

図13　I²Cインターフェースのライト転送/リード転送時の通信手順

```
    Wire_beginTransmission( スレーブ・アドレス );
    Wire_send( コマンド：スレーブのレジスタ・アドレス );
    Wire_send( 書き込みデータ );
    Wire_endTransmission();
```

▶リード転送手順

　リード転送の最初の部分は，ライト転送の手順と同じです．リード転送先をスレーブ・アドレスで指定して，スレーブ・アドレスとコマンドを送信します．次に，`Wire_endTransmission`関数でライト方向の転送を終了して，次に`Wire_requestFrom`関数で再度リード転送先をスレーブ・アドレスで指定して，リード転送を開始します．このとき受け取る予定のデータ数を指定します．次に，`Wire_read`関数で指定したバイト数のデータを受け取ります．指定した転送バイト数全部を受け取る場合は，転送の終了を知らせる`Wire_endTransmission`関数の実行は不要です．

```
    Wire_beginTransmission( スレーブ・アドレス );
    Wire_send( コマンド：スレーブのレジスタ・アドレス );
    Wire_endTransmission();
    Wire_requestFrom( スレーブ・アドレス,転送バイト数 );
    work = Wire_read();
    work = Wire_read();
```

▶LCDの初期化

　LCDは，使い始める前にI²Cインターフェースを使って複数のコマンドを送り，初期化する必要があります．そこでI²Cインターフェースの関数を使って，LCDをアクセスするためのいくつかの関数を作りました．LCDの設定は電源OFFでクリアされるので，LCDの初期化は必ず電源ON後にします．

　初期化処理内では，コマンドを送ってから次のコマンドを受け付けられるようになるまで，時間的に制約がある箇所があります．LCDの初期化の手順を**図14**に示します．

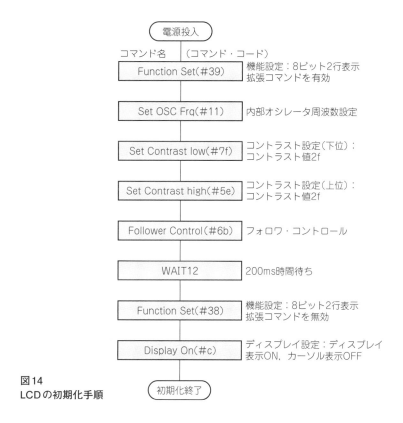

図14
LCDの初期化手順

● メニュー部

　リアルタイム・クロックに電池を装着していれば，その時刻はバックアップされます．気温データ・ロガーの電源ONで正しい時刻がLCDに表示され，この時刻でログが記録されます．ログが記録される時間間隔はEEPROM上に記録され，気温データ・ログ部の開始時にこの値が読み込まれて使用されます．

　ログの開始や停止は，C-Firstボード上のSW1とSW2を使用します．普段のログを記録するときは，気温データ・ロガー単体で使用できます．

　使い始めなどで時刻の設定を行う場合やログ間隔を再設定する場合，記録されたログを読み出す場合などは，C-Firstボードを仮想COMの設定にして，C-FirstボードのUSBにパソコンをつなぎ，Tera Termなどのターミナル・プログラムから操作します．

　ターミナル・プログラムを動かしてキーボードから「スペース」を入力すると**図15**のようなメニューが表示され，上記の操作ができます．メニューの表示やキーボードからの入力は，仮想COM（UART0）をC言語の標準入出力にするI/Oライブラリの機能を利用して，printfの出力機能やscanfの入力機能で行います．

▶ログ間隔設定

　キーボードから入力されたログ間隔の秒数を，EEPROMの最初のレコードの3，4バイトに保存します．

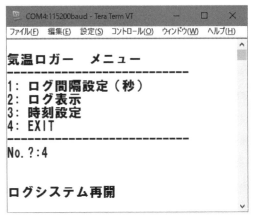

図15 気温データ・ロガーのメニュー画面
ログ間隔の設定，ログの表示，時刻の設定が行える．

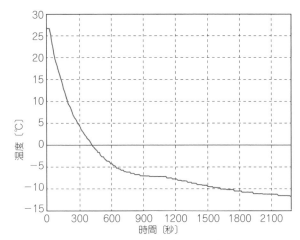

図16 冷凍庫に入れたときの温度変化のログ
ログ間隔を10秒にして，気温データ・ロガーを冷凍庫に入れた．

▶時刻設定

　キーボードから入力された，年，月，日，時，分をDS3231の時刻設定用のレジスタに書き込みます．秒は，常に0を設定するようにしました．**表2**のレジスタ・マップのアドレス#00～#06が，時刻設定および時刻読み出し用のレジスタです．#03レジスタは7日間で1周するレジスタで，曜日表示用に使用しますが，今回は使用していません．使用するには，年月日から曜日をZellerの公式などで計算し，曜日に対応する0～7の数値を入力しておく必要があります．

　年，月，日，時，分，秒は，4ビットごとのBCDで定義されているので，ターミナルなどから入力する数値をBCDに変換して設定します．

▶ログ表示

　AT24C32に記録された511個のレコードを読み出して，下記のように年，月，日，時，分，秒，気温の形式に整形してパソコン画面に表示します．このパソコン画面に表示された内容をコピーして，Excelなどを使ってグラフなどに加工できます．

　　2016/ 3/18 18:10:32 20.7 ℃

　図16はログ間隔を10秒にして，気温データ・ロガーを冷凍庫に入れたときのログをExcelでグラフ化したものです．

[4] 製作③ 反射型フォト・リフレクタを使った心拍計の製作

　従来は病院に設置された高価な機器でしか調べることができなかった生体データが，生体センサの進歩によって簡単に採取できるようになりました．生体センサは医療機器だけでなく，たとえば自動車を運転する人を監視して，体調の異常や居眠りを知らせる機器に利用されるなど技術の広がりも見せています．

▶生体センサで心拍の採取

心拍数はバイタルサイン(体温・心拍数・血圧・呼吸)で,健康状態を表す1つの指標です.医療機関では指先にはめるだけで心拍数を測定できるパルス・オキシメータなどが用いられ,正確な測定ができます.パルス・オキシメータは赤外光,赤色光を使った特殊なセンサで,心拍数のほかに酸素飽和度などの値を測定できます.

▶フォト・リフレクタで採取

心拍数だけならばこのような特殊なセンサを使用しなくても,一般的な物体検出用の赤外光のフォト・リフレクタでも比較的簡単に知ることができます.フォト・リフレクタは,赤外LEDと赤外以外の光をカットするフィルタが組み込まれたフォト・トランジスタで構成された小さなセンサです.ここで,ローム製の赤外反射型リフレクタ(RPR220)(以下,フォト・リフレクタ)を使用して心拍計を製作しました(**写真4**).

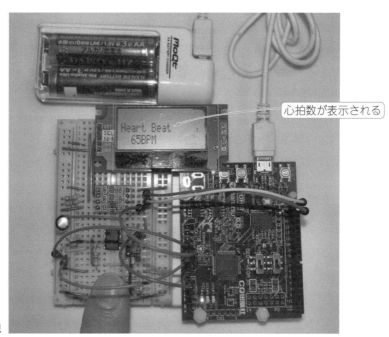

写真4
製作した心拍計の外観

フォト・リフレクタの赤外LEDから指先に照射された光は,血流の拍動で毛細血管を流れる血液によって吸収,反射されます(**図17**).この反射光の変化をフォト・リフレクタのフォト・トランジスタで心拍を検出します.

心臓をポンプにたとえると,心臓から送り出された血液は心臓の拍動に応じて脈動して体を巡っています.指先などの毛細血管では,この拍動に応じて**図18**のように毛細血管が膨んだり縮んだりしています.そこで指などにLEDの光を当てると皮膚や筋肉は脈動によって光の反射は変化しませんが,毛細血管(それを流れる血液)は心臓の脈動に応じて厚み(血液量)が変化す

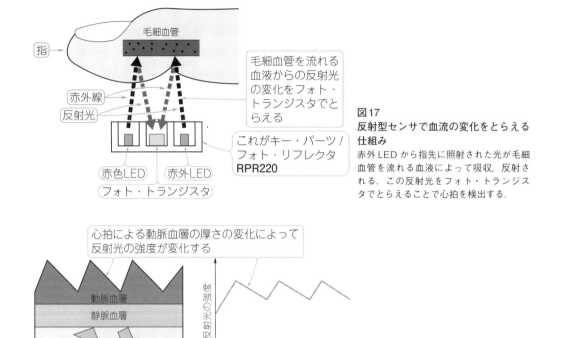

図17
反射型センサで血流の変化をとらえる仕組み
赤外LEDから指先に照射された光が毛細血管を流れる血液によって吸収，反射される．この反射光をフォト・トランジスタでとらえることで心拍を検出する．

図18
血流の変化をフォト・リフレクタでとらえ心拍が検出される

るため，これを反射光量の変化としてとらえ心拍がわかります．

● 心拍計のハードウェア

図19に心拍計の回路図を示します．心拍を検出するフォト・リフレクタは，LEDと1個のフォト・トランジスタだけの簡単な構造です．心拍による信号の変化は非常に小さく，さらにセンサへの接触圧の変化や電源ノイズなどでこの信号は大きく変化します．これをマイコンのA-D変換に入力するために信号の増幅，LPF（Low-Pass Filter，ローパス・フィルタ）によるノイズ低減などの信号処理が必要になります．

▶ OPアンプによる増幅

マイコンのA-D変換の入力信号には，1V程度の電圧変化が必要です．OPアンプの増幅率を100倍程度に設定して試してみました．このとき，USBから供給される電源のDC-DCコンバータのスイッチング・ノイズや，AC100Vからの電源ノイズを除くためのローパス・フィルタが必要です．

フォト・トランジスタの出力は，センサと指の接触度合いでも出力電圧が変化するので，コンデンサでDCをカットしてからOPアンプに入力します．センサで検出される脈波は約1Hzのゆっくりした信号なので，DCをカットするためのHPF（High-Pass Filter，ハイパス・フィルタ）は0.15Hzに設定しました．ここに使用するカップリング・コンデンサは，セラミック・コンデンサのような漏れ電流の少ない単極のものを使用してください．

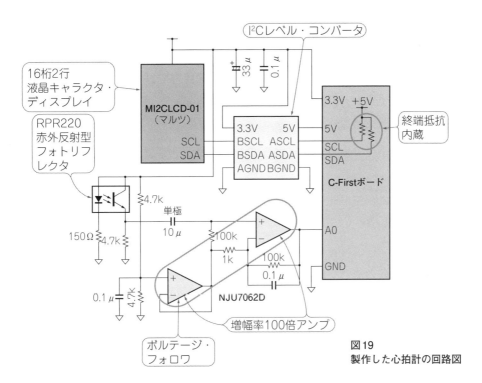

図19 製作したの心拍計の回路図

OPアンプには，NJU7062Dを使用しています．構成は1段の非反転アンプで，約100倍に増幅する一般的な回路です．この回路はカットオフ周波数が16Hzのローパス・フィルタを構成しています．この増幅回路の出力をC-FirstボードのA-D変換入力に接続します．また，増幅回路の中点のリファレンス電圧（約1.6V）を作るためにOPアンプのもう片側を使ってボルテージ・フォロアを構成しています．

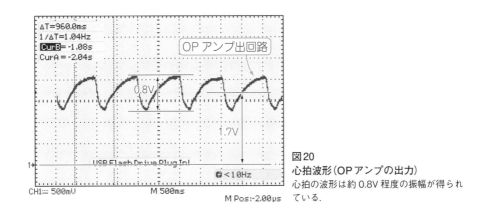

図20 心拍波形（OPアンプの出力）
心拍の波形は約0.8V程度の振幅が得られている．

OPアンプの出力波形を図20に示します．ここでの心拍の波形は約0.8V程度の振幅が得られていますが，これは気温（指先の温度）や個人によっても大きく変わります．フォト・トランジスタの出力電圧は，センサに指を当てた状態で，電源電圧の半分程度の電圧が出るようにエミッタの負荷やLEDの電流を調整しました．この電圧が電源電圧に近過ぎたり，逆に0Vに近過ぎ

たりすると正しく波形をとらえることができません．フォト・トランジスタがリニア領域で動作するように調整する必要があります．

実際に動かしてみると，フォト・リフレクタと指の接触具合でフォト・トランジスタの出力は大きく変わり，OPアンプの入力が安定して脈動が出力されてくるまで10秒程度の時間がかかります．これはハイパス・フィルタの時定数が0.15Hz（約7秒）とかなり大きいことに起因しています．これをもう少し小さくすると安定するまでの時間は早くなりますが，出力は小さくなってしまいます．

心拍数を表示するために，気温データ・ロガーと同じLCDを使用しました．

■ 心拍計のプログラム

心拍計プログラムの処理の流れを図21に従って説明します．

● 初期化と心拍のLCDへの表示

気温データ・ロガーのプログラムと同様に，I/Oライブラリの初期化とLCDの初期化をします．心拍周期を測定するために測定処理を20ms間隔のインターバル割り込みに登録します．

この処理が割り込み処理によって正確に20ms間隔で起動されることを利用して，心拍の周期の時間を測定し，結果をLCDに表示します．LCDへの表示処理は，1秒のWAITを挟んで，心拍周期測定処理結果の入った変数の値をLCDに表示しています．

● 心拍周期測定処理（input_beat関数）

▶センサからのデータの取り込みとノイズ除去

OPアンプ出力は，C-FirstボードのA0から入力します．A0の入力は，マイコンのA-D変換でディジタル値に変換されます．今回のプログラムでは，A-D変換からのデータを移動平均の手法で過去10回分の平均を取ることでノイズ対策としました．A-D変換からのデータを，配列で構成した10段のリング・バッファに入力しています．この処理が呼び出されるごと（20ms）に，リング・バッファへ順次入力されていきます．

▶微分処理

A-D変換から入力したデータと1つ前のデータとの差分を取って微分処理を行います．

▶心拍周期の検出

心拍波形を見ると，波形の立ち下がりは急峻で，立ち上がりはなだらかなことがわかります．この急峻な立ち下がり部分をとらえるため，微分値がマイナス（立ち下がり）であらかじめ決めた閾値を超える部分を検出して，前回の立ち下がりからこの処理が呼ばれた割り込み回数を調べて心拍周期の時間を計算します．この周期の逆数を取って60倍すれば，1分間の心拍数を算出できます．

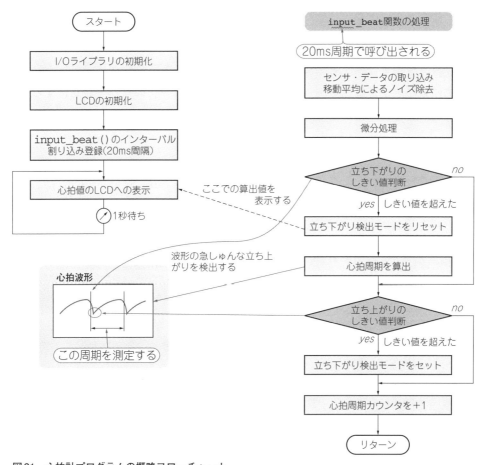

図21 心拍計プログラムの概略フローチャート

　一度波形の立ち下がりをとらえたのちに，次に波形が立ち上がるまでは，この検出処理が動かないようにフラグを設けて，波形が立ち上がった以降にのみ立ち下がりの検出処理が動くようにしました．

[5] 製作④ ライン・トレース・ロボットでPID制御入門

■ 自動制御の仕組み

　エアコンで設定した温度に室温を保ったり，風呂の湯温をいつも一定にするように自動的に追いだきしたりと，機器はどのように制御されているか疑問に思ったことはないでしょうか．指示した目標に合わせてエアコンの運転や風呂の追いだきをコントロールする働きを「自動制御」と呼んでいます．

　風呂の温度を一定に保つ自動制御は，温度センサからの情報をもとに，温度が目標より低くな

れば温度を上げるように火を点けて温め，温度が高くなれば火を消して常に一定温度になるようにしています．このような自動制御は，風呂やエアコンなどの温度調節だけでなく，上り坂や下り坂にかかわらず自動車の速度を一定に保つオートクルーズや，均一な製品を作るための工場のさまざまな生産条件を一定に保つ制御装置，最近有名なドローンの操作を容易にする姿勢制御などいろいろな場面に使われています．

● ON/OFF 制御

風呂の温度の制御は，目標温度より低い場合は追いだきをして温度を上げ，目標温度に達したら追いだきを止めます．また温度が下がれば追いだきをして温度を上げます．センサからの情報で目標を超えたか否かのみを判断して制御する方式を「ON/OFF 制御」（図22）と呼んでいます．構造が簡単で安価に実現できるため，あまり精度が必要のない用途にたくさん使われています．

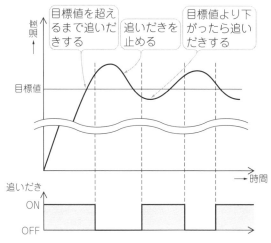

図22 風呂の温度調節は ON/OFF 制御
ON/OFF 制御は，目標到達に時間が掛かったり，常に目標に正確に一致させることが難しかったりするが，制御は簡単である．

● PID 制御

ON/OFF 制御は，自動制御を基本とした方式です．しかし，目標を過ぎるか過ぎないかのみの一律の制御のため，温度制御のように制御を開始してから結果が出るまでに時間的な遅れがある場合，目標到達に時間が掛かったり，目標に一致させることが難しかったりします．PID 制御は，ON/OFF 制御の応答の遅さや正確性などの欠点を改善した方式です．

PID 制御は，自動制御の世界では古くからある手法なので「古典制御」と呼ばれています．精度と応答性能のバランスがとれた自動制御として比較的簡単な仕組みで実現できるため，現在でもさまざまな場所で使われています．

● レールの上を走るライン・トレース・ロボット

ライン・トレース・ロボットは，車体の下面に配置した光センサで床のラインを読み取り，そ

のラインに沿って自動的にステアリングを切って走ります．センサ入力の変化に応じてモータ出力を制御する「自動制御の基本」を学ぶには，ライン・トレース・ロボットは格好の題材です．ロボットの進行方向は，2個のモータのスピードを左右独立に変化させて決めます．

モータを逆転させることで後退させたり，片側のモータを逆転させることでその場で回転する動きもできます．センサからの信号によりA-D変換を行って，マイコンで演算させて左右2つのモータ・スピードを決定して走行します．

写真5が製作したライン・トレース・ロボットです．

写真5
ライン・トレース・ロボットの外観

▶ライン・トレース・ロボットへのPID制御の適用

今回紹介するライン・トレース・ロボットは，PID制御を使用することで，より精度の高いライン・トレース制御を実現しました．自動制御の基本は，下記(1)～(4)を繰り返すフィードバック・ループです．

(1) 目標値tvとセンサからの車体位置svを比較して，偏差eを計算する．
(2) 偏差eから車体を動かす量(操作量)mvを決定する．
(3) モータを駆動してコースを走行する．
(4) センサはコースの変化を検出して，コースに対する車体位置svを出力する．

このようすを**図23**に整理します．

ON/OFF制御とPID制御との違いは，ON/OFF制御が偏差からいつでも一定の操作量を決定しているのに対して，PID制御では偏差の大きさや変化する速度に応じて可変の操作量を決定している点です．状況の変化に応じた素早い正確な制御ができるようになります．

■ フィードバック制御の考え方

フィードバック制御の考え方は，OPアンプやオーディオ・アンプの電気回路のフィードバッ

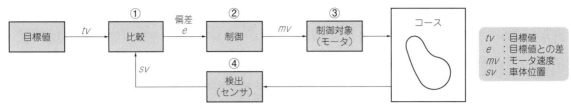

図23　自動制御のフィードバック・ループ
ON/OFF制御は常に偏差から一定の操作量を決定しているのに対し，PID制御では偏差の大きさや変化する速度に応じて可変の操作量を決定している．

ク方式と同じです．電気回路の制御と今回紹介するライン・トレーサなどの物理的な動きが伴う制御との違いは，電気回路の現象は数理的に明確になっており，計算でフィードバック回路の定数（パラメータ）が算出可能であるという点です．ライン・トレーサなどの機械的動きが伴う制御系では，数式で表しにくい部分があったり，複雑な計算が必要になったりします．

製作したライン・トレーサでは，モータの制御量とそれによって変化する床のラインからのセンサの出力は，車体の重さやそれに起因する慣性，車輪やボール・キャスタと床との摩擦，ラインを書いた紙のしわやゆがみ，周囲の明るさの変化など，さまざまな要素が絡み合い，簡単な数式では表しにくいものです．これらの条件を加味して電気回路のフィードバック回路のように計算で最適な制御定数を決定するのは大変難しい作業になります．

そこでPID制御は，センサが検出する時間領域での変化をP制御（比例制御），I制御（積分制御），D制御（微分制御）の3つの要素に分解して整理します．そしてセンサ出力を制御量に変換する最適な定数をこの3つの要素の総和で決定します（**図24**）．

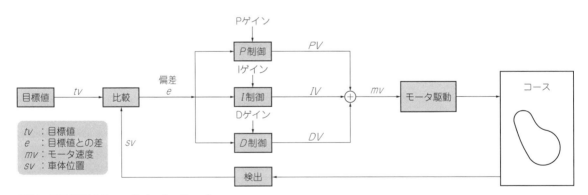

図24　PID制御のフィードバック・ループ
センサが検出する時間領域の変化をP, I, Dの要素に分解してモータを制御する．目標に素早く一致させるには，それぞれの要素のゲインを変えて調整する．

それぞれ要素の定数をどの程度に設定するかは，カット・アンド・トライです．それぞれの要素に対する定数（ゲイン）を少しずつ変化させて，実際に車体を動かし，車体が目標に対して素早く正確な位置になるように値を決定します．

● P制御は偏差に比例する操作量を決める（比例制御）

　P制御は，目標からの変位に比例して操作量を決定します．つまり目標と現在位置が遠ければ操作量を大きくして速く目標に近づけ，目標に近づくにつれて操作量を小さくしていくことで，目標を通り過ぎることなく目標に近づけるものです．このように目標との差分に比例して連続的に操作量を調整する制御方法を位置制御（P制御）と呼んでいます．

　この方式で車体が目標に近づくようすを図25に示します．P制御のゲインは，図25のように少ないと目標に近づくまでの時間がかかり，ラインの急な変化に対応できなくなりますが，ゲインをあまり大きくし過ぎると車体は右に左に首を振ってしまい，正確なライン・トレースができなくなってしまいます．

● I制御はオフセット分の操作量を増やす（積分制御）

　P制御により操作量を調節して目標に近づけていっても，目標に近づくにつれて操作量が少なくなるので，完全に目標に到達できない現象がおきます．これをオフセットと呼んでいます．そこで，このオフセットの分だけ操作量を増やして目標に一致させるのがI制御です．

　I制御は，目標との差分を積分して操作量に加えます．I制御によって偏差をゼロに近づけるようすを図26に示します．I制御は，目標が一定のときに正確に目標に近づけるために必要とされる機能です．ライン・トレースのように目標値が短時間で変化するようなケースではあまり重要ではありません．

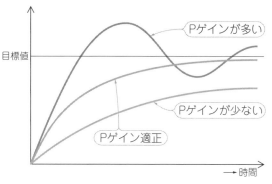

図25　P制御方式で車体が目標に近づくようす
偏差に比例した操作量でも，ゲインの違いで目標値への近づき方が変わる．

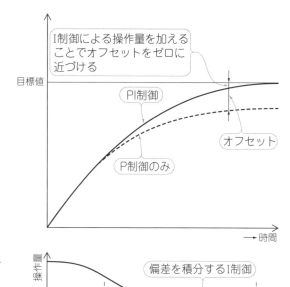

図26
P制御にI制御を加えて目標に近づくようす
偏差を積分して操作量に加えることでオフセットをゼロに近づける．

● D制御は偏差変化に応じた操作量を増やす（微分制御）

　P制御だけでもライン・トレースはできますが，P制御では目標に到達するには一定の時間が必要です．複雑なライン・トレース・コースでは目まぐるしく目標値が変わるため，制御が追い付かなくなります．目標値との誤差に急激な変化があった場合に，図27に示すように誤差の変化の大きさに応じて操作量を増やすことで，素早く目標に到達できるようになります．誤差の変化の大きさは，誤差を時間微分することで得ることができます．このような制御を微分制御（D制御）と呼んでいます．

● 車体のラインからの位置のずれ（偏差）を得る仕組み

　温度制御の場合は，温度センサを使えば目標との温度差の大きさ（偏差）を直接知ることができます．同様に，ライン・トレース・ロボットにカメラを付けて画像処理を行えば，直接的にラインからの車体のずれを検出できます．今回は一般的なライン・トレース・ロボットで使用されている赤外線反射型フォト・リフレクタ（以下フォト・リフレクタ）を使用して目標（ラインの中央）との連続的な偏差を得る方法を考えました．

▶フォト・リフレクタの仕組み

　フォト・リフレクタは，図28のようにそれぞれの赤外LEDの光が直下の床面の色によって反射する光の量が変化します．白い床面と黒いラインとではフォト・リフレクタの出力が大きく変化するので，ラインの有無を検出できます．

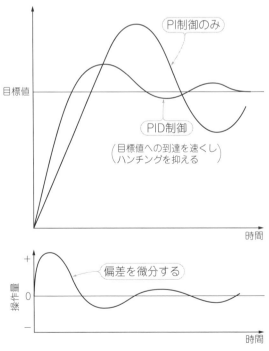

図27　偏差に応じて制御量を増やすD制御を加えたようす
素早く目標値に達しさせ，車体の首振りを素早く収束させる．

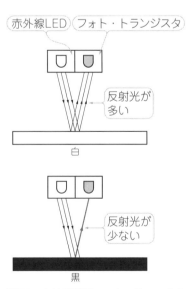

図28　赤外反射型フォト・リフレクタの仕組み
白色の床はよく反射するが，黒色の床はあまり反射しない．

通常，フォト・リフレクタと光を反射する物は5mm程度の比較的近い距離に置き，反射する／しないの境界がはっきりわかるような使い方をします．ライン・トレーサは距離を15mm程度に設定しています．白い床面と黒いラインの境界はあいまいとなり，フォト・リフレクタの受光部に床面からラインの中心に向けて徐々に明るさが変化するように検出されます．

明るさの連続的な変化は受光部のフォト・トランジスタ出力の強弱で知ることができるので，フォト・リフレクタとラインとのずれを単に外れている／外れていないの2値ではなく，連続値として得ることができるようになります．

このライン・トレース・ロボットでは，フォト・リフレクタを車体の中心に1個，その左右に1個ずつ配置して車体が左右どの方向にどの程度外れているかの偏差をフォト・リフレクタから得られるようにしました．この偏差を使ってPID制御を行っています．フォト・リフレクタは，**写真6**のように等間隔に3個配置しています．

▶センサ出力の信号処理

3つのフォト・リフレクタを使ったセンサの出力が黒のラインを横切るとき，どのように変化するかを測定しました．センサの情報は，USBやBluetoothのUARTシリアル接続でパソコンをつなぎ，パソコン上でターミナル・プログラムを実行して採取しました．**図29**は，車体をライン上で数回左右に振って採取した実測データをExcelでグラフ化しました．

図29を見ると，3つのセンサの出力はラインの近辺ではラインとセンサの距離の差に比例して連続的に変化していることがわかります．変化している部分の3つのセンサ出力を合成する信号処理を行うことで，中央のセンサを中心にラインとセンサの距離の差に比例した値（ライン中心からの偏差）を得るようにしました．

センサ出力の合成は，次の計算式で計算しました．計算した合成出力を**図29**に示します．

$$\text{合成出力} = \frac{-1 \times \text{左センサ値} + \text{右センサ値}}{\text{左センサ値} + \text{中央センサ値} + \text{右センサ値}} \quad \cdots (1)$$

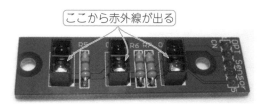

写真6　赤外線反射型フォト・リフレクタ

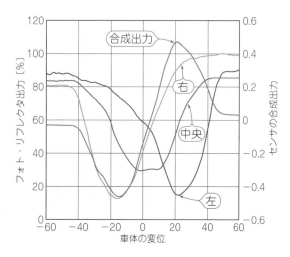

図29
ラインを横切ったときのフォト・トランジスタの出力変化
3つのセンサの出力は，ラインの近辺ではラインとセンサの距離の差に比例して連続的に変化している．

比例した値が得られる範囲は，図29を見ると左右のセンサがラインの中心を検出する範囲（約25mm）となります．左右のセンサがラインの中心から離れたときは，比例する出力が得られなくなります．そこで，左右のセンサの値がラインの中心を超える範囲については，最後の合成値を保持するようにしました．これにより急なカーブでセンサがすべてラインから外れたときでも，ラインから外れた最後の制御量を保つので，ラインに戻る方向に車体が回りコースに戻れます．

■ ライン・トレース・ロボットのハードウェア

● ライン・トレーサの車体
　ライン・トレーサの車体部品は，タミヤから販売されている「楽しい工作シリーズ」のラインナップから選択して製作しました．

▶シャーシ

　プリント基板用の銅箔なしのガラス・エポキシ板（FR-4）を使用しています．プリント基板のCADツールを使用してガーバ・データを出し，業者に依頼して製作しました．

▶ダブル・ギヤ・ボックス

　ダブル・ギヤ・ボックスは，2個のモータが付属しているギヤ・ボックスです．左右2個のモータで，それぞれ独立に2個の車輪を駆動できます．ギヤ比はギヤの構成を12.7：1から344.2：1まで変更することで4種類を選ぶことができます．ここでは38.2：1のギヤ比を使うことにしました．

　シャーシの下面のフォト・センサ・ボードを床面に近づける必要があるため，シャーシが床面に近づくようにギヤ・ボックスはシャーシの上側に載せるようにしました．ギヤ・ボックスの車軸に取り付けるタイヤは，58mm径のナロー・タイプを使用しました．

▶モータ

　ダブル・ギヤ・ボックスに付属しているモータを使用します．モータは，左右対称になるようにギヤ・ボックスに取り付けます．モータへのリードの取り付けは**写真7**のように，左右で回転方向が逆になるようにします．これでギヤ・ボックスのタイヤが同じ方向に回転するようになります．

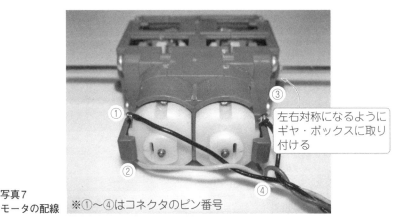

写真7
モータの配線　　※①～④はコネクタのピン番号

▶電池ボックス

電池ボックスは,ギヤ・ボックスの上に両面テープを使用して貼り付けます.ギヤの油分が残っているとしっかり取り付かないので,接着前にアルコールなどで脱脂しておきます.

▶前輪(ボール・キャスタ)

前輪は,自由に舵を切れるようにボール・キャスタを使用しています.タミヤのボール・キャスタは,床面からの距離を選択できます.今回は16mm高を選びます.後輪にナロー・タイヤ(58mm)を付けると車体がちょうど水平になります.

● ライン・トレース拡張ボード

写真8はC-FirstボードのArduino拡張コネクタ上に載る拡張ボードで,ライン・トレース用にC-Firstボードの周辺機能を拡張用として使用します.拡張ボードの回路図を図30に示します.

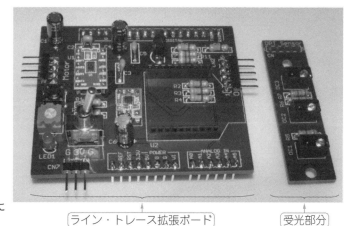

写真8
Arduino拡張コネクタ上に載る拡張ボードの外観

ラインから反射して得られたフォト・リフレクタからの信号は,C-FirstボードのA-D変換に入力されます.C-FirstボードからのPWM信号がドライバICを通して左右2個のモータ速度を変化させます.モータは,ダブル・ギヤ・ボックスを使ってタイヤを駆動し,左右独立に回転数と回転方向の制御ができます.

電源は,単3電池2本を使用します.充電のできるNiMH電池2本を直列にした電圧は2.4Vなので,これをC-Firstボードに必要な5Vに変換するDC-DCコンバータも拡張ボード上に載せました.単3電池を2本にすることで,ロボットの軽量化と大人数での学習に使用するときの電池の所要数や充電器の個数を減らすことができます.

● ライン・トレース・ロボットの構造

▶無線化

拡張ボードにはオプションでBluetoothモジュールを載せられるパターンを用意しました.

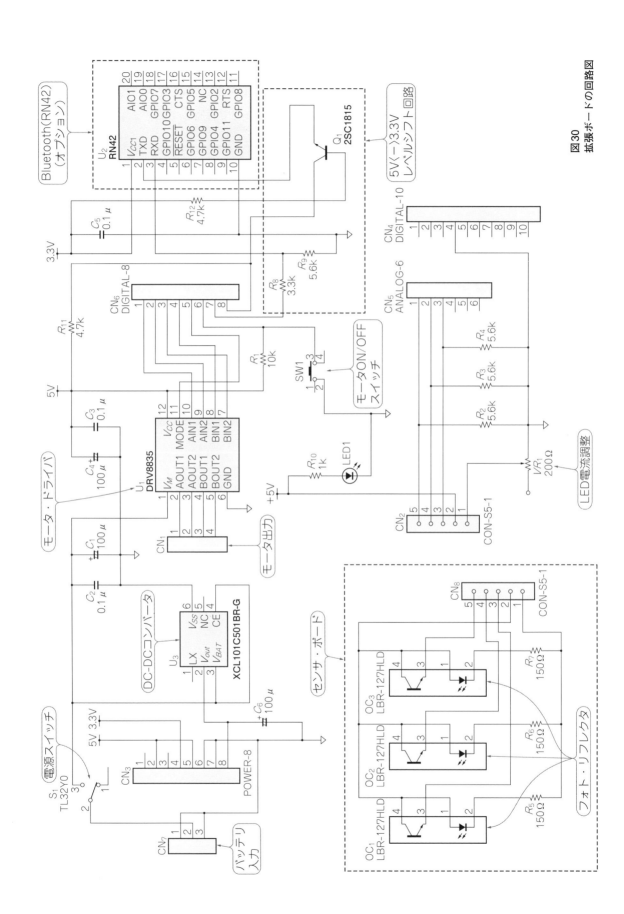

図30 拡張ボードの回路図

Bluetoothを使えば，無線でパラメータの設定を行ったり，動作時のデータの採取ができます．特にロボットを走らせているときはUSBケーブルからデータを採取することは不可能なので，無線を使ってモータやセンサの状態などの情報収集ができると便利です．

▶フォト・リフレクタ

床のラインを検出する赤外線フォト・リフレクタには，LETEX TECHNOLOGY製のLBR-127HLDを3個使用しました．フォト・リフレクタは，赤外線LEDとフォト・トランジスタが一体になった構造をしています．

フォト・トランジスタのコレクタ側に，負荷抵抗をつないで増幅器として使うこともできますが，ここでは増幅度1のエミッタ－フォロワ回路を使用し，反射光量の変化をリニアな電圧変化として出力できるようにしました．この電圧をA-D変換回路で0〜1023の数値に変換し，ソフトウェアで扱えるようにします．フォト・リフレクタはセンサ・ボードに実装し，車体の床面に向けて取り付けます（**写真9**）．センサ・ボードと拡張ボードは，QIコネクタ付きのケーブルで接続します（**写真10**）．

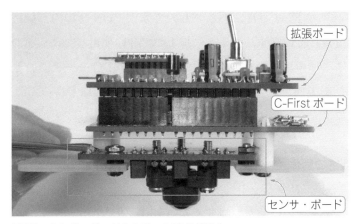

写真9　センサ・ボードをC-Firstに取り付ける

写真10　赤外線反射型フォト・リフレクタのモジュールに5ピンQIコネクタを取り付けた

また，フォト・トランジスタの負荷抵抗を拡張ボード側に置くことで，モータ・ノイズの影響の少ない電流インターフェースで拡張ボードに接続する構成としました．コースに使用するラインの白と黒の境界付近でA-D変換の出力が滑らかに変化するように，赤外線LEDの電流は拡張ボードの半固定抵抗で調節します．拡張ボード側のコネクタは，L型ピン・ヘッダを使用します．センサ側はケーブルを直接はんだ付けします．

赤外フォト・リフレクタのLEDは点灯していても肉眼ではまったく見えませんが，点灯の確認はディジタル・カメラのモニタでできます．

今回使用したフォト・リフレクタは，赤外光を変調するなどの周辺光からの外乱を低減する仕組みを持っていません．日が当たるなどの周囲の状況によってフォト・トランジスタの出力は変化するので，使用する前に白い紙の上でフォト・リフレクタの出力値を調べ，内部処理に反映するキャリブレーションを行うソフトウェアの機能を付けました．

■ モータ・ドライバによるモータ制御

拡張コネクタのディジタルD3ピンにLEDを接続し，このピンに1を出力すればLEDが光ります．しかしディジタルD3ピンに直接モータを接続しても，モータを回すことはできません．C-Firstボードに使用しているRL78/G14の出力ピンの駆動能力が10mAであるのに対して，FA130A相当のDCモータを動かすためには500mA程度の電流を流す必要があるからです．

そこで拡張コネクタの出力ピンにトランジスタやFETを使ったドライバを接続し，駆動能力を増やすようにします．DRV8835というテキサス・インスツルメンツ製のドライバICを使用しました．このドライバICは非常に小さいものですが，ON時の内部抵抗が低く，最大1.5A×2という駆動能力を持っています．モジュール1つで今回使用したようなDCモータなら2個つなぐことができ，ここでの用途にうってつけです．また，DCモータに加える電流の方向を切り替えて，モータの回転方向を変えるHブリッジと呼ばれる回路も持っており，マイコンから回転方向を制御できます．

● Hブリッジ回路の動作

図31に示すように，Hブリッジは4つのトランジスタやFETで構成されたスイッチ回路で，この4つのスイッチを入力信号から制御する制御回路も持っています．

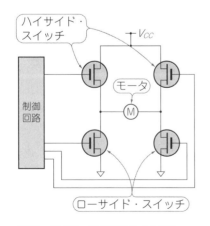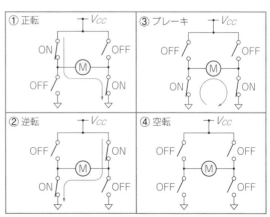

図31　Hブリッジの回路構成と動作
Hブリッジは，4つのFETで構成されたスイッチ回路になっている．

Hブリッジは，下記の4つの状態で動作します．

(1) 正転動作

左の上部スイッチ（ハイサイド・スイッチ）と右の下部スイッチ（ローサイド・スイッチ）だけがONになり，他のスイッチがOFFの場合は，モータの電流は左から右に流れモータが正回転します．

(2) 逆転動作

右のハイサイド・スイッチと左のローサイド・スイッチがONとなり，他のスイッチがOFFの場合は，モータ電流は右から左に流れモータが逆転します．

(3) ブレーキ

右のローサイド・スイッチと左のローサイド・スイッチがONとなり，他のスイッチがOFFの場合は電源からの電流供給はありません．しかし，モータが回って発電する電流をショートする接続となり，回転を止める方向に電磁ブレーキが発生します．

(4) 空転

すべてのスイッチがOFFの場合は，モータへの電流供給が絶たれ，電磁ブレーキも発生しないため，モータは空転する状態となります．

● モータ・ドライバDRV8835の動作

DRV8835はモータ・ドライブ用のICですが，ここでは電子工作用にDIP化したモジュール部品を利用しました．

DRV8835は，MODE入力の信号によって，IN/INモードとPHASE/ENABLEの2つの動作モードで動きます．

▶ IN/INモード

Hブリッジの4つの状態をすべて利用して，モータの回転を細かく制御できるモードです（**表5**）．

▶ PHASE/ENABLEモード

Hブリッジの空転の状態を使用しない簡便なモードです（**表6**）．このモードでは，AIN1/BIN1に正転/逆転の選択，AIN2/BIN2にPWM信号を入力することで，モータ速度と回転方

表5 DRV8835のモード（IN/IN）

MODE	AIN1 BIN1	AIN2 BIN2	AOUT1 BOUT1	AOUT2 BOUT2	機能
0	0	0	HiZ	HiZ	空転
0	0	1	L	H	逆転
0	1	0	H	L	正転
0	1	1	L	L	ブレーキ

表6 DRV8835のモード（PHASE/ENABLE）

MODE	AIN1 BIN1	AIN2 BIN2	AOUT1 BOUT1	AOUT2 BOUT2	機能
1	×	0	L	L	ブレーキ
1	1	1	L	H	逆転
1	0	1	H	L	正転

向の制御が行えます．ここでは制御が簡単なため，このモードを使用しました．

● スイッチやジャンパの設定

バッテリ電源の ON/OFF は，拡張ボード上のトグル・スイッチ(S1)で行います．タクト・スイッチ(SW1)は，ユーザ・プログラムから状態を入力できるスイッチです．モータの ON/OFF に使用します．

● PWM によるモータ回転数の制御

DRV8835 の AIN1 と BIN1 は，それぞれディジタル出力に指定したピン(D8，D4)へつなぎます．信号が High のときロボットは直進，Low のときは後退します．AIN2/BIN2 に analogWrite 関数で指定した出力ピン(D5，D6)をつなぎます．信号が High のときはモータが回転し，Low のときは電磁ブレーキがかかります．

PWM の周期を analogWriteFrequency 関数で数百 Hz 程度にすると，モータの慣性によって回転/ブレーキの動作は平均化され，analogWrite 関数のパルス幅指定に比例したモータの回転数を得ることができます．繰り返しの周期を速くすると，モータのインダクタンスにより電流が減るためモータのトルクは下がります．反対に遅くすると滑らかな回転ができなくなります．最適値はあると思いますが，今回は周期を 3ms(analogWriteFrequency 関数の設定値：300Hz)にしています．

I/O ライブラリでは，analogWriteFrequency 関数で周期を設定できる PWM ピンは 3 種類(タイマ番号 0 ～ 2)あります．どのタイマ番号がどのピン番号に対応するかは，I/O ライブラリの仕様に書いてあります．今回使用する D5，D6 ピンは，別のタイマ番号に対応するため，同じ値を 2 つのタイマ番号に設定します．

出力ピンの設定値とモータ動作の関係を表 7 に示します．

表7 ピン番号とモータ動作の対応

MODE	AIN1	AIN2	BIN1	BIN2	動作
D3	D7	D6 (PWM)	D4	D5 (PWM)	−
1	×	−	×	0	ブレーキ
1	1	1	1	1	逆転
1	0	1	0	1	正転

■ ライン・トレース・プログラム

ライン・トレース・プログラムの概略フローチャートを図 32 に示します．このライン・トレース・プログラムは，大きくライン・トレース部とメニュー部の 2 つで構成されています．メニュー

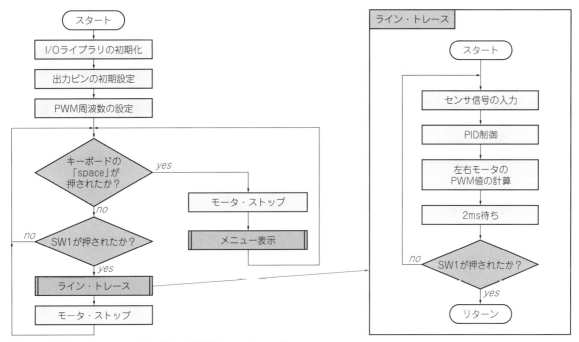

図32　ライン・トレース・プログラムの概略フローチャート
主にライン・トレース部とメニュー部で構成されている．

部からは，PIDパラメータの設定などをするユーティリティが呼び出されます．

● 初期化処理とメイン・ループ

　最初にI/Oライブラリを初期化し，フォト・リフレクタの補正値とPIDパラメータをRL78/G14のデータ・フラッシュから読み出して，以降の制御に使用する変数に設定します．データ・フラッシュから読み出すには，EEPROM_read関数を使用します．その後，拡張ボードで使用する出力ピンの設定とPWM周波数の設定を行った後，UARTシリアルに接続されたキーボードと拡張ボード上のSW1をチェックします．

　キーボードの「スペース」が押されていればメニューを表示し，ユーティリティが選択されるのを待ちます．SW1が押されていればモータを駆動して，ライン・トレースを開始します．また，ライン・トレース中にSW1が押されたときは，モータを停止してキーボードのチェックに戻ります．

● PID制御処理

　3つのフォト・リフレクタから入力した値を合成します．この結果，ラインの中心からの偏差を算出し，PID制御によるモータの制御量を次のように計算します．

▶ P制御操作量の計算

　フォト・リフレクタの出力を合成した偏差は，ライン中央から車体のずれに比例した値を出力

します．そこでこの値を A とし，P 制御のゲインを P とすると，P 制御での操作量 M は，下記の式になります．

$$M = P \times A \qquad \cdots (2)$$

次に，直進時の速度を S，左モータの速度を L，右モータの速度を R とすると，操作量 M 分を直進時の速度 S から増速または減速することで，操作量に比例した舵を切ることができます．

$$R = S + M \qquad \cdots (3)$$
$$L = S - M \qquad \cdots (4)$$

ゲイン P の値をどのようにするかは，実際のライン・トレーサで実験して最適値を決めます．実際にライン・トレースをやってみると，P の値を少しずつ増やしていくとだんだん急なカーブでも曲がれるようになります．しかし，あまり値を大きくし過ぎると直線でも左右に大きく振れるようになるので，その付近をゲイン P の値とします．

▶ I 制御操作量の計算

センサ出力の加重平均は，ライン・トレース・プログラムがループするたびに一定の時間で計算されています．このセンサ出力の加重平均は，目標との差分値となっているので，これを順次加算していくことで，下記のように目標との誤差の積分値を得ることができます．

I 制御のゲインを I とすると，操作量 M は下記のようになります．

$$M = I \times A \text{ の積分値} + A \qquad \cdots (5)$$

　；A の積分値は，1ループごとに A の値を加算

ただし，ライン・トレースの制御は，1つの目標値に比較的長い時間かけて近づけるような温度制御とは異なり，直線コースをどこまでも走るようなケースでない限り，積分処理によって応答性能を下げる I 制御の必要性はないと考えられます．今回は採用していません．

▶ D 制御操作量の計算

センサ出力の加重平均は，ライン・トレース・プログラムがループする時間で出力されています．したがって，このセンサ出力の加重平均の時間微分値は，次の式で得ることができます．

現在の A 値 − 1ループ前の A 値 / ループ時間 　　　　　　　　　　　$\cdots (6)$

ループ時間を1とすると，単純に時間微分値は A と1ループ前の A との引き算になります．これを P 制御の式に加えると次のようになります．

$$R = S + P \times A + D \times (A_n - A_{n-1}) \qquad \cdots (7)$$
$$L = S - (P \times A + D \times (A_n - A_{n-1})) \qquad \cdots (8)$$

　A_n　；現在のセンサ出力の加重平均値
　A_{n-1}；1ループ前のセンサ出力の加重平均値

モータ回転数の制御で説明したように，PID 制御計算式から得られた値のモータの PWM 値として `analogWrite` 関数でモータ回転数を制御してライン・トレースします．

● メニュー部のプログラム

キーボードで「スペース」を押すと，図33のようなメニューが表示されます．

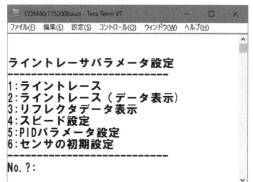

図33
ライン・トレーサのメニュー画面
キーボードで「スペース」を押すと表示される．

(1) ライン・トレース

　メイン・ループに戻って，ライン・トレースを実行します．

(2) ライン・トレース（データ表示）

　3つのフォト・リフレクタの出力，偏差，操作量，左右モータのPWM値などをUARTシリアルに出力しながらライン・トレースを実行します．

(3) リフレクタ・データ表示

　3つのフォト・リフレクタの出力を連続表示します．

(4) スピード設定

　現在のモータ・スピードを表示して，モータ・スピードの入力を促します．入力は1～100（％）の範囲で行い，EEPROM_write関数を使ってRL78/G14のデータ・フラッシュに保存します．0を入力したときは，現状の値のままリターンします．

(5) PIDパラメータ設定

　PIDパラメータであるPとDのゲインの現在の値を表示して，それぞれの値の入力を促します．1以上の値を入力し，EEPROM_write関数を使ってRL78/G14のデータ・フラッシュに保存します．0を入力したときは，現状の値のままリターンします．

(6) センサの初期設定

　白紙の上に車体を置いて実行すると，3つのフォト・リフレクタ出力のばらつきを補正できます．ここでは1000に正規化します．補正値は，EEPROM_write関数を使ってRL78/G14のデータ・フラッシュに保存します．

● PIDゲインの調整

ライン・トレーサのサンプル・プログラムをダウンロードすると試験走行をできます．最初に

センサのキャリブレーションとPIDパラメータ，モータ・スピードの設定が必要です．トレースを行う際は**写真11**のような単純なコースを用意して，ゆっくりしたスピード（設定値30程度）で，下記のように調整していきます．

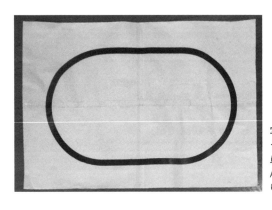

写真11
ライン・トレーサを調整するための
単純な楕円コース
A4用紙を4枚貼り合わせて製作した．
ゆっくりしたスピードで調整していく．

(1) 最初はカーブをまったく曲がれませんが，ゲインPを上げていくと曲がれるようになる．
(2) モータ・スピードを上げるとカーブを曲がれなくなる．そこでゲインPを上げる
(3) さらにゲインPを上げていくと，首振りが大きくなる．
(4) ゲインDを上げると，首振りが早く収束するようになる
(5) さらにスピードを上げるときは，(2)〜(4)を繰り返す．

拡張ボードには，XBeeタイプのBluetoothモジュール（RN42）を搭載できます．このモジュールを使ってロボットの走行時のデータを取得できます．実際にデータを採取しながら処理を考えることで，自動制御の仕組みが体験できます．データから「センサがコースをどのように検出したか，そのときモータの回転がどうなったのか」などの情報を知ることができるので，さらに複雑なコースをクリアするときに威力を発揮すると思います．　　　　　　　　　　＜白阪 一郎＞

Appendix 5
演習問題の解答

演習問題 A

■ 演習問題 1

演算子の優先順位表を見ると、「*」は上から3段目、「+」は上から4段目である。「+=」と「=」は下から2段目の同じ優先順位であるが、結合規則が右結合性なので右側にある「=」が先に演算され、「+=」はその後となる。演算順序は次のとおり。

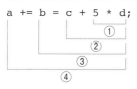

5*dで20、c+20で23、それがbに代入されて23、その結果をaに足し込むために1+23で24となる。

■ 演習問題 2

この問題は「*」が乗算の演算子であるのか、それともポインタの指す内容を意味する間接参照の演算子であるのかを見極めるとよい。

両者の違いは、二項の演算子（被演算数が2つの乗算演算子）か、単項の演算子（被演算数が1つの間接参照演算子）かである。 * a と * b は単項、*b * c は二項となるので、変数 c が int 型、変数 a と b が int 型を指すポインタ型となる。

■ 演習問題 3

周辺機能のレジスタの番地定義で注意するのは、対象レジスタのサイズ（8/16/32ビット）と番地である。PM5とP5は共に8ビット・サイズのレジスタであるため、宣言に使用する型は unsigned char 型となる。番地は PM5 が 0xFFF25、P5 が 0xFFF05 である。型と番地以外はポート7やポート1のマクロ定義と同じであるため、回答は次に示すとおりとなる。

```
#define PM5(*(volatile __near unsigned char *)0xFFF25)
#define P5(*(volatile __near unsigned char *)0xFFF05)
```

■ 演習問題 4

P1_bit.no7 = 0; は、P1の7ビット目だけを0にクリアする処理である。特定のビットのみクリアする方法は、ビットごとの AND 演算子「&」で実現できる。対象のビットは7ビット目であるから、7ビット目だけをクリアするには、0x7F と AND を取ればよい。

P1_bit.no7 = 1; は、P1の7ビット目だけを1にセットする処理である。特定のビットのみセットする方法は、ビットごとの OR 演算子「|」で実現できる。対象のビットは7ビット目であるから、7ビット目だけをセットするには、0x80 と OR を取ればよい。回答は次に示すとおりとなる。

```
P1= P1 & 0x7F;
P1= P1 | 0x7F;
```

演習問題 B

■ 演習問題 1

インターバル・タイマのカウント速度は15kHzであるため、15000カウントで1sとなる。今回は100msが必要であるため、その1/10である 15000/10 で100msとなる。ただし、カウント値にはゼロが含まれるため、さらに1カウント減算する必要がある。回答は、15000/10 − 1 となる。

■ 演習問題 2

条件1　ITMKの割り込みマスク・フラグが0であること。
条件2　PSWのIEフラグが1であること。

■ 演習問題 3

特徴1　汎用レジスタは割り込み前の値を保証すること。
特徴2　終了命令は割り込み専用の命令を使用すること。

■ 演習問題 4

ベクタ・テーブルによるとA-D変換終了の割り込み要求のベクタ・テーブル・アドレスは0x0034番地である。また、割り込み要求の名称はINTADであるため、#pragma interrupt 宣言における vect= の部分には 0x0034 ないしは INTAD を指定し、関数名は ad となる。回答は、下記のとおりになる。

```
#pragma interrupt ad
(vect=0x0034)
```

<鹿取 祐二>

演習問題 C

■ 演習問題 1　LED を点灯して短い時間を待ち，LED を消灯して長い時間を待つという動作を繰り返せばよい．

```
void main(void)
{
    R_MAIN_UserInit();
    /* Start user code. Do not edit comment generated here */
    P1_bit.no7 = 1;                          /* LED0 消灯 */

    while (1U)
    {
        volatile long i;

        P1_bit.no7 = 0;                      /* LED0 点灯 */
        for (i = 0; i < 10000; i++) ;        /* 一瞬待つ */
        P1_bit.no7 = 1;                      /* LED0 消灯 */
        for (i = 0; i < 1000000; i++) ;      /* 時間待ち */
    }
    /* End user code. Do not edit comment generated here */
}
```

■ 演習問題 2　3 つの LED を点灯，消灯できればよい．

```
void main(void)
{
    R_MAIN_UserInit();
    /* Start user code. Do not edit comment generated here */
    P1_bit.no7 = 1;              /* LED0 消灯 */
    P5_bit.no5 = 1;              /* LED1 消灯 */
    P0_bit.no1 = 1;              /* LED2 消灯 */

    while (1U)
    {
        volatile long i;

        P1_bit.no7 ^= 1;                     /* LED0 を反転 */
        for (i = 0; i < 600000; i++) ;       /* 時間待ち */
        P5_bit.no5 ^= 1;                     /* LED1 を反転 */
        for (i = 0; i < 600000; i++) ;       /* 時間待ち */
        P0_bit.no1 ^= 1;                     /* LED2 を反転 */
        for (i = 0; i < 600000; i++) ;       /* 時間待ち */
    }
    /* End user code. Do not edit comment generated here */
}
```

■ 演習問題 3

　LED0 は今までどおり，ポートの値を設定する P レジスタで点灯，消灯する．一方 LED1 は，P レジスタには点灯するデータを入れておき，入出力方向を設定する PM レジスタで点灯，消灯するプログラムを作成した．見た目は LED0 と LED1 が同じように，点灯，消灯しているが，マイコン内部の動作は異なる．

```
void main(void)
{
    R_MAIN_UserInit();
    /* Start user code. Do not edit comment generated here */
    P1_bit.no7 = 1;                     /* LED0 消灯 */
    P5_bit.no5 = 0;                     /* LED1 は点灯 */
    PM5_bit.no5 = 1;                    /* LED1 は PM レジスタで消灯 */

    while (1U)
    {
        volatile long i;

        P1_bit.no7  ^= 1;               /* LED0 を反転 */
        PM5_bit.no5 ^= 1;               /* LED1 は PM レジスタで反転 */

        for (i = 0; i < 600000; i++) ;  /* 時間待ち */
    }
    /* End user code. Do not edit comment generated here */
}
```

演習問題 D

■ **演習問題1** 本文のプログラムをもとに，スイッチが押されたときの動作を逆にした．

```
void main(void)
{
    R_MAIN_UserInit();
    /* Start user code. Do not edit comment generated here */
    while (1U)
    {
        if (P7_bit.no5 == 1)        /* スイッチが離されている */
            P1_bit.no7 = 0;         /* LED0 を点灯 */
        else                        /* そうでなければ（スイッチが押されていれば） */
            P1_bit.no7 = 1;         /* LED0 を消灯 */
    }
    /* End user code. Do not edit comment generated here */
}
```

■ **演習問題2** 本文のプログラムをもとに，SW2が押された判定を追加した．

```
void main(void)
{
    R_MAIN_UserInit();
    /* Start user code. Do not edit comment generated here */
    while (1U)
    {
        if ((P7_bit.no5 == 0) && (P7_bit.no3 == 0))  /* 2つのスイッチが押されていれば */
            P1_bit.no7 = 0;                          /* LED0 点灯 */
        else
            P1_bit.no7 = 1;                          /* LED0 消灯 */
    }
    /* End user code. Do not edit comment generated here */
}
```

■ 演習問題3

まずSW1が押されているかどうか判定する．SW1が押された状態でSW2が押されていれば，両方のスイッチが押されているのでLED1を点灯する．SW1が押された状態でSW2が押されていなければ，LED2を点灯する．SW1が押されていない場合は，SW2が押されているかどうかによらず，両方のLEDを消灯する．

```c
void main(void)
{
    R_MAIN_UserInit();
    /* Start user code. Do not edit comment generated here */
    while (1U)
    {
        if (P7_bit.no5 == 0) {        /* SW1 が押されていれば */
            if (P7_bit.no3 == 0) {    /* SW2 が押されていれば */
                P1_bit.no7 = 0;       /* LED0 点灯 */
                P5_bit.no5 = 1;       /* LED1 消灯 */
            } else {                  /* SW2 が押されていなければ */
                P1_bit.no7 = 1;       /* LED0 消灯 */
                P5_bit.no5 = 0;       /* LED1 点灯 */
            }
        } else {                      /* SW1 が押されていなければ */
            P1_bit.no7 = 1;           /* LED0 消灯 */
            P5_bit.no5 = 1;           /* LED1 消灯 */
        }
    }
    /* End user code. Do not edit comment generated here */
}
```

演習問題E

■ 演習問題1

プルアップ抵抗を外付けすると，**図A**，**写真A**のような回路になる．本来はプルアップ抵抗値は適用する回路によりさまざまだが，ここでは一般的な10kΩとした．動作確認プログラムは，今まで作成してきたプログラムをもとに，内蔵プルアップ抵抗を無効にするプログラムを作成すること．

■ 演習問題2

図Aの抵抗とスイッチの場所を入れ替えた回路により実現でき，**図B**，**写真B**のようになる．この抵抗はプルダウン抵抗と呼ばれ，スイッチが押されていないとき，マイコンへの入力をLowにする働きがある．

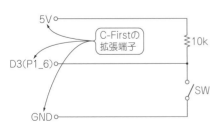

図A　プルダウン抵抗を外付けしたスイッチ入力回路

写真A　プルアップ抵抗を外付けしたスイッチ入力回路

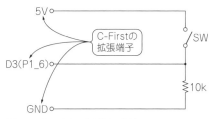

図B プルダウン抵抗を外付けしたスイッチ入力回路をブレッドボードで作製

写真B プルアップ抵抗を外付けしたスイッチ入力回路をブレッドボードで作製

演習問題 F

■ 演習問題 1

LEDを点滅させるのに，メイン・ルーチンでプログラムにより時間待ちを行うプログラムを作った．RL78/G14マイコンのインターバル・タイマでは，5秒ごとに割り込みを発生させることができないので，本文と同様に短い間隔で割り込みを発生させている．その割り込み処理では，点滅すべきかどうかを示すフラグを反転している．メイン・ルーチンでは，そのフラグを見てLEDを点滅するか判断している．

● メイン・ルーチン

```
int toggle_led_flag;                /* 宣言が必要 */
void main(void)
{
    R_MAIN_UserInit();
    /* Start user code. Do not edit comment generated here */
    P1_bit.no7 = 1;                 /* LED0 消灯 */
    toggle_led_flag = 1;            /* 最初の5秒点滅させるために，LED点滅フラグをセット */
    R_IT_Start();                   /* インターバル・タイマ・スタート */

    while (1U)
    {
        volatile long i;

        if (toggle_led_flag == 0) { /* LED点滅が指示されていない場合 */
            P1_bit.no7 = 1;         /* LED0 消灯 */
        } else {                    /* LED点滅が指示された場合 */
            P1_bit.no7 ^= 1;        /* LEDを反転 */
            for (i = 0; i < 500000; i++) ;
        }
    }
    /* End user code. Do not edit comment generated here */
}
```

● インターバル・タイマ割り込み処理ルーチン

```
extern int toggle_led_flag;
static void __near r_it_interrupt(void)
{
    /* Start user code. Do not edit comment generated here */
    static int count = 0;

    if (++count >= 50) {                          /* 100ms×50=5 秒が経過したとき */
        count = 0;                                /* カウンタをクリア */
        toggle_led_flag = 1 - toggle_led_flag;    /* LED 点滅指示を反転する */
    }
    /* End user code. Do not edit comment generated here */
}
```

■ 演習問題2

インターバル・タイマで100m秒ごとに割り込みを発生させ，それを10回数えて1秒を作り出している．1秒ごとにsec_flagに1をセットする．

メイン・ルーチンでは，sec_flagが1になったら（つまり1秒ごとに），sec_exec関数を呼び出して必要なLEDを点滅させる．

sec_exec関数では，sec_count変数で何秒経過したか記憶しておき，10秒の倍数と60秒になったら該当するLEDを点滅させるよう，led_10s変数，led_1m変数にLEDを点灯するための値をセットする．

また，led_1s変数には毎秒点滅させるために，LEDを点灯させる値を常に代入する．最後にループで必要なLEDを点灯，消灯することで点滅させている．

```
void exec_sec(void)
{
        static int sec_count = 0;                 /* 経過秒数のカウンタ */
        int led_10s, led_1m;
        int i;
        volatile long j;

        ++sec_count;                              /* 1秒経過 */
        led_10s = ((sec_count % 10) == 0) ? 0 : 1; /* 10秒ごとのLEDの点滅判定 */
        led_1m  = ((sec_count % 60) == 0) ? 0 : 1; /* 1分ごとのLEDの点滅判定 */
        if (sec_count >= 60) sec_count = 0;       /* 経過秒数は1分ごとにクリア */

        for (i = 0; i < 2; i++) {                 /* 2回点滅する */
                P1_bit.no7 = 0;                   /* 1秒のLEDは常に点滅 */
                P5_bit.no5 = led_10s;             /* 10秒ごとの点滅判定結果 */
                P0_bit.no1 = led_1m;              /* 1分ごとの点滅判定結果 */

                for (j = 0; j < 80000; j++) ;     /* 時間待ち */

                P1_bit.no7 = 1;                   /* 3つのLEDを消灯 */
                P5_bit.no5 = 1;
                P0_bit.no1 = 1;

                for (j = 0; j < 80000; j++) ;     /* 時間待ち */
        }
}
```

演習問題 G

■ 演習問題 1

本文と同様のプログラムで LED1 を反転させ，カウンタにセットする値を 3 にすればよい．

■ 演習問題 2

一度に考えようとすると難しいので，LED0 の点滅と，スイッチ入力のカウントに分けて考える．

前者は，インターバル・タイマで 5 秒を計り，led_blink 変数で LED0 を点滅するか消灯するか指示する．メイン・ルーチンでは，led_blink 変数の指示に応じて，LED0 を点滅か消灯かを決める．

後者は，led_blink 変数を更新するタイミングで，タイマを動作，停止することで実現する．つまり，インターバル・タイマで 5 秒を計ったとき，led_blink 変数の値が真になれば，タイマを動作させる．タイマが動作開始した時点で，カウンタの値は最初に設定した 3 回に自動的に初期化される．一方 led_blink 変数の値が偽になれば，タイマを停止する．タイマが動作している間にスイッチが 3 回押されると，割り込みが発生するので，割り込み処理で LED1 を反転する．タイマが動作している間にスイッチが 2 回以下しか押されなかった場合，タイマを停止して，次にタイマを動作させるときにスイッチを押した回数はクリアされ，カウンタの値は自動的に 3 回に初期化される．

● メイン・ルーチン

```
void main(void)
{
    R_MAIN_UserInit();
    /* Start user code. Do not edit comment generated here */
    P1_bit.no7 = 1;                         /* LED0 消灯 */
    P5_bit.no5 = 1;                         /* LED1 消灯 */
    R_IT_Start();                           /* インターバル・タイマ・スタート */

    while (1U)
    {
        volatile long i;

        if (led_blink) {                    /* LED0 点滅が指示された場合 */
            P1_bit.no7 = 0;
            for (i = 0; i < 100000; i++) ;
            P1_bit.no7 = 1;
            for (i = 0; i < 100000; i++) ;
        } else {                            /* LED0 消灯が指示された場合 */
            P1_bit.no7 = 1;
        }
    }
    /* End user code. Do not edit comment generated here */
}
```

● インターバル・タイマ割り込み

```
static void __near r_it_interrupt(void)
{
    /* Start user code. Do not edit comment generated here */
    static int count = 0;

    if (++count >= 50) {                /* 5秒経過したら */
        count = 0;
        led_blink = ~led_blink;         /* LED0 点滅状態 反転 */
        if (led_blink) {                /* LED0 点滅になったら */
            R_TAU0_Channel1_Start();    /* カウンタ・スタート */
        } else {                        /* LED0 消灯になったら */
            R_TAU0_Channel1_Stop();     /* カウンタ・ストップ */
        }
    }
    /* End user code. Do not edit comment generated here */
}
```

● タイマ割り込み

```
static void __near r_tau0_channel1_interrupt(void)
{
    /* Start user code. Do not edit comment generated here */
    P5_bit.no5 ^= 1;                    /* LED1 反転 */
    /* End user code. Do not edit comment generated here */
}
```

演習問題 H

■ 演習問題 1
実験して確認すること．

■ 演習問題 2
インターバル・タイマで1秒を計り，PWM で LED の点灯時間を決めるレジスタ TDR02 の値を1秒ごとに書き換える．この解答では，一例としてインターバル・タイマの割り込み処理ですべて行っている．

● メイン・ルーチン

```
void main(void)
{
    R_MAIN_UserInit();
    /* Start user code. Do not edit comment generated here */
    R_TAU0_Channel0_Start();   /* PWM スタート */
    R_IT_Start();              /* インターバル・タイマ・スタート */
    while (1U)
    {
        ;                      /* 割り込みで全部処理するので，ここは何もしない */
    }
    /* End user code. Do not edit comment generated here */
}
```

● インターバル・タイマ割り込み

```
static void __near r_it_interrupt(void)
{
    static int time_count = 0;
    static unsigned int pwm_val = PWM_VAL_MAX;

    /* Start user code. Do not edit comment generated here */
    /* この処理は100ミリ秒ごとに呼び出される */
    ++time_count;                        /* 何回呼び出されたかカウント */
    if (time_count < TIME_COUNT_MAX)     /* 1秒経過していなければ戻る */
        return;
    time_count = 0;                      /* 呼び出された回数を初期化 */

    TDR02 = pwm_val - 1;                 /* LED点灯比率をセット */
    pwm_val >>= 1;                       /* 次回の比率を計算 */
    if (pwm_val < PWM_VAL_MIN)           /* 比率が小さすぎるときは初期値に戻す */
        pwm_val = PWM_VAL_MAX;
    /* End user code. Do not edit comment generated here */
}
```

演習問題 I

■ 演習問題 1
実験して確認すること．

■ 演習問題 2
　基本的には本文の照度センサのプログラムをもとに，温度センサがつながる ANI19 を A-D 変換で読み取るプログラムとした．ただし，照度センサに比べて温度センサの電圧変化が非常に小さいので，A-D 変換結果が少し変わっただけで，PWM の値が大きく変わるように変換する処理を見直した． ＜永原 柊＞

● メイン・ルーチン

```
void main(void)
{
    R_MAIN_UserInit();
    /* Start user code. Do not edit comment generated here */
    sec_flag = 1;                 /* 初回はすぐにA-D変換を実施する */
    R_IT_Start();                 /* インターバル・タイマ動作開始 */
    R_TAU0_Channel0_Start();      /* PWM動作開始 */

    while (1U)
    {
        if (sec_flag == 1) {      /* 1秒経過したら */
            sec_flag = 0;
            R_ADC_Start();        /* A-D変換開始 */
        }
    }
    /* End user code. Do not edit comment generated here */
}
```

● インターバル・タイマ割り込み

```c
static void __near r_it_interrupt(void)
{
    /* Start user code. Do not edit comment generated here */
    static int count = 0;

    if (++count >= 10) {
        count = 0;
        sec_flag = 1;
    }
    /* End user code. Do not edit comment generated here */
}
```

● A-D 変換の割り込み

```c
static void __near r_adc_interrupt(void)
{
    /* Start user code. Do not edit comment generated here */
    static int first_flag = 1;
    int ad_val;

    /* 初回のA-D変換結果は捨てる */
    if (first_flag == 1) {
        first_flag = 0;
        return;
    }

    ad_val = (ADCR >> 6) & 0x03ff;                      /* A-D変換結果を読み出す */
    /* A-D変換結果をPWMの値に変換 */
    if (ad_val > TEMP_LOW ) ad_val = TEMP_LOW;          /* 低温側の限界を設定 */
    if (ad_val < TEMP_HIGH) ad_val = TEMP_HIGH;         /* 高温側の限界を設定 */
    ad_val -= TEMP_HIGH;                                /* A-D変換値を限界の範囲内に */
    /* A-D変換値からPWMの値に変換 */
    ad_val = ((ad_val * 0xf400L) / (TEMP_LOW - TEMP_HIGH)) & 0xffff;
    TDR02 = ad_val;
    /* End user code. Do not edit comment generated here */
}
```

学習教材とセミナのご案内

1 本書と完全連携！学習用教材

● Cプログラミング用プラットフォーム学習マイコン・ボード「C-First」

　C言語による回路の制御プログラミング学習のために生まれた，学習用マイコン・ボード「C-First」．20年以上の実績を持つRL78マイコンをはじめ，加速度／温度／照度センサやArduino互換拡張ピンを搭載しています．

　マイコンやセンサなどの部品はすべて実装済みなので，はんだ付けも部品の追加購入も不要です．今すぐプログラミング学習をスタートできます．

　本ボードは純正エミュレータE1とE2 Liteと同等のデバッグ機能をもっているので，書き込み器もデバッガも必要ありません．

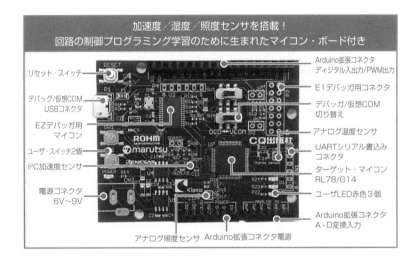

● 即戦力を身に付けられる拡張パワーアップ・キット

　C-Firstに接続して動かせる部品キットを用意しました．カレンダ付き温度計，ディジタル脈拍計，ライン・トレース・カーなど．C言語で作ったサンプル・プログラムと外付け部品を使って，応用製作を楽しむこともできます．

マイコン＆センサ搭載学習基板「C-First」

カレンダ付き温度計

ディジタル脈拍計

PIDライン・トレース・カー

▶購入先 / 商品名

マイコン・ボードと拡張パワーアップ・キットはマルツエレックにてご購入いただけます．
https://www.marutsu.co.jp

① C-First 本体（商品番号：MTG-CF-MB）

② C-First カレンダ付き温度計（商品番号：MTG-CF-TMP）

③ C-First ディジタル脈拍計（商品番号：MTG-CF-HRM）

④ C-First PID ライン・トレース・カー（商品番号：MTG-CF-LTC）

② 実演で学ぶセミナ

実践で役に立つ C プログラミングの基本を，上記教材を使って講師が手取り足取り伝授します．詳しくは CQ 出版の Web サイトをご覧ください．

▶ CQ エレクトロニクス・セミナ

http://seminar.cqpub.co.jp/

▶実習・マイコン C 言語の書き方〜超入門〜ビギナ応援企画！ [学習マイコン基板キット付き]

http://seminar.cqpub.co.jp/ccm/ES18-0013

③ マイコン基板付き本のセット教材

本書，センサ/Arduino 互換拡張ピン搭載のマイコン基板，USB ケーブル，開発環境やサンプ

ル・プログラムを収録したDVD-ROMが入ったフルキットを発売中！パソコンさえあれば他には何も要りません．

20年以上の実績を持つRL78マイコンと，加速度／温度／照度センサを搭載した学習用マイコン・ボード「C-First」は，純正エミュレータE1とE2 Liteと同等のデバッグ機能をもっているので，書き込み器もデバッガも必要ありません．

4 先生と学生向けアカデミック価格

学校応援企画として，先生と学生に限り本書やマイコン・ボードなどをアカデミック価格にて求めいただけます．本サービスはCQ出版の通販Webサイトからご購入いただく方に限ります．
※マイコン・ボード単体や拡張パワーアップ・キットはマルツエレックからご購入いただけます．

絵解きマイコンCプログラミング教科書
本体価格　書籍
2,700円→2,450円（税込み）

絵解き マイコンC プログラミング教科書
本体価格　書籍
2,700円
▼
2,450円（税込）

[基板付き] 絵解きマイコンCプログラミング教科書
本体価格　学習キット
8,640円→5,400円（税込み）

[基板付きキット]
絵解きマイコンC プログラミング教科書（本付き）
本体価格　学習キット
8,640円
▼
5,400円（税込）
ボード ＋ 本

アカデミック価格でのご購入方法

お申し込み後，当社より請求書をお送りします．商品はご入金確認後の発送となります．

申し込み用紙にご記入のうえ，証明書類と一緒にE-Mail，FAX，お電話のいずれかにて当社の販売部宛にお送りください．申し込みはCQ出版 Web Shopにあります．

お問い合わせ先
CQ出版　販売部
〒112-8619
東京都文京区千石 4-29-14
E-mail shop@cqpub.co.jp
電話 03-5395-2141
FAX 03-5395-2106

必要なもの
[申し込み書] [証明書類]
※お電話の場合は，証明書類は別途郵送にてお送りください．

ご提出いただく証明書類

学生手帳，健康保険証（中学生に限る），在学証明書，在学証明書，受講証明，在職証明書／職員証，公立学校共済組合員証／私立学校教職員共済組合加入者証，在籍している機関名が表記されている保険証，学校や教育委員会が発行している身分証明書

などのいずれか

CQ出版社

索　引

【記号・数字】

¥ ･･････････････････････････････････ 132
＿＿far ･･････････････････････････････ 134
＿＿near ･････････････････････････････ 134
3.3V ･････････････････････････････････ 36
4ビット ･･･････････････････････････ 15, 59
5V ･･･････････････････････････････････ 36
8ビット ･･･････････････････････････ 15, 59
16ビット ･･････････････････････････ 15, 60
32ビット ･･････････････････････････ 15, 60

【アルファベット】

A-Dコンバータ ････････････････････ 43, 83
Arduino拡張コネクタ ･･･････････････ 17, 325
C# ･･･････････････････････････････････ 10
C++ ･････････････････････････････････ 10
CC-RL ･･････････････････････ 118, 130, 199, 281
C-First ･･･････････････････････････････ 16
CPU ･････････････････････ 45, 61, 91, 152, 162
CS+ ･･･････････････････ 18, 130, 187, 199, 236, 298
C言語 ････････････････････････････････ 84
D-Aコンバータ ･････････････････････････ 33
EZ Emulator ････････････････････････ 180
for文 ･･････････････････････････････ 89, 107
GPIO ･･･････････････････････････ 43, 79, 90
I/O ･････････････････････････････ 55, 61, 76
I²C ･･･････････････････････････ 33, 36, 283, 303
if文 ･･･････････････････････････････ 89, 106
int ･･･････････････････････････････ 88, 101
INTIT ･･･････････････････････････････ 155
ITIF ････････････････････････････････ 157
Java ･････････････････････････････ 10, 66
Lチカ ･････････････････････････ 42, 84, 241
main ･････････････････････････････ 88, 99
MOV命令 ････････････････････････････ 68
OS ･･･････････････････････････････････ 11
PWM ･･･････････････････････ 32, 82, 258, 269
RAM ･････････････････････････････ 44, 65
RL78/G14 ･･････････ 16, 31, 36, 94, 118, 133, 153, 156, 172, 180, 237, 294
ROM ･････････････････････････ 44, 47, 65
SPI ･････････････････････････････････ 33
typedef ････････････････････････････ 145
UART ･･･････････････････････････ 33, 80
USB ････････････････････････････････ 297
void ････････････････････････････ 87, 100
volatile ･････････････････････････････ 136
while文 ･････････････････････････ 89, 107

【あ・ア行】

アセンブリ ･･････････････ 15, 67, 104, 165, 199
アドレス ･････････････････････････････ 45
アドレス空間 ･･････････････････････････ 64
アドレス・マップ ･･････････････････････ 64
アナログ入出力 ････････････････････････ 33
イベント・リンク ･･････････････････････ 34
インストラクション ･･･････････････････ 68
インターバル・タイマ ････････････････ 152, 181
ウォッチドッグ・タイマ ･････････････ 32, 239
エグゼクト ･･･････････････････････････ 71
演算器 ･･･････････････････････････ 51, 75
演算子 ････････････････････ 89, 103, 114, 128
オブジェクト指向 ･･････････････････････ 13
温度センサ ･･･････････････････ 17, 23, 275, 301

【か・カ行】

書き込み ･････････････････････････････ 63
加速度センサ ････････････････ 17, 23, 283, 292
型 ･･･････････････････････････････ 88, 100
関数 ････････････････････････････ 87, 98
機械語 ･･･････････････････････････････ 67
キャスト演算子 ･･･････････････････････ 141
局所変数 ････････････････････････････ 196

繰り返し	89
クロック	46, 81
語句	104
固定番地方式	171
コメント	105
コンパイラ	98, 121, 168, 193, 281
コンピュータ	60

【さ・サ行】

サンプル・プログラム	18, 26
式文	89, 103
識別子	99
システム・クロック	48, 82, 154, 194
実引数	206
周辺機能	31, 44, 116, 121, 160, 294
条件判断	89
照度センサ	17, 23, 274, 282
初期化	75
シリアル通信	33, 283
スキップ	71
スタートアップ	196
スタック領域	165
制御文	89, 103
宣言	100

【た・タ行】

大域変数	196
タイマ	45, 79, 152, 256
逐次実行	49, 71
データ転送	34
データ・トランスファ	34
デコード	71
デバッガ	16, 192, 241
デバッグ	24, 129, 180, 239
デューティ	82
電源電圧	36

【は・ハ行】

配列	210
パワー・オン・リセット	75
番地	44, 63
汎用レジスタ	68
引数	87, 100, 206
ビットフィールド	143
フェッチ	71
複合代入	89, 104
フラッシュ・メモリ	66
プリプロセッサ命令	121
プルアップ抵抗	94
プログラム	38, 60, 84, 98
プログラム・カウンタ	48, 72
文	99
分岐	71
ベクタ方式	172
返却値	206
変数	100
変数宣言	88, 196
ポインタ	141
暴走	75

【ま・マ行】

マイコン	38, 58
命令	68
命令デコーダ	48, 50
命令バッファ	48, 73
メイン・メモリ	64
メモリ	44, 61, 66, 91, 134, 164, 192, 196, 210, 297
メモリ空間	64
メモリ・マップ	64
メモリ・マップド	118
戻り値	87, 100

【や・ヤ行】

予約語	99

【ら・ラ行】

リード	71
リターン値	206
ループ	71, 110
レジスタ	50, 65, 94

【わ・ワ行】

ワーク・エリア	65
ワーク・メモリ	65
割り込み	82, 160

CQ出版ウェブ・サイトにて C-First 関連データ無料公開中

　C-First 用のプログラム開発環境や解説用に著者が制作したサンプル・プログラムは，下記の URL または QR コードのウェブ・サイトからダウンロードできます．データは予告なく更新されることがあります．本ダウンロード・データは「基板付きキット 絵解きマイコン C プログラミング教科書」の付属 DVD-ROM にも収録されています．ダウンロード先は下記のとおりです．

http://shop.cqpub.co.jp/hanbai/books/45/45271.html

■「絵解きマイコン C プログラミング教科書」の C-First 関連データの内容

1 開発環境 CS+ とエミュレータ

- 開発環境 CS+（498106K バイト）
- EZ エミュレータ用ドライバ（92.1K バイト）
- ルネサスの「3 分でわかる」シリーズへの個別 URL
- 開発環境の設定ムービ　など

2 C-First ボード動作確認用プログラム

3 サンプル・プログラム

- マイコン各機能の動作確認用
- 製作記事の完成プログラム　など

4 データシート

- RL78/G14
- センサ 3 種類　など

5 C-First を使った製作事例ムービ

回路図および基板開発：白阪 一郎，藤澤 幸穂
本書関連プログラム　 ：鹿取 祐二，白阪 一郎，永原 柊，藤澤 幸穂　　　　　　　　　　（五十音順）

■筆者紹介（五十音順）

鹿取 祐二（かとり・ゆうじ）

　1961年生まれ，東京の下町（深川）で幼少期を過ごし，1984年に千葉工業大学の機械工学科を卒業．(株)日立製作所の子会社に就職．以来5年間，日立システム開発研究所にて通信プログラムの開発に従事し，組み込みソフトウェアの開発手法やC言語，組み込みリアルタイムOSを学ぶ．その後，習得した知識を生かすべく，日立半導体トレーニングスクール（現ルネサス半導体トレーニングセンター）に転属となり，顧客向けセミナーのインストラクタに従事，以来20年間講師業務を行う．その間，勤務先や業務内容は変わらないものの，会社は統合や合併を繰り返し，2010年に(株)ルネサス エレクトロニクス社所属となる．2015年，合併による会社方針の変更に嫌気が差して早期退職，現在は実家の自営業を引き継ぐとともにトロンフォーラムの学術・教育WGのエキスパート会員としてT-Kernel関係のインストラクタとして活動中．また，暇な時間を使って組み込み関係の書籍原稿を執筆中．

白阪 一郎（しらさか・いちろう）

1954年　東京都生まれ
1977年　東京電機大学　電子工学科卒
　　　　日本電気(株)に入社，ACOSコンピュータのハードウェア設計開発に従事
2001年　NECソフトウェア四国(株)に出向，ストレージシステム開発に従事
2008年　NECラーニング(株)に出向，組み込み研修講師に従事
2015年　日本電気(株)定年退職
～現在　就労移行支援事業所ベルーフに入社，IT系職業訓練講師に従事

永原 柊（ながはら・しゅう）

　幼少のころ，電気店の店頭でTK-80を見て以来，さまざまなマイコンに育ててもらった似非技術者．最近はプレゼン・ソフトや表計算ソフトに向き合う時間が長くなり，また小さい文字を読むのが面倒になり，似非といえども技術者と自称するのが難しくなりつつあることを自覚する日々．

藤澤 幸穂（ふじさわ・ゆきほ）

1957年　岡山県高梁市生まれ
1977年　国立津山工業高等専門学校　電気工学科卒
　　　　(株)電研精機研究所　入社
　　　　ノイズカットトランス，磁気増幅型交流AVR/ACR，高圧パルス発生装置の設計，製造，検査などに従事
　　　　トランスのコイル巻きとケイ素鋼板の扱いはうまくなったが，コンピュータを扱いたくなり退職
1984年　現ルネサス エレクトロニクス［当時は日立マイクロコンピュータエンジニアリング(株)］入社
　　　　グラフィック描画コントローラACRTC設計を1年間経験し，HD6800，6301などを使ったマイコンセミナの講師に従事
　　　　DSP，ISPやゲートアレイの講師も務めたが基本はマイコンで，扱ったのは4ビットから64ビットまで（H8，SuperH，RX，RL78，RH850など）多種，現在に至る

宮崎 仁（みやざき・ひとし）

　(有)宮崎技術研究所で回路設計，コンサルティングに従事．依頼があれば何でも作るユーティリティ・エンジニアを目指すも，道はなかなか険しいと思う今日このごろ．

■ 協力者一覧（五十音順）

愛知県立小牧工業高等学校
　大橋　一生

愛知県立岡崎工業高等学校
　三浦　準一

金沢工業大学
　古屋　栄彦

サレジオ工業高等専門学校
　米盛　弘信

清風情報工科学院
　上野　勝彦

東京工業高等専門学校
　松林　勝志

東京電子専門学校
　小泉　夢月

東京都立総合工科高等学校
　平林　君敏

長野県中野立志館高等学校
　金井　孝昭

日本工学院八王子専門学校
　古山　伸

北海道札幌東陵高等学校
　原田　勝

和歌山県立田辺工業高等学校
　玉置　達夫

スイッチサイエンス
　金本　茂

■ 協力会社一覧（五十音順）
マルツエレック株式会社
ルネサス エレクトロニクス株式会社
ローム株式会社

- ●本書記載の社名，製品名について ── 本書に記載されている社名および製品名は，一般に開発メーカーの登録商標または商標です．なお，本文中では™，®，©の各表示を明記していません．
- ●本書掲載記事の利用についてのご注意 ── 本書掲載記事は著作権法により保護され，また産業財産権が確立されている場合があります．したがって，記事として掲載された技術情報をもとに製品化をするには，著作権者および産業財産権者の許可が必要です．また，掲載された技術情報を利用することにより発生した損害などに関して，CQ出版社および著作権者ならびに産業財産権者は責任を負いかねますのでご了承ください．
- ●本書に関するご質問について ── 文章，数式などの記述上の不明点についてのご質問は，必ず往復はがきか返信用封筒を同封した封書でお願いいたします．勝手ながら，電話でのお問い合わせには応じかねます．ご質問は著者に回送し直接回答していただきますので，多少時間がかかります．また，本書の記載範囲を越えるご質問には応じられませんので，ご了承ください．
- ●本書の複製等について ── 本書のコピー，スキャン，デジタル化等の無断複製は著作権法上での例外を除き禁じられています．本書を代行業者等の第三者に依頼してスキャンやデジタル化することは，たとえ個人や家庭内の利用でも認められておりません．

JCOPY 〈出版者著作権管理機構委託出版物〉
本書の全部または一部を無断で複写複製（コピー）することは，著作権法上での例外を除き，禁じられています．本書からの複製を希望される場合は，出版者著作権管理機構（TEL：03-5244-5088）にご連絡ください．

絵解き マイコンCプログラミング教科書

編　著　鹿取 祐二／白阪 一郎／永原 柊／藤澤 幸穂／宮崎 仁
発行人　櫻田 洋一
発行所　CQ出版株式会社
　　　　〒112-8619　東京都文京区千石4-29-14
電　話　編集 03-5395-2148
　　　　広告 03-5395-2131
　　　　販売 03-5395-2141

ISBN 978-4-7898-4528-1

2018年4月1日　初版発行
2024年11月1日　第4版発行

©CQ出版株式会社 2018
（無断転載を禁じます）

定価は裏表紙に表示してあります
乱丁，落丁本はお取り替えします

編集担当者　島田 義人／加藤 みどり
DTP　ケイズ・ラボ株式会社
印刷・製本　三晃印刷株式会社
漫画　神崎 真理子
イラスト　倉地 宏幸／のうそう ゆうこ／小川 友見子
表紙デザイン　MATHRAX

Printed in Japan